普通高等院校计算机基础教育“十四五”规划教材

大学计算机基础

郑德庆◎主　编
陈亚芝　李小雨　林碧莹◎副主编

中国铁道出版社有限公司
CHINA RAILWAY PUBLISHING HOUSE CO., LTD.

内 容 简 介

本书根据全国高等学校计算机水平考试（CCT）“计算机应用”的考核内容和要求，采用 Windows 10 + Office 2016 进行编写，以“章”→“节”→“点”为目录树结构的形式将课程细分成知识点，内容包括：计算机系统和计算机网络的基本概念及相关知识，Windows 10 操作系统及常用软件的使用，计算思维及其方法，Word 2016、Excel 2016、PowerPoint 2016 的使用，多媒体技术及计算机新技术的发展与应用。

本书提供丰富的学习资源，既可单独学习，也可结合“网络自主学习平台”进行学习。通过学习本书，可使读者掌握计算机新知识、新技术，提高信息运用能力及 Office 应用能力。

本书适合作为普通高等院校计算机应用基础课程的教材，也可作为 CCT 的考试用书。

图书在版编目（CIP）数据

大学计算机基础 / 郑德庆主编 .—北京：中国铁道出版社有限公司，2021.9（2025.1 重印）
普通高等院校计算机基础教育“十四五”规划教材
ISBN 978-7-113-28232-5

Ⅰ.①大… Ⅱ .①郑… Ⅲ.①电子计算机 - 高等学校 - 教材
Ⅳ.① TP3

中国版本图书馆 CIP 数据核字 (2021) 第 159031 号

书　　名：**大学计算机基础**
作　　者：郑德庆

策　　划：韩从付　　　　**编辑部电话：**（010）63549501
责任编辑：贾　星　彭立辉
封面设计：高博越
责任校对：孙　玫
责任印制：赵星辰

出版发行：中国铁道出版社有限公司（100054，北京市西城区右安门西街 8 号）
网　　址：https://www.tdpress.com/51eds
印　　刷：北京联兴盛业印刷股份有限公司
版　　次：2021 年 9 月第 1 版　2025 年 1 月第 8 次印刷
开　　本：787 mm×1 092 mm 1/16　印张：15.75　字数：410 千
书　　号：ISBN 978-7-113-28232-5
定　　价：49.00 元

版权所有　侵权必究

凡购买铁道版图书，如有印制质量问题，请与本社教材图书营销部联系调换。电话：（010）63550836
打击盗版举报电话：（010）63549461

前　言

随着计算机技术的飞速发展，计算机已经深入人们学习、生活、工作的各个方面，影响着社会的经济、政治、文化、教育、科技等各个领域。日新月异的计算机文化已经极大地改变了人类的思考方式、知识获取途径、信息传播形式，成为推动现代经济和社会文明发展的重要因素，信息化、办公管理自动化已成为现代化管理的必要手段。计算机知识的掌握和应用，成为对公务人员、管理人员、技术人员的一项基本要求。同时，随着市场经济的不断发展、劳动力市场的形成，无论是人员择业、人才流动，还是用人部门录用和考核工作人员，都需要对应聘人员的计算机应用知识与操作水平进行认定和评价。

目前，各高等院校均开设了“大学计算机基础”课程，课程的教学任务是：使学生掌握计算机系统的基础知识、文档的编辑、数据处理、网上信息的搜索和资源利用，以及幻灯片制作等计算机基本操作技能，具有应用计算机的能力，提高学生的科学文化素质，培养团结合作精神，达到培养高素质人才的基本要求。同时，为学生利用计算机学习其他课程打下基础，使他们具有运用计算机进一步学习相关专业知识的初步能力。通过本课程的学习，可培养学生的自学能力，使学生获取计算机新知识、新技术，在毕业后具备较强的实践能力、创新能力和创业能力。

本书根据全国高等学校计算机水平考试（CCT）“计算机应用”的考核内容和要求，基于 Windows 10 + Office 2016 进行编写，以“章”→“节”→“点”为目录树结构的形式将课程细分成知识点，并提供了丰富的学习资源。同时，由于教材采用“网络自主学习平台——高校版”知识结构，可同时结合平台进行课堂教学和自主学习。全书在对应的知识点提供了二维码，通过扫描二维码可获取学习视频。同时，本书有丰富的配套学习资料和测试素材等资源（具体使用说明见 http://gdpi.top/j/），学生可以根据“知识点学习→单元测试→强化训练→综合测试”的思路循序渐进、由浅到深地进行学习：先浏览相应知识点的学习视频，然后通过下载“知识点测试”→“媒体信息”中习题素材和答案压缩包进行学习，也可以单击“闯关学习”菜单直接进行操作测试，检验是否已掌握了该知识点的操作；如果对某知识点很熟悉，可跳过该知识点的视频学习直接进行操作测试。每道题做完后可打开答案文档进行参照比对，如果不正确，可反复重做；“闯关学习”时，每道题做完后可单击“预改该题”按钮进行预改，如果没达到满分，可反复重做，遇到不明白的地方也可以再浏览视频。另外，学生在学习过程中遇到疑难问题时，还可利用网络自主学习平台（http://5y.gdoa.net:8580/）的“学习答疑”功能与同学进行交流或向老师请教。

本书由郑德庆任主编，陈亚芝、李小雨、林碧莹任副主编，李郁林、曾海峰参与编写。在本书的编写过程中，许多专家提出了很多中肯、宝贵的意见和建议，在此表示感谢。

由于时间仓促，编者水平有限，书中难免存在疏漏与不妥之处，敬请读者不吝指正。

编　者

2021年5月

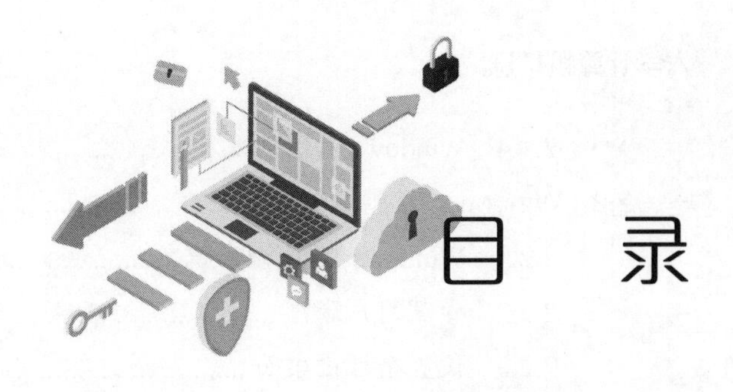

目　录

第1章 计算机基础知识

计算机是20世纪最先进的科学技术发明之一，对人类的生产活动和社会活动产生了极为重大的影响，正以强大的生命力不断飞速发展。从最初质量约30 t的计算机，到现在携带方便的手机，人们的学习、工作、生活中都有计算机的影子。掌握计算机基础知识和基本操作，是当今信息社会生产活动中必不可少的一种能力，也是一种基本素养。本章将系统地讲解计算机的诞生和发展、计算机的系统组成、计算机网络基础和网络安全等，使读者全面地认识计算机。

1.1 认识计算机

1.1.1 计算机的定义

视 频

计算机的定义

计算机（Computer）俗称电脑，是一种通用的信息处理工具，是现代用于高速计算的电子机器。计算机具有极高的处理速度、超大的信息存储空间、精准的计算和逻辑判断能力，以及按事先安排好的程序智能化地运行功能。总的来说，计算机具备数值计算、逻辑运算和存储记忆3种功能。

计算机发展至今有70多年的历史，应用领域从最初的军事科研扩展到社会的各个领域，已形成了规模巨大的计算机产业，带动了全球范围的技术进步，由此引发深刻的社会变革。计算机应用于信息管理、过程控制、辅助技术、翻译、多媒体应用和计算机网络等多个领域，遍及一般学校、企事业单位，进入寻常百姓家，成为信息社会中必不可少的工具。

1.1.2 计算机的诞生与发展

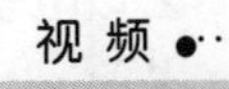

计算机的发展

借助机器工具处理复杂的计算是人们永恒的追求，回顾计算工具的发展历程不难发现，人们总是希望获得更快的计算速度，利用计算工具不断扩展研究领域、延展研究深度。

1.计算机的发展回溯

现代电子数字计算机问世之前，科学家们经过了艰难的探索，发明了各种各样的“计算机”，这些“计算机”顺应了当时的历史发展，发挥了巨大的作用，推动了计算机技术的发展。最早的计算设备可追溯到古希腊、古罗马和中国

古代。

算筹又称筹、策、算子，是中国古代劳动人民用来计数、列式和进行各种数式演算的工具。成语“运筹帷幄”中的“筹”指的就是算筹。现在的算盘是由古代的算筹演变而来的，素有“中国计算机”之称。直到今天，算盘仍是许多人喜爱的计算工具。

1623年，德国科学家契克卡德（W. Schickard）为天文学家开普勒（Kepler）制作了一台能做6位数加减法和乘除运算的机械计算机。契克卡德一共制作了两台原型机，遗憾的是留给后人的只有设计示意图。法国科学家布莱斯·帕斯卡（Blaise Pascal）是目前公认的机械计算机制造第一人。帕斯卡先后做了3个不同的模型，1642年所做的第3个模型“加法器”获得成功。1971年，瑞士苏黎世联邦工业大学的尼克莱斯·沃尔斯（Niklaus Wirth）教授将发明的计算机通用高级程序设计语言命名为“Pascal语言”，以纪念帕斯卡在计算机领域中的卓越贡献。

1674年，莱布尼茨在一些著名机械专家和能工巧匠的协助下，在巴黎制造出了一台功能更完善的机械计算机。1700年，莱布尼茨系统地提出了二进制的运算法则。

1822年，英国剑桥大学著名科学家查理斯·巴贝奇（Charles Babbage）研制出了第一台差分机。1847—1849年，巴贝奇完成了21幅差分机改良版的构图，可以操作第七阶相差（7th Order）及31位数字。

19世纪末，赫尔曼·霍列瑞斯（Herman Hollerith）首先用穿孔卡完成了第一次大规模的数据处理工作，穿孔卡第一次把数据转变成二进制信息，这种用穿孔卡片输入数据的方法一直沿用到20世纪70年代，霍列瑞斯的成就使他成为“信息处理之父”。1890年，他创办了一家专业的“制表机公司”，后来Flent兼并了“制表机公司”，改名为CTR（C代表计算机，T代表制表，R代表计时）。1924年，CTR公司更名为IBM公司，专门生产打孔机、制表机等产品。

1873年，美国人鲍德温（F. Baldwin）利用齿数可变齿轮设计制造了一种小型计算机样机，两年后获得专利，鲍德温便大量制造这种供个人使用的“手摇式计算机”。

1938年，在AT&T贝尔实验室工作的斯蒂比兹（G. Stibitz）运用继电器作为计算机的开关元件，设计出用于复数计算的全电磁式计算机，使用了450个二进制继电器和10个闸刀开关，由3台电传打字机输入数据，能在30 s算出复数的商。1939年，斯蒂比兹将电传打字机用电话线连接上纽约的计算机，异地操作进行复数计算，开创了计算机远程通信的先河。

1938年，28岁的楚泽（K. Zuse）设计了一台可编程数字计算机Z-1。1939年，楚泽用继电器组装了Z-2。1941年，他设计制作了电磁式计算机Z-3，实现了二进制程序控制。1945年，他建造了Z-4，并在1949年成立了“Zuse计算机公司”。

在计算机发展史上占据重要地位、计算机“史前史”中最后一台著名的计算机，是由美国哈佛大学的艾肯（H. Aiken）博士发明的“自动序列受控计算机”，即电磁式计算机马克一号（Mark I）。

2. 以电子器件发展为主要特征的计算机的发展

从第一台电子数字计算机诞生到今天，计算机发展共经历四个发展阶段，可分为四代计算机。在此期间，计算机技术发展迅猛，功能不断增强，所用电子元器件不断更新，可靠性不断提高，软件不断完善。直到现在，计算机的发展仍在不断推进，可谓日新月异。计算机的性能价格比（性价比）继续遵循着著名的摩尔定律：芯片的集成度和性能每18个月提高一倍。表1-1列出了第一代、第二代、第三代和第四代计算机的主要特征。

表 1–1　第一代至第四代计算机的主要特征

特　征	第一代（1946—1957 年）	第二代（1958—1964 年）	第三代（1965—1970 年）	第四代（1971 年至今）
逻辑元器件	电子管	晶体管	中小规模集成电路	大规模和超大规模集成电路
内存储器	汞延迟线、磁芯	磁芯存储器	半导体存储器	半导体存储器
外存储器	磁鼓	磁鼓、磁带	磁带、磁盘	磁盘、光盘
外围设备	读卡机、纸带机	读卡机、纸带机、电传打字机	读卡机、打印机、绘图机	键盘、显示器、打印机、绘图机
处理速度	10^3～10^5 IPS	10^6 IPS	10^7 IPS	10^8～10^{10} IPS
内存容量	数千字节	数兆字节	数兆字节	数吉字节
价格/性能比	1 000美元/IPS	10美元/IPS	1美分/IPS	10^{-3}美分/IPS
编程语言	机器语言	汇编语言、高级语言	汇编语言、高级语言	高级语言、第四代语言
系统软件	无	操作系统	操作系统、实用程序	操作系统、数据库管理系统
代表机型	ENIAC IBM 650 IBM 709	IBM 7090 IBM 7094 CDC 7600	IBM 360系列 富士通F230系列	大型计算机、巨型计算机 微型计算机、超微型计算机

（1）第一代计算机（1946—1957年）

学界普遍认为世界上第一台电子数字计算机是1946年2月诞生于美国宾夕法尼亚大学的ENIAC（Electronic Numerical Integrator And Calculator，电子数字积分计算机），是由美国物理学家莫克利（John Mauchly）教授和他的学生埃克特（Presper Eckert）为计算弹道和射击特性而研制的，如图1-1所示。它用了近18 000个电子管、6 000个继电器、70 000多个电阻、10 000多只电容及其他元器件。机器表面布满了电表、电线和指示灯，总体积约90 m^3，重30 t，功率为150 kW。机器被安装在一排2.75 m高的金属柜里，占地170 m^2，其内存是磁鼓、外存是磁带，操作由中央处理器控制，使用机器语言编程。ENIAC虽然庞大无比，但它的加法运算速度达到了5 000次/s，可以在0.003 s内完成两个10位数的乘法，使原来近200名工程师用机械计算机需要7～10 h的工作量，缩短到只需30 s便能完成。

图1-1　第一台电子数字计算机ENIAC

（2）第二代计算机（1958—1964年）

第二代计算机称为晶体管计算机。1956年，美国贝尔实验室研制出第一台名为TRADIC的晶体管线路的计算机，其装有800个晶体管（见图1-2），大大促进了计算机的发展。与第一代计算机相比，这个时期的计算机体积小、功耗低、性能更稳定，使用寿命更长，运算速度更快，使用晶体管作为其主要的电子元器件。这个时期，计算机的应用领域拓展至信息处理。

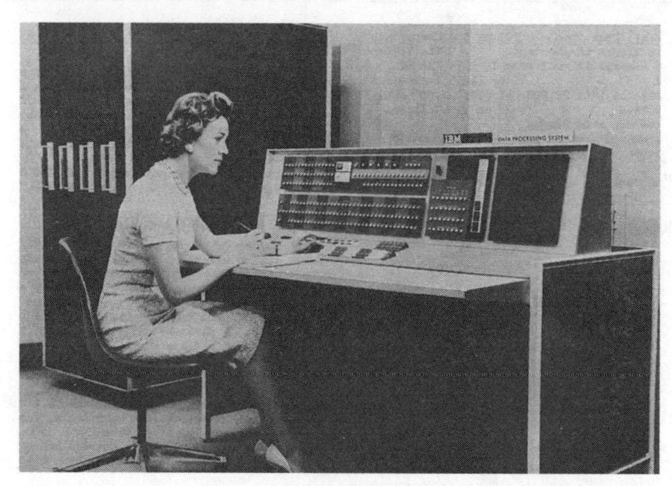

图1-2　晶体管计算机

（3）第三代计算机（1965—1970年）

第三代计算机发展于1964—1970年期间，是中小规模集成电路计算机。1964年，美国IBM公司成功研发第一个采用集成电路的通用电子计算机系列IBM 360系统（见图1-3），标志着第三代计算机的诞生。该时期计算机最大的特点是运算速度进一步提高，可靠性显著提升，价格进一步下降，产品走向了通用化、系列化和标准化等。应用领域开始进入文字处理和图形图像处理领域。

（4）第四代计算机（1971年至今）

1971年，世界上第一台微处理器在美国硅谷诞生，开创了微型计算机的新时代。硬件方面，逻辑元器件采用大规模和超大规模集成电路（LSI和VLSI）。软件方面出现了数据库管理系统、网络管理系统和面向对象语言等。应用领域从科学计算、事务管理、过程控制逐步走向家庭。1981 年，IBM 推出个人计算机（PC），用于家庭、办公室和学校。与 IBM PC 竞争的 Apple Macintosh 系列于 1984 年推出，Macintosh 提供了友好的图形界面，用户可以用鼠标方便地操作。微型计算机如图1-4所示。

图1-3　集成电路计算机

3. 计算机的未来发展

直到今天，人们使用的所有计算机，都基于美国数学家冯・诺依曼（John von Neumann）提出的“存储程序”原理作为体系结构，因此也统称为冯・诺依曼型计算机。20世纪80年代以来，美国、日本等发达国家开始研制新一代计算机，是微电子技术、光学技术、超导技术、电子仿生技术等多学科相结合的产物，希望打破以往固有的计算机体系结构，使计算机能进行知识处理、自动编程、测试和排错，能用自然语言、图形、声音和各种文字进行输入和输出，能具有人类那样的思维、推理和判断能力。已经实现的非传统计算技术有：利用光作为载体进行信息处理的光计算机；利用蛋白质、DNA的生物特性设计的生物计算机；模仿人类大脑功能的神经元计算机，以及具有学习、思考、判断和对话能力，可以辨别外界物体形状和特征，且建立在模糊数学基础上的模糊电子计算机等。未来的计算机还可能是超导计算机、量子计算机和光子计算机等。其中，量子计算机有望成为下一代计算机。量子计算机是一类遵循量子力学规律进行高速数学和逻辑运算、存储及处理量子信息的物理装置，其主要特点有运行速度较快、处理信息能力较强、应用范围较广等。与一般计算机相比，信息处理量愈多，对于量子计算机实施运算也就愈加有利，也就更能确保运算具备精准性。2021年2月8日，中科院量子信息重点实验室的科技成果转化平台合肥本源量子科技公司，发布具有自主知识产权的量子计算机操作系统“本源司南”（见图1-5），其量子计算任务并行化执行、量子芯片自动化校准、量子资源系统化管理功能让当前稀缺的量子计算资源得以被高效利用。

图1-4　微型计算机（个人计算机）

图1-5　“本源司南”量子计算机

1.1.3 计算机的分类

随着技术的进步，计算机类型不断更新迭代，产生了不同类别的计算机。计算机的分类可以按3种标准进行划分，分别是计算机处理数据方式、计算机使用范围、计算机规模和处理能力。

1. 按照计算机处理数据方式分类

按照计算机处理数据方式进行分类，可分为数字式计算机、模拟式计算机、数模混合计算机。

（1）数字式计算机

数字式计算机是以数字形式的量值在机器内部进行运算和存储的计算机，用不连续的数字量即“0”和“1”表示信息。由运算器、控制器、存储器、输入和输出设备、输入和输出通道等组成。按主要性能指标可分为小型机和微型机。数字式计算机以其运算速度快、计算精度高、信息存储量大、自动化程度高、能逻辑判断等特点而著称。它不仅可用来进行数值计算和数据处理，还可用于自动控制和信息加工。电子数字计算机在原子能、核武器、导弹、空间技术、航空、冶金、化工、石油、机械、水利、电力、交通、气象、纺织、卫生等部门获得了广泛的应用。

视 频

计算机的分类

（2）模拟式计算机

模拟式计算机是根据相似原理，用一种连续变化的模拟量作为被运算的对象的计算机。模拟式计算机以电子线路构成基本运算部件，由运算部件、控制部件、排题板、输入/输出设备等组成。在用相似原理求解中，包含了模拟的概念，故称模拟计算机。它是以并行计算为基础的，计算速度快。它把功能固定化的运算器适当组合起来，所以程序比较简单，但解题灵活性比较差。

（3）数模混合计算机

数模混合计算机是把模拟计算机与数字计算机联合在一起应用于系统仿真的计算机系统。数模混合计算机同时具有数字计算机和模拟计算机的特点：运算速度快、计算精度高、逻辑和存储能力强、存储容量大和仿真能力强。但是，由于该类型计算机结构复杂，设计困难，一般应用于航空航天、导弹系统等实时性的复杂大系统中。

2. 按照计算机使用范围分类

按照计算机使用范围进行分类，可分为通用计算机和专用计算机。

（1）通用计算机

通用计算机是指各行业、各种工作环境都能使用的计算机，学校、家庭、工厂、医院、公司等用户都能使用的就是通用计算机。通用计算机也包括功能齐全，适合于科学计算、数据处理、过程控制等方面应用的计算机，其具有较高的运算速度、较大的存储容量、配备较齐全的外围设备及软件。

（2）专用计算机

专用计算机是专为解决某一特定问题而设计制造的计算机，一般拥有固定的存储程序，如控制轧钢过程的轧钢控制计算机、计算导弹弹道的专用计算机等，解决特定问题的速度快、可靠性高，且结构简单、价格便宜。

3. 按照计算机规模和处理能力分类

按照计算机规模和处理能力进行分类，可分为巨型机、大型机、小型机、微型机和嵌入式计算机。

（1）巨型机

巨型计算机简称巨型机，又称超级计算机（Super Computer），是指能够执行一般个人计算机无法处理的大量数据与高速运算的计算机，是与高性能计算机或高端计算机相对应的概念。巨型机具有很强的计算和处理数据的能力，主要特点表现为高速度和大容量，配有多种外围设备及丰富的、高功能的软件系统。以我国第一台全部采用国产处理器构建的“神威・太湖之光”（见图1-6）为例，它的峰值性能为12.54亿亿次/秒，持续性能为9.3亿亿次/秒。通过先进的架构和设计，实现了存储和运算的分开，确保用户数据在软件系统更新或CPU升级时不受任何影响，保障了存储信息的安全，真正实现了保持长时、高效、可靠的运算并易于升级和维护的优势。

图1-6　神威・太湖之光

（2）大型机

大型计算机（Mainframe）简称大型机，是主要用作处理大容量数据的机器，一般用于大型事务处理系统，特别是过去完成的且不值得重新编写的数据库应用系统方面。

（3）小型机

小型计算机（Minicomputer）简称小型机，相对于大型计算机而言，其软件、硬件系统规模虽然比较小，但可靠性高、操作灵活方便，便于维护和使用。

（4）微型机

微型计算机（Microcomputer）简称微机，一个完整的微型计算机系统包括硬件系统和软件系统两大部分。硬件系统由运算器、控制器、存储器（含内存、外存和缓存）、各种输入/输出设备组成，采用“指令驱动”方式工作。软件系统可分为系统软件和应用软件。系统软件是指管理、监控和维护计算机资源（包括硬件和软件）的软件。应用软件是为某种应用目的而编制的计算机程序，如文字处理软件、图形图像处理软件、网络通信软件、财务管理软件、CAD软件、各种程序包等。

（5）嵌入式计算机

嵌入式计算机即嵌入式系统（Embedded System），从学术的角度，嵌入式系统是以应用为中心，以计算机技术为基础，并且软硬件可裁剪，适用于应用系统对功能、可靠性、成本、体积、功耗有严格要求的专用计算机系统。它一般由嵌入式微处理器、外围硬件设备、嵌入式操作系

统以及用户的应用程序等四部分组成。嵌入式系统几乎包括了生活中的所有电器设备，如计算器、电子表、电话机、手机、电话手表、平板计算机、电视机顶盒、路由器、数字电视、汽车、火车、地铁、飞机、微波炉、烤箱、照相机、摄像机、读卡器、POS机、洗衣机、热水器、电梯、空调、导航系统、自动售货机、医疗仪器、互动游戏机、VR等。

1.1.4 移动设备

视频

移动设备

移动设备也称行动装置（Mobile Device）、流动装置、手持装置等，是一种口袋大小的计算设备，通常有一个小的显示屏，采用触控输入。因为通过移动设备可以随时随地进行访问与获得各种信息，所以这类设备在日常生活和生产活动中十分流行。

1. 平板计算机

平板计算机也称便携式计算机（Tablet Personal Computer，Tablet PC），是一种小型、方便携带的个人计算机，以触摸屏作为基本的输入设备。它拥有的触摸屏允许用户通过触控笔或数字笔来进行作业，而不是传统的键盘或鼠标。例如，人们日常经常接触到的iPad、Surface、三星Galaxy tab等。

2. 智能手机

智能手机，是指像个人计算机一样，具有独立的操作系统、独立的运行空间，可以由用户自行安装软件、游戏、导航等第三方服务商提供的程序，并可以通过移动通信网络来实现无线网络接入的手机类型的总称。目前，智能手机的发展趋势是充分加入了人工智能、5G等多项专利技术，使智能手机成了用途最为广泛的专利产品。

3. 可穿戴设备

可穿戴设备即直接穿在身上，或者整合到用户的衣服或配件的一种便携式设备。可穿戴设备不仅仅是一种硬件设备，还可通过软件支持及数据交互、云端交互来实现强大的功能。可穿戴设备将会对人们的生活、感知带来全新的体验。

1.2 计算机系统

视频

计算机系统

1.2.1 计算机系统组成

完整的计算机系统包括硬件系统和软件系统。硬件系统和软件系统互相依赖，不可分割，这两部分又由若干个部件组成，如图1-7所示。硬件系统是计算机的“躯干”，是物质基础；软件系统则是建立在这个“躯干”上的“灵魂”。

视频

计算机硬件系统

1.2.2 计算机硬件系统

硬件是指组成计算机的各种物理设备，包括计算机的主机和外围设备。通俗地说，计算机硬件是看得见、摸得着的设备，是计算机工作运行的物质基础。基于冯·诺依曼的体系结构，计算机硬件具体由五大功能部件组成，即运算器、控制器、存储器、输入设备和输出设备。五大部分相互配合，协同工作，其简单工作原理为：首先由输入设备接收外界信息（程序和数据），控制器发出指令将数据送入内存储器，然后向内存储器发出取指令命令；在取指令命令下，程序指令逐条送入控制器；控制器对指令进行译码，并根据指令的操作要求，向存储器和运算器发出存数命令、取数命令和运算命令，经过运算器计算并把计算结果存在存储器内；最后在控制器发出的取数命令和输出命令的作用下，通过输出设备输出计算结果。

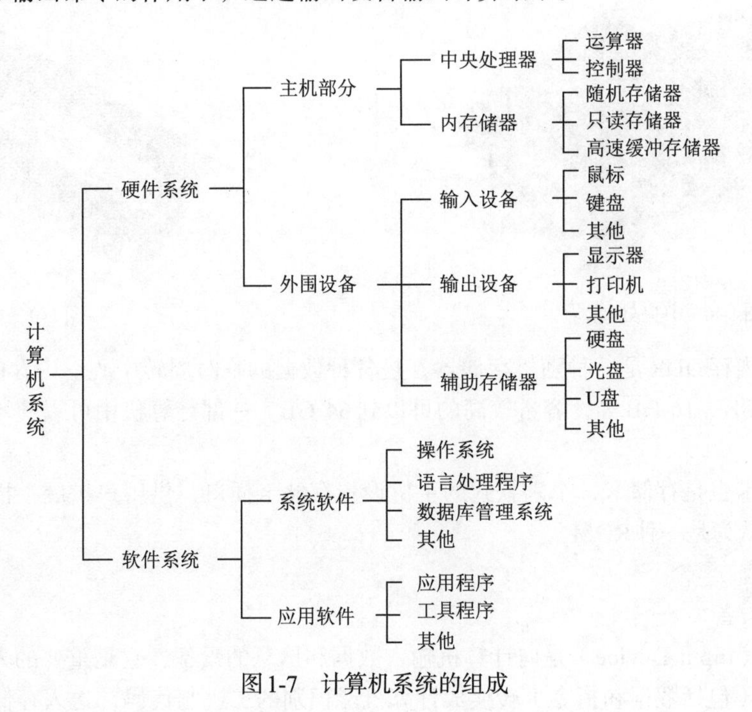

图 1-7　计算机系统的组成

1. 主机部分

（1）中央处理器

硬件系统的核心是中央处理器（Central Processing Unit，CPU）。它主要是由控制器、运算器等组成，并采用大规模集成电路工艺制成的芯片，又称微处理器芯片，如图 1-8 所示。CPU 自产生以来，在逻辑结构、运行效率以及功能外延上都取得了巨大发展。下面简单介绍控制器和运算器。运算器又称算术逻辑单元（Arithmetic Logic Unit，ALU），它是计算机对数据进行加工处理的部件，包括算术运算（加、减、乘、除等）和逻辑运算（与、或、非、异或、比较等）。控制器负责从存储器中取出指令，并对指令进行译码；根据指令的要求，按时间的先后顺序，负责向其他各部件发出控制信号，保证各部件协调一致地工作，一步一步地完成各种操作。控制器主要由指令寄存器、译码器、程序计数器、操作控制器等组成。

（2）内存储器

存储器是计算机记忆或暂存数据的部件，主要功能是存放程序和数据。计算机中的全部信息，包括原始的输入数据、经过初步加工的中间数据，以及最后处理完成的有用信息都存放在存储器中。而且，指挥计算机运行的各种程序，即规定对输入数据如何进行加工处理的一系列指令也都存放在存储器中。存储器分为内存储器（内存）和外存储器（外存）两种。内存是计算机的重要部件之一，用于暂时存放 CPU 中的运算数据、与硬盘等外部存储器交换的数据，如图 1-9 所示。内存是外存与 CPU 进行沟通的桥梁，计算机中所有程序的运行都在内存中进行，内存性能的强弱影响计算机整体发挥的水平。内存储器主要由随机存储器（RAM）、只读存储器（ROM）和高速缓冲存储器（Cache）组成。其中随机存储器最大的特点是“断电即失”。

随机存储器是与CPU直接交换数据的内部存储器。它可以随时读写（刷新时除外），而且速度很快，通常作为操作系统或其他正在运行中的程序的临时数据存储介质。

图1-8　中央处理器

图1-9　内存

计算机的内存DDR是一种随机存储器，是各种数据的临时周转中心。内存的容量是2的整次方倍，如8 GB、16 GB等，容量较高的可以到64 GB。一部计算机中可以使用多个内存，如16 GB × 4。

手机扩展卡也是存储卡，个别款式的手机设置存储卡插口，供用户扩展手机存储空间。手机扩展卡可以认为是一种ROM。

2.外围设备

（1）输入设备

输入设备（Input Device）是向计算机输入数据和信息的设备，它是重要的人机接口，负责将输入的信息（包括数据和指令）转换成计算机能识别的二进制代码，送入存储器保存。输入设备是计算机与用户或其他设备通信的桥梁。键盘、鼠标、摄像头、扫描仪、光笔、手写输入板、游戏杆、语音输入装置等都属于输入设备。

（2）输出设备

输出设备（Output Device）是计算机硬件系统的终端设备，用于接收计算机数据的输出显示、打印、声音、控制外围设备操作等，也用于把各种计算结果数据或信息以数字、字符、图像、声音等形式表现出来。在大多数情况下，它将这些结果转换成便于人们识别的形式。常见的输出设备有显示器、打印机、绘图仪、影像输出系统、语音输出系统、磁记录设备等。

（3）辅助存储器

辅助存储器包括U盘、硬盘、光盘等。

U盘是无须物理驱动器的微型高容量移动存储产品，它采用的存储介质为闪存存储介质。U盘具有可多次擦写、速度快、体积小、容量大等优点，一般采用流行的USB接口，即插即用，实现在不同的PC之间进行文件交流。目前常用的存储容量为8 GB ～1 TB，可满足不同要求。

硬盘是计算机最主要的存储设备，由一个或者多个铝制或者玻璃制的盘片组成，这些盘片外覆盖有铁磁性材料。

光盘是以光信息作为存储的载体并用来存储数据的一种物品，分为不可擦写光盘（如CD-ROM、DVD-ROM等）和可擦写光盘（如CD-RW、DVD-RAM等）。

1.2.3　计算机软件系统

软件是组成计算机系统的重要部分。微型计算机系统的软件分为两大类：系统软件和应用软件。系统软件是指由计算机生产厂商（部分由“第三方”）为使用该计算机而提供的基本软件。应用软件是指用户为了自己的业务应用而使用系统开发出来的用户软件。系统软件依赖于机器，而应用软件则更接近用户业务。

视频 计算机软件系统

1. 系统软件

系统软件是指控制和协调计算机及外围设备，支持应用软件开发和运行的系统，是无须用户干预的各种程序的集合。其主要功能是调度、监控和维护计算机系统；负责管理计算机系统中各种独立的硬件，使得它们可以协调工作。

系统软件中最基本、最核心的是操作系统（Operation System，OS）。操作系统是管理计算机硬件与软件资源的计算机程序，主要负责管理计算机系统的各种硬件资源（如CPU、内存空间、磁盘空间、外围设备等），并且负责解释用户对机器的管理命令，使它转换为机器实际的操作。常见的计算机操作系统有Windows 7、Windows 10、Linux、UNIX、iOS等，此外还有移动操作系统，如苹果公司开发的iOS系统，Google公司研发的Android系统。

2. 应用软件

应用软件是和系统软件相对应的，是用户可以使用的各种程序设计语言，以及用各种程序设计语言编制的应用程序的集合，分为应用软件包和用户程序。常见的应用软件有Office办公软件、Photoshop图像处理软件、音视频播放器、及时通信软件（微信、QQ）等，部分应用软件的图标如图1-10所示。

图1-10　部分应用软件的图标

1.2.4　计算机的主要性能指标

视频 计算机的主要性能指标

计算机的主要性能指标包括：主频、字长、存储容量等。一台微型计算机功能的强弱或性能的好坏，不是由某项指标来决定的，而是由它的系统结构、指令系统、硬件组成、软件配置等多方面的因素综合决定的。但对于大多数普通用户来说，可以从这几个指标判断计算机的性能。此外，机器的兼容性、系统的可靠性及可维护性、外围设备的配置等也常作为计算机的技术指标。

1. 主频

主频是衡量计算机性能的一项重要指标。通常所说的计算机运算速度（平均运算速度），是指每秒钟所能执行的指令条数，一般用“百万条指令每秒”（Million Instruction Per Second，MIPS）来描述。同一台计算机，执行不同的运算所需时间可能不同，因此对运算速度的描述常采用不同的方法。常用的有CPU时钟频率（主频）、每秒平均执行指令数（IPS）等。微型计算机一般采用主频来描述运算速度，例如，早期的Pentium Ⅲ的主频为800 MHz，Pentium 4的主频为1.5 GHz，现在普遍用的Intel Core i7 CPU主频为4.0 GHz。一般来说，主频越高，运算速度就越快。

2. 字长

一般来说，计算机在同一时间内处理的一组二进制数称为一个计算机的“字”，而这组二进制数的位数就是“字长”。在其他指标相同时，字长越大计算机处理数据的速度就越快。早期的微型计算机的字长一般是8位和16位，Pentium、Pentium Pro、Pentium Ⅱ、Pentium Ⅲ、Pentium 4大多是32位，当前主流微型计算机是64位。

3. 存储容量

存储容量分为内存储容量和外存储容量。

内存储器容量的大小反映了计算机即时存储信息的能力。随着操作系统的升级，应用软件的不断丰富及其功能的不断扩展，人们对计算机内存储容量的需求也不断提高。内存储容量越大，系统功能就越强大，能处理的数据量就越庞大。

外存储器容量通常是指硬盘容量（包括内置硬盘和移动硬盘）。外存储器容量越大，可存储的信息就越多，可安装的应用软件就越丰富。早期的硬盘容量一般为10～60 GB，现在大多在500 GB以上。

1.2.5 个人计算机的硬件组成和选购

视 频

个人计算机的硬件组成和选购

个人计算机（Personal Computer，PC）是指一种大小、价格和性能适用于个人使用的多用途计算机，多为微型计算机（简称微机）。台式计算机、笔记本计算机、平板计算机以及超级本等都属于个人计算机。

目前用户个人购买的计算机大多为台式计算机和笔记本计算机两种，而且可以选择购买品牌机或兼容机。品牌机的质量相对较好、稳定性和兼容性也较高，售后服务较好，但价格相对较高。兼容机是指根据买方需求现场组装或用户自己组装出来的计算机。兼容机存在兼容性和稳定性的隐患，售后服务也相对较差，但价格一般较低。在选购PC之前，可按照自己的需求，选择不同档次、型号、生产厂家的计算机配件。个人计算机选购过程如图1-11所示。

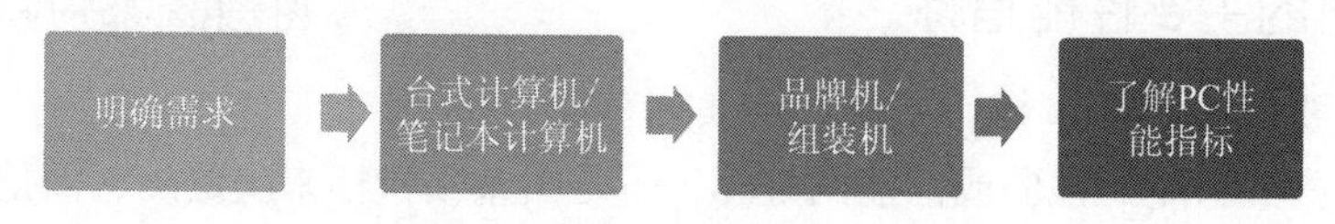

图1-11 个人计算机选购过程

1. 明确需求

购买PC之前，首先要确定购买PC的用途，需要PC为其做哪些工作。只有明确了购买的用途，才能建立正确的选购方案。下面列举几种不同的PC应用领域相应的购机方案。

（1）商务办公

对于办公型PC，主要用途为处理文档、收发E-mail及制表等，需要的PC应该稳定。在商务办公中，PC能够长时间地稳定运行非常重要。

（2）家庭上网

一般的家庭中，使用PC上网的主要作用是浏览新闻、处理简单的文字、玩一些简单的小游戏、看网络视频等，这样用户不必要配置高性能的PC，选择一台中低端的配置就可以满足用户需求。

（3）图形设计

对于这样的用户，因为需要处理图形色彩、亮度，图像处理工作量大，所以要配置运算速度快、整体配置高的计算机，尤其在CPU、内存、显卡上要求较高配置，同时建议配置CRT显示器来达到更好的显示效果。

（4）娱乐游戏

当前开发的游戏大多都采用了三维动画效果，所以游戏用户对PC的整体性能要求更高，尤其在内存容量、CPU处理能力、显卡技术、显示器、声卡等方面都有一定的要求。

2.选择台式计算机还是笔记本计算机

随着微型计算机技术的迅速发展，笔记本计算机的价格在不断下降，好多即将购买PC的顾客都在考虑是购买台式计算机还是笔记本计算机。具体应从以下几方面进行考虑：

（1）应用环境

台式计算机移动不太方便，对于普通用户或者固定办公的用户，可以选择台式计算机。笔记本计算机的优点是体积小、携带方便，适合于经常出差或移动办公的用户。

（2）性能需求

对于同一档次的笔记本计算机和台式计算机在性能上有一定的差距，并且笔记本计算机的可升级性较差。对有更高性能需求的用户来说，台式计算机是更好的选择。

（3）价格方面

相同配置的笔记本计算机比台式计算机的价格要高一些，在性价比上，笔记本计算机比不上台式计算机。所以，从价格因素上的考虑，台式计算机相对比较便宜。

3.选择品牌机还是组装机

目前，市场上台式计算机主要有两大类：一种是品牌机，另一种就是组装机（也称兼容机）。

（1）品牌机

品牌机指由具有一定规模和技术实力的计算机厂商生产，注册商标、有独立品牌的计算机，如IBM、联想、戴尔、惠普等都是目前知名的品牌。品牌机出厂前经过了严格的性能测试，其特点是性能稳定，品质有保证，易用。

（2）组装机

组装机是PC配件销售商根据用户的消费需求与购买意图，将各种计算机配件组合在一起的计算机。组装机的特点是计算机的配置较为灵活、升级方便、性价比略高于品牌机。也可以说，在相同性能的情况下，品牌机的价格要高一些。对于选择品牌机还是组装机，主要看用户。如果用户是一个计算机初学者，对计算机知识掌握不够深，那么购买品牌机就是很好的选择。如果用户对计算机知识很熟悉，并且打算随时升级自己的计算机，则可以选择组装机。

4.了解PC性能指标

对于一台PC来说，其性能的好坏不是由一项指标决定的，而是由各部分总体配置决定的。衡量一台PC的性能，主要考虑以下几个性能指标：

（1）CPU的运算速度

CPU的运算速度是衡量PC性能的一项重要指标，它通常采用主频高低来描述，其性能主要包括频率和二级缓存、三级缓存、核心数量。市场上流行的多核CPU，在主频速度提高的同时，采用多核技术，总体的主频越高，运算速度就越快。目前主流桌面级CPU厂商主要有Intel和AMD两家，如Intel Core i7 5960X是Intel生产的主频3.0 GHz的八核CPU。

（2）显卡类型

显卡是将CPU送来的影像数据处理成显示器可以接收的格式，再送到显示屏上形成画面，其主要性能指标是显卡的流处理能力、显存大小和显存位宽（越大越好）。市场上比较流行的显卡芯片为nVIDIA、AMD（ATI）显卡，以独立显卡容量大小作为衡量显卡性能的指标。市场上的主流显卡显存为2 GB或更高。

（3）内存储器容量

内存是CPU直接访问的存储器，PC中所有需要执行的程序与需要处理的数据都要先读到内存中。内存大小反映了PC即时存储信息的能力，随着操作系统的升级和应用软件功能的不断增强，对内存的需求容量越来越大。内存的存取速度取决于接口（如SDRAM133、DDR333、DDR2-533、DDR2-800、DDR3-1333、DDR3-1600、DDR4-2133、DDR4-2400、DDR4-3000）、颗粒数量多少与存储大小。一般来说，内存越大，数据处理能力越强，而处理数据的速度主要看内存属于哪种类型（如DDR就没有DDR3处理得快）。

总而言之，在选购个人计算机时，应按需配置，明确用途，考量装机预算，衡量运行速度。

1.3 计算机网络基础

随着计算机技术的日新月异，计算机的应用逐渐渗透到各个技术领域和社会的各个方面。社会的信息化、数据的分布处理和各种计算机资源共享等各种应用需要，推动计算机技术朝着群体化方向发展，促使当代的计算机技术和通信技术紧密结合。这种结合的直接产物便是计算机网络。

计算机网络的出现与发展，不但极大地提高了工作效率，而且使计算机成为现代生活中不可缺少的工具，它宣告了“以网络为中心的计算机时代”已经来临。

1.3.1 计算机网络的功能与分类

视 频

计算机网络的功能与分类

所谓计算机网络，就是利用通信线路和通信设备将地理位置不同的、功能独立的多个计算机系统互相连接起来，以功能完善的网络软件（如网络通信协议、信息交换方式及网络操作系统等）实现网络中资源共享和信息传递的系统。

1.计算机网络功能

计算机网络功能主要包括实现资源共享，实现数据信息的快速传递，提高可靠性，提供负载均衡与分布式处理能力，集中管理以及综合信息服务。主要表现在以下几方面（见图1-12）：

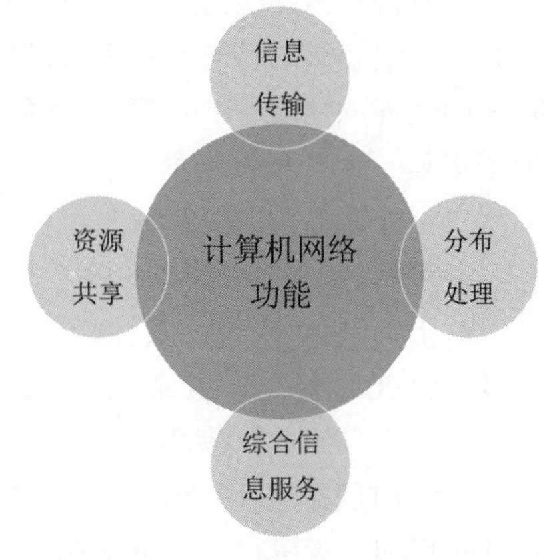

图1-12 计算机网络的功能

（1）资源共享

资源共享包括硬件资源、软件资源和数据资源的共享，网络中的用户能在各自的位置部分或全部地共享网络中的硬件、软件和数据，如绘图仪、激光打印机、大容量的外部存储器等，从而提高了网络的经济性。软件或数据的共享避免了软件建设的重复劳动和重复投资，以及数据的重复存储，也便于集中管理。通过Internet可以检索许多联机数据库，查看到世界上许多著名图书馆的馆藏书目等，就是数据资源共享的一个例子。

（2）信息传输

信息传输是计算机网络的基本功能之一。在网络中，通过通信线路可实现主机与主机、主机与终端之间各种信息的快速传输，使分布在各地的用户信息得到统一集中的控制和管理。例如，人们可以在自己的计算机上把电子邮件（E-mail）发送到世界各地，这些邮件可以是票据、账单、信函、公文等，内容可包括语音、图像等多媒体信息；在商业活动中，可以利用电子数据交换（EDI）功能，实现“无纸贸易”的各种电子商务活动。

（3）分布处理

通过计算机网络，可以把一项大型的任务划分成若干部分，并分散到不同的计算机上处理，同时运作，共同完成，从而使整个系统的效能大幅提高。

当网络中某一计算机负荷较重时，可将新的作业转给网络中其他较空闲的计算机去处理，以减少用户的等待时间，使各计算机的负担均衡。

（4）综合信息服务

通过计算机网络可以向全社会提供各种经济信息、科技情报和社会服务信息，也可以提供咨询服务。例如，利用Internet上的WWW（World Wide Web，万维网）可以获取世界各地的信息资源；ISDN（Integrated Services Digital Network，综合业务数字网）就是将多种办公设备（如电话、传真机、电视机、复印机等）纳入计算机网络，以提供数字、语音、图形、图像等多种信息的传输，ISDN还提供诸如电视电话、电视会议、交互式可视终端等新型通信业务服务。

2. 计算机网络分类

计算计网络可根据三个指标进行分类，分别是地理覆盖范围、使用范围和拓扑结构。

（1）根据组成计算机网络的地理覆盖范围分类

根据组成计算机网络的地理覆盖范围大小的不同，计算机网络可分为广域网（Wide Area Network，WAN）、城域网（Metropolitan Area Network，MAN）和局域网（Local Area Network，LAN）三种。

广域网（WAN）又称远程网，组成网络的各计算机之间地理分布范围广，组网费用高，一般利用一些公用的传输网络来组成。广域网的作用范围通常为几十千米到几千千米，常用于一个国家范围或更大范围内的信息交换，能实现较大范围内的资源共享和信息传送。由于广域网通常借用传统的公共通信网（如电话网），因此造成数据传输速率较低，响应时间较长。

局域网（LAN）又称局部网，组成网络的各计算机地理分布范围较窄，例如把一个实验室、一座楼、一个大院、一个单位或部门的多台计算机连接成一个计算机网络，联网的计算机之间的距离一般在几米至几千米范围内。局域网通常采用专用电缆（如同轴电缆、双绞线、光纤等）连接，有较高的数据传输速率。

城域网（MAN）又称都市网，其作用范围在广域网和局域网之间，它是将现有的局域网互相连接起来，使之成为规模较大的、适用于大都市使用的网络。

（2）按网络的使用范围来划分

按网络的使用范围来划分，可将计算机网络分为公用网和专用网两种类型。公用网是由国家电信部门组建、控制和管理，为全社会提供服务的公共数据网络，凡是愿意按规定缴纳费用的用户都可以使用。专用网则是某部门或公司组建、控制和管理，为特殊业务需要而组建的，不允许其他部门或单位使用的网络。

（3）按网络的拓扑结构来划分

计算机网络还可以按网络的拓扑结构来划分网络的类型。计算机是由多个具有独立功能的计算机系统按不同的形式连接起来的，这不同的形式就是网络的拓扑结构。网络的基本拓扑结构有星状结构、环状结构、总线状结构、树状结构和网状结构。

视频

计算机网络的组成

1.3.2　计算机网络的组成

计算机网络在逻辑上可分为承担信息处理任务的资源子网和负责信息传递的

通信子网两大部分，如图1-13所示。

通信子网由通信设备和通信线路组成。常用的通信设备主要有：用作信息交换的分组交换设备（PSE），实现从多路到一路或从一路到多路转换的集中器（Concentrator）或多路转换器（MUX）、连接同步或异步终端的分组组装/拆卸设备（PAD）、管理整个网络运行的网络控制中心（NCC）、实现网络之间互连的网关（Gateway）等。

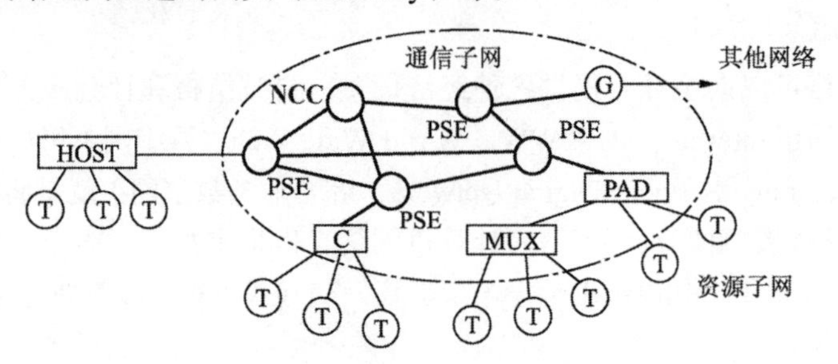

图1-13　计算机网络的组成

C—集中器；T—终端

资源子网主要由主计算机（Host Computer）、终端（Terminal）等硬件和网络操作系统、数据库、应用程序等软件所构成。联网主机可以小至微机，大至巨型机。终端需要通过主机或PAD接入网，以获取网络服务。资源子网负责全网的面向应用的数据处理。

1.网络的硬件系统

一个局域网的硬件系统由网络服务器、工作站、网络接口卡、中继器、集线器、网桥、路由器、网关、交换机、多路复用器、调制解调器等部分组成，而广域网由于传输距离远和网络种类不尽相同，可通过现有的公共通信线路或专用网络通信线路，以及网间互联设备来构成网络。

（1）网络服务器

网络服务器是一台高性能的微型计算机，在上面运行网络操作系统、提供网络通信及管理网络，使进网的工作站能共享软件资源和昂贵的外围设备（如大容量硬盘、激光打印机、绘图机等）。

（2）工作站

工作站是网络上的个人计算机，又称客户机。通过网络接口卡和传输介质连接到网络服务器上，共享网络系统的资源。

（3）网络接口卡

网络接口卡（Adapter Card）简称网卡，又称网络适配器，插在微机的扩展槽上，负责计算机与传输介质之间的电气连接。网卡有多种类型、不同类型的网卡有不同的配置参数和技术指标，可以连成不同的网络结构。

（4）中继器

中继器（Repeater）具有对信号再生放大的功能，用于延伸网络段，使整个网络的地区范围得到扩充。中继器用于网络后，网络仍是一个统一的整体，网络上的工作站仍可共享同一网络上的服务器。

（5）集线器

集线器（Hub）是一种特殊的多路中继器，既具有对信号再生放大的功能，又能管理多路通信。它能连接多个工作结点，并可实现集线器之间的互联。目前，一些新型集线器（如智能集线器）不但提供中继器的功能，还具有网络管理、选择网络路径等功能。

（6）网桥

网桥（Bridge）用于两个相同类型（一般指网络操作系统相同）的网络的互相连接。两个网络的网卡、传输介质和拓扑结构可以不同，只要网络操作系统相同，就可通过网桥连接起来。

（7）路由器

路由器（Router）用于连接两个以上的相同类型的网络或使用相同协议的不同类网络之间的连接。路由器比网桥复杂，但功能更为优越，除具有网桥的功能外，还具有路径选择功能。当多个网络互联时，结点之间可选择的路径往往不止一条，路由器能自动地为结点选择一条最优的路径来传送数据。

（8）网关

网关（Gateway）又称网间连接器、协议转换器，是在不同网络之间实现分组存储和转发，并在网络层提供协议转换的网络互联设备。网关可进行异种局域网的连接、局域网与广域网的连接。网关的结构和技术较路由器更复杂，通常由一台微机作网关使用。

（9）交换机

交换机（Switch）是用来实现交换功能的设备。它采用类似电话总机的交换式技术，使各连接端口能独占带宽，从而提高局域网的总带宽。交换机能提高原有网络性能，提高网络的响应速度和网络的负载能力。交换机技术不断更新发展，功能不断增强，可以实现网络分段、虚拟子网（VLAN）划分、多媒体应用、图像处理、CAD/CAM、Client/Server方式的应用。目前，不少路由器、集线器等也具有交换功能，因此在网络中不一定要有专业的交换机。

（10）多路复用器

多路复用器（MUX）是将许多单路信号组合在一条物理信道上进行传输，或者说在一个信道同时传输多路信号，以达到有效地利用整个通信线路，提高信道的利用率。常用的多路复用技术有频分多路复用（FDM）和时分多路复用（TDM）两种。

（11）调制解调器

调制解调器（Modem）是网络设备与电信模拟通信线路的一种接口设备。广域网多通过电话线传输信号，计算机的二进制数字信号与电话线所传输的音频信号（模拟信号）不同，因此，计算机的二进制数字信号需要“调制”变为音频信号送入普通的电话线，到达目的地后再经“解调”还原成二进制数字信号。

2. 网络的软件系统

网络软件由网络系统软件和网络应用软件组成。网络系统软件是控制和管理网络运行，提供网络通信、分配和管理共享资源的网络软件，其中包括网络操作系统、网络协议软件、通信控制软件和管理软件等。网络应用软件包括两类软件：一类是用来扩充网络操作系统功能的软件；另一类是基于计算机网络应用而开发出来的用户软件。

在网络中，各结点之间的数据通信、共享资源、文件管理、访问控制等，都是由网络软件来实现的。网络软件主要包括网络操作系统、协议软件及网络实用软件等，其中最主要、最基本的是网络操作系统。

（1）网络操作系统

通过网络可以共享资源，但并不意味网上的所有用户都可以随便使用网上的资源，如果这样，则会造成系统紊乱、信息破坏、数据丢失。

网络操作系统是用来管理在计算机网络上多台计算机的操作系统。它支持各台计算机通过计算机网络互联起来，并提供一种统一的、安全的、经济有效的使用网络资源的方法。网络操作系统的主要功能有网络系统管理、文件服务器控制和网络服务。常见的网络操作系统有以下几种：

① NetWare：由美国Novell开发，用于Novell网。常用的有NetWare 3.x/4.x/5.x/6.x等，已经逐渐退出历史舞台。

② Windows：由美国Microsoft公司开发，1996年和1998年分别推出NT 4.0版和NT 5.0版，1999年推出基于NT构建的Windows 2000 Server。目前常用的是Windows Server 2012、Windows Server 2016和Windows Server 2019。

③ UNIX：由美国贝尔实验室开发，是一个老牌的开放式的网络操作系统，具有极强的分布式资源管理功能，适用于高性能、高可靠服务器。

④ Linux：它是UNIX的“变种”，有“PC的UNIX系统”之称，可以使一台价格低廉的微机具有UNIX工作站的功能，近年来，Linux的应用正在逐渐扩大。

常见网络操作系统图标如图1-14所示。

图1-14　常见网络操作系统图标

（2）网络通信协议

网络通信协议（Protocol）是指网络上通信的双方共同遵守的规则和约定。计算机网络是由多种计算机和各类终端通过通信线路连接起来的复杂系统，通信双方要想成功地通信，就必须有共同“语言”，即按事先约定的通信规则来进行通信。例如，通信双方以什么样的控制信号联络，发送方怎样保证数据的完整性和正确性，接收方如何应答等。目前常见的通信协议有TCP/IP、NDS、SNA、IEEE 802、IPX/SPX、NetBEUI等。其中，TCP/IP是任何要连接到Internet上进行通信的计算机所必需的。

1.3.3　网络传输介质

视频

网络设备与传输介质

传输介质是网络中发送方与接收方之间的线路，它对网络数据通信的质量有很大影响。传输介质分为有线传输介质和无线传输介质。常用的有线传输介质有双绞线、同轴电缆、光纤；无线传输介质一般指微波通信和卫星通信。

1. 双绞线

双绞线由四对外覆绝缘材料的互相绞叠的铜质导线组成，并包裹在一个绝缘外皮内。它可以减少杂波造成的干扰，并抑制电缆内信号的衰减。使用双绞线，可以方便地在网络中添加或去掉一台计算机而不必中断网络工作，网络的维护也比较简单。如果某处网线出现故障，只会影响到该条双绞线连接的计算机或设备，并不会造成网络瘫痪。

2. 同轴电缆

同轴电缆（Coaxial Cable）是指有两个同心导体，而导体和屏蔽层又共用同一轴心的电缆。最常见的同轴电缆由绝缘材料隔离的铜线导体组成，在里层绝缘材料的外部是另一层环形导体及其绝缘体，然后整个电缆由聚氯乙烯或特氟纶材料的护套包住。同轴电缆可用于模拟信号和数字信号的传输，适用于各种各样的应用，其中最重要的有电视传播、长途电话传输、计算机系统之间的短距离连接以及局域网等。

3. 光纤

光纤全称光导纤维（Optical Fiber），由石英玻璃拉成细丝，由纤芯和包层构成双层通信圆柱体，属于传输介质的一种。光纤具有很多优点，如传输速率高，传输距离远，抗干扰性能好，数据保密性好等。光纤只能单向传输，所以想实现双向传输需要两根光纤或一根光纤上有两个频段。

4. 微波通信

计算机网络中的无线通信主要是指微波通信（Microwave Communication），是使用波长在0.1 mm ～1 m之间的电磁波——微波进行的通信。与同轴电缆通信、光纤通信和卫星通信等现代通信网传输方式不同的是，微波通信是直接使用微波作为介质进行的通信，不需要固体介质，当两点间直线距离内无障碍时就可以使用微波传送。利用微波进行通信具有容量大、质量好并可传至很远的距离等特点，因此是国家通信网的一种重要通信手段，也普遍适用于各种专用通信网。

5. 卫星通信

卫星通信就是地球上（包括地面和低层大气中）的无线电通信站间利用卫星作为中继而进行的通信。卫星通信的特点是通信范围大，不易受陆地灾害的影响（可靠性高），同时可在多处接收，能经济地实现广播、多址通信（多址特点）等。

1.3.4　无线网络

视 频

无线网络

无线网络是指无须布线就能实现各种通信设备互联的网络。无线网络技术涵盖的范围很广，既包括允许用户建立远距离无线连接的全球语音和数据网络，也包括为近距离无线连接进行优化的红外线及射频技术。

1. 无线网络的分类

根据网络覆盖范围的不同，可以将无线网络划分为4种类别：

（1）无线广域网

无线广域网（WWAN）是基于移动通信基础设施，由网络运营商，如中国移动、中国联通等运营商所经营，负责一个城市所有区域甚至一个国家所有区域的通信服务。

（2）无线局域网

无线局域网（WLAN）是一个负责在短距离范围之内无线通信接入功能的网络，其网络连接能力非常强大。目前而言，无线局域网是以IEEE学术组织的IEEE 802.11技术标准为基础，也就是人们常见的Wi-Fi网络。

（3）无线城域网

无线城域网（WMAN）是可以让接入用户访问到固定场所的无线网络，它将一个城市或者

地区的多个固定场所连接起来。

（4）无线个人局域网

无线个人局域网（WPAN）是用户个人将所拥有的便携式设备通过通信设备进行短距离无线连接的无线网络。

2. 无线路由器

无线路由器是用于用户上网、带有无线覆盖功能的路由器，是无线网络中用户接触最多的设备。无线路由器可以看作是一个转发器，将家中接入的宽带网络信号通过天线转发给附近的无线网络设备（笔记本计算机、支持Wi-Fi的手机、平板计算机以及所有带有Wi-Fi功能的设备）。一般的无线路由器信号范围为半径50 m，已经有部分无线路由器的信号范围达到了半径300 m。

1.3.5 Internet基础知识

视 频

Internet基础知识

Internet（因特网）是由全世界成千上万台计算机互联起来而形成的一种全球性网络，现已成为世界上最大的国际性计算机互联网络。它把世界各地的计算机通过网络线路连接起来，进行数据和信息的交换，从而实现资源共享。因特网为人们提供了大量的信息和便捷的通信方式，已经成为人们生活中必不可少的一部分。

1. Internet的概念

简单来说，Internet是一个全球性计算机网络。组成Internet的计算机网络包括小规模的局域网（LAN）、城市规模的城域网（MAN）以及大规模的广域网（WAN）等。Internet不仅是计算机网络，其精髓在于能够为用户提供有价值的信息和令人满意的服务。可以说，Internet是一个世界规模的巨大的信息和服务资源。Internet也是一个面向公众的社会性组织，世界各地成千上万的人们可以利用Internet进行信息交流和资源共享。

2. Internet的发展

Internet的发展经历了3个阶段，具体如表1-2所示。

表 1-2　Internet 发展的 3 个阶段

阶　段	发 展 特 点
阶段一	单个网络ARPANET向因特网发展的过程
阶段二	建成三级结构的因特网，分别为主干网、地区网和企业网
阶段三	形成多层次ISP结构的因特网

3. Internet的服务类型

当进入Internet后，就可以利用其中各个网络和各种计算机上无穷无尽的资源，同世界各地的人们自由通信和交换信息，以及去做通过计算机能做的各种各样的事情，享受Internet为人们提供的各种服务。

（1）WWW 服务

WWW又称Web，是人们登录Internet后最常利用到的功能。人们连入Internet后，有一半以上的时间都是在与各种各样的Web页面打交道。基于Web，人们可以浏览、搜索、查询各种信息，可以发布自己的信息，可以与他人进行实时或者非实时的交流，可以游戏、娱乐、购物等。

（2）E-mail 服务

在Internet上，电子邮件或称为E-mail系统是使用最多的网络通信工具，E-mail已成为备受欢迎的通信方式。人们可以通过E-mail系统同世界上任何地方的朋友交换电子邮件，而且发送出的信件只需要几分钟的时间就可以到达对方的邮箱中。

（3）Telnet 服务

远程登录（Telnet）就是通过Internet进入和使用远距离的计算机系统，就像使用本地计算机一样。Telnet工具在接到远程登录的请求后，就试图将本地计算机同远端的计算机连接起来。一旦连通，本地计算机就成为远端计算机的终端。用户可以正式注册（Login）进入远程系统成为合法用户，执行操作命令，提交作业，使用系统资源。在完成操作任务后，通过注销（Logout）退出远端计算机系统，同时也退出Telnet。

（4）FTP 服务

FTP（文件传输协议）是Internet上最早使用的文件传输程序。它同Telnet一样，使用户能登录到Internet的一台远程计算机，把其中的文件传送回自己的计算机系统，或者反过来，把本地计算机上的文件传送并装载到远方的计算机系统。利用这个协议，人们可以下载免费软件，或者上传自己的主页。

4. 网络协议

网络协议指的是计算机网络中互相通信的对等实体之间交换信息时所必须遵守的规则的集合，也就是网络通信规则。国际标准化组织（ISO）于1984年公布了开放系统互连（Open System Interconnect，OSI）参考模型成为网络体系结构的国际标准。OSI参考模型将计算机互联的功能划分成7个层次，规定了同层次进程通信的协议及相邻层次之间的接口及服务，又称七层协议。该模型自下而上的各层分别为：物理层、数据链路层、网络层、传输层、会话层、表示层及应用层，如图1-15所示。

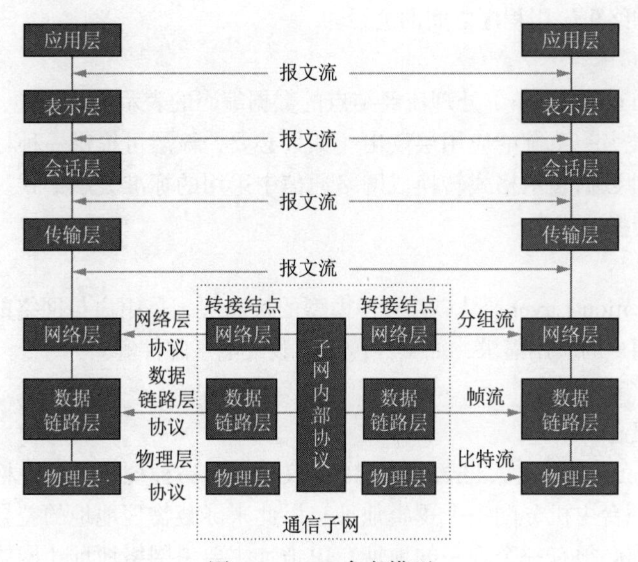

图1-15　OSI参考模型

（1）物理层

物理层（Physical Layer）是OSI参考模型的最底层，它利用传输介质为数据链路层提供物理连接。它主要关心的是通过物理链路从一个结点向另一个结点传送比特流，物理链路可能是铜线、卫星、微波或其他的通信媒介。总的来说，物理层关心的是链路的机械、电气、功能和规程特性。

（2）数据链路层

数据链路层（Data Link Layer）是为网络层提供服务的，解决两个相邻结点之间的通信问题，传送的协议数据单元称为数据帧。

数据帧中包含物理地址（又称MAC地址）、控制码、数据及校验码等信息。该层的主要作用是通过校验、确认和反馈重发等手段，将不可靠的物理链路转换成对网络层来说无差错的数据链路。此外，数据链路层还要协调收发双方的数据传输速率，即进行流量控制，以防止接收方因来不及处理发送方来的高速数据而导致缓冲器溢出及线路阻塞。

（3）网络层

网络层（Network Layer）是为传输层提供服务的，传送的协议数据单元称为数据包或分组。该层的主要作用是解决如何使数据包通过各结点传送的问题，即通过路径选择算法（路由）将数据包送到目的地。另外，为避免通信子网中出现过多的数据包而造成网络阻塞，需要对流入的数据包数量进行控制（拥塞控制）。当数据包要跨越多个通信子网才能到达目的地时，还要解决网络互连的问题。

（4）传输层

传输层（Transport Layer）的作用是为上层协议提供端到端的可靠和透明的数据传输服务，包括处理差错控制和流量控制等问题。该层向高层屏蔽了下层数据通信的细节，使高层用户看到的只是在两个传输实体间的一条主机到主机的、可由用户控制和设定的、可靠的数据通路。

传输层传送的协议数据单元称为段或报文。

（5）会话层

会话层（Session Layer）的主要功能是管理和协调不同主机上各种进程之间的通信（对话），即负责建立、管理和终止应用程序之间的会话。

（6）表示层

表示层（Presentation Layer）处理流经结点的数据编码的表示方式问题，以保证一个系统应用层发出的信息可被另一系统的应用层读出。如果必要，该层可提供一种标准表示形式，用于将计算机内部的多种数据表示格式转换成网络通信中采用的标准表示形式。数据压缩和加密也是表示层可提供的转换功能之一。

（7）应用层

应用层（Application Layer）是OSI参考模型的最高层，是用户与网络的接口。该层通过应用程序来完成网络用户的应用需求，如文件传输、收发电子邮件等。

5.IP地址

（1）IP地址的概念

IP地址（Internet Protocol Address）是IP协议提供的一种统一的地址格式，它为互联网上的每一个网络和每一台主机分配一个逻辑地址，以此来屏蔽物理地址的差异。也就是说，互联网上的每一台主机都必须有一个唯一的地址。IP地址主要由网络地址（网络标识）和主机地址（主机标识）构成。

（2）网际协议版本

IPv4是网际协议开发过程中的第四个修订版本，也是此协议第一个被广泛部署的版本。2019年11月26日，全球所有43亿个IPv4地址已分配完毕，这意味着没有更多的IPv4地址可以分配给ISP和其他大型网络基础设施提供商，严重制约了互联网的应用和发展。IPv6所拥有的地址容量是IPv4的约8×10^{28}倍，达到2^{128}（算上全零的）个，IPv6的使用不仅能解决网络地址资源数量的问题，而且也解决了多种接入设备连入互联网的障碍。2020年3月23日，工业和信息化部发布《关于开展2020年IPv6端到端贯通能力提升专项行动的通知》，到2020年末，IPv6活跃连接数达到11.5亿，较2019年8亿连接数的目标提高了43%。相信不久的将来，IPv6协议将不断推进，走入寻常百姓家。

6.域名系统

域名系统（Domain Name System，DNS）是互联网的一项服务。它作为将域名和IP地址相互映射的一个分布式数据库，能够使人们更方便地访问互联网，解决了IP数字地址难以记忆的问题。加入互联网的各级网络依照DNS的命名规则对本网内的计算机命名，并负责完成通信时域名到IP地址的转换。

DNS采用层次结构的命名方法，任何一台入网的主机或路由器，都有一个域名与其IP地址相对应。IP地址具有唯一性，但域名不具备唯一性，一个IP地址可以对应多个域名。域名由标号序列组成，标号与标号之间用点（“.”）隔开，一般含有三个级别的域名。一级域名又称顶级域名，表示国家或地区，如cn（中国）、us（美国）等；二级域名表示机构性质，如com（公司企业）、edu（教育机构）、gov（政府部门）等；三级域名表示机构的具体名称，常为英文名称的缩写或拼音名称的缩写，如sysu（中山大学英文名称缩写）、redcross（红十字会英文名称）等。又如，华南师范大学的域名为http://www.scnu.edu.cn，其中cn是一级域名，edu是二级域名，scnu是三级域名（域名中英文字母大小写无区别）。

7.万维网

万维网（World Wide Web，WWW）是互联网提供的服务之一，是客户机/服务器技术和超文本技术的综合。WWW服务器通过超文本标记语言（HTML）把信息组织成为图文并茂的超文本，利用链接从一个站点跳到另一个站点。万维网能把各种类型的信息（如文本、图像、声音、动画、录像等）和服务（如News、FTP、Telnet、Gopher、Mail等）无缝连接，利用多种媒体技术直观地向用户展现信息，并丰富信息的内涵与赋予信息的外延，是目前发展最快、最广泛、最富有生机的互联网应用与工具。WWW为全世界的人们提供了查找和共享信息的手段，是人们进行动态多媒体交互的最佳方式。

万维网是如何工作的？首先，WWW服务器通过HTML把信息组织成图文并茂的超文本；然后，WWW浏览器则为用户提供基于HTTP的用户界面。用户使用WWW浏览器通过Internet访问远端WWW服务器上的HTML，启动浏览器软件后，输入一个基于统一资源定位器（URL）的地址标识来获取指定的信息。客户机启动服务请求，服务器等待、响应客户机请求，彼此间按协议运作。在WWW的客户机/服务器工作环境中，WWW浏览器起着控制作用，WWW浏览器的任务是使用一个Internet地址来获取一个WWW服务器上的Web文档，解释并将文档内容以用户环境所许可的效果最大限度地显示出来。

8.超文本传输协议

超文本传输协议（HyperText Transfer Protocol，HTTP）是互联网上应用最为广泛的一种网络协议，所有的WWW文件都必须遵守这个标准。除了HTML网页外还被用来传输超文本数据，例如图片、音频文件（MP3等）、视频文件（rm、avi等）、压缩包（zip、rar等）。

9.统一资源定位符

WWW上的每个信息资源都有统一的地址，统一资源定位符（Uniform Resource Locator，URL）用来标识万维网上的资源，确定资源在网络上的位置及所需的文档，使每一个信息资源能被唯一地区别开。URL描述了网上资源的访问方式（传输协议类型）和所在的位置。

URL由三部分组成：协议类型、主机名和路径及文件名，如HTTP、FTP、Telnet等。在Internet上所有资源都有一个独一无二的URL地址，但是当信息资源的存放地点发生变化时，必须对URL做相应的改变。因此，人们正在研究新的信息资源表示方法，如通用资源标识（Universal Resource Identifier，URI）、统一资源名（Uniform Resource Name，URN）和统一资源引用符（Uniform Resource Citation，URC）等。

10. 电子邮件

电子邮件（E-mail）是指发送者和指定的接收者使用计算机通信网络发送信息的一种非交互式的通信方式。它是Internet应用最广泛的服务之一。正是由于电子邮件具有使用简易、投递迅速、收费低廉、容易保存、全球畅通无阻等特点，被人们广泛使用。

电子邮件在Internet上发送和接收的原理与日常生活中邮寄包裹相似：当发件人需要寄包裹时，首先找到任何一间能承担该项业务的快递公司，在填写完收件人姓名、地址等之后快递公司运送包裹至收件人指定的地址，收件人前往其指定的地址取包裹。同样，当发送电子邮件时，这封邮件是由邮件发送服务器（快递公司）发出，并根据收信人的地址判断对方的邮件接收服务器而将这封信发送到该服务器上（收件地址），收信人要收取邮件也只能访问这个服务器才能完成。

（1）电子邮件的发送

SMTP（Simple Mail Transfer Protocol，简单邮件传送协议）是维护传输秩序、规定邮件服务器之间进行哪些工作的协议，其目标是可靠、高效地传送电子邮件。SMTP独立于传送子系统，并且能够接力传送邮件。SMTP基于以下的通信模型：根据用户的邮件请求，发送方SMTP建立与接收方SMTP之间的双向通道。接收方SMTP可以是最终接收者，也可以是中间传送者。发送方SMTP产生并发送SMTP命令，接收方SMTP向发送方SMTP返回响应信息。建立连接后，发送方SMTP发送MAIL命令指明发信人，如果接收方SMTP认可，则返回OK应答。发送方SMTP再发送RCPT命令指明收信人，如果接收方SMTP也认可，则再次返回OK应答；否则将给予拒绝应答（但不中止整个邮件的发送操作）。当有多个收信人时，双方将如此重复多次。这一过程结束后，发送方SMTP开始发送邮件内容，并以一个特别序列作为终止。如果接收方SMTP成功处理了邮件，则返回OK应答。

对于需要接力转发的情况，如果一个SMTP服务器接受了转发任务，但后来却发现由于转发路径不正确或者其他原因无法发送该邮件，那么它必须发送一个“邮件无法递送”的消息给最初发送该信的SMTP服务器。为防止因该消息可能发送失败而导致报错消息在两台SMTP服务器之间循环发送的情况，可以将该消息的回退路径置空。

（2）电子邮件的接收

①POP3方式：要在因特网的一个比较小的结点上维护一个消息传输系统（Message Transport System，MTS）是不现实的。例如，一台工作站可能没有足够的资源允许SMTP服务器及相关的本地邮件传送系统驻留且持续运行。同样，要求一台个人计算机长时间连接在IP网络上的开销也是巨大的，有时甚至是做不到的。尽管如此，允许在这样小的结点上管理邮件常常是很有用的，并且它们通常能够支持一个可以用来管理邮件的用户代理。为满足这一需要，可以让那些能够支持MTS的结点为这些小结点提供邮件存储功能。POP3（Post Office Protocol-Version3，邮局协议版本3）就是用于提供这样一种实用的方式来动态访问存储在邮件服务器上的电子邮件的。一般来说，就是指允许用户主机连接到服务器上，以取回那些服务器为它暂存的邮件。POP3不提供对邮件更强大的管理功能，通常在邮件下载后就被删除。更多的管理功能则

由IMAP4来实现。

邮件服务器通过侦听TCP的110端口开始POP3服务。当用户主机需要使用POP3服务时，就与服务器主机建立TCP连接。当连接建立后，服务器发送一个表示已准备好的确认消息，然后双方交替发送命令和响应，以取得邮件，这一过程一直持续到连接终止。一条POP3指令由一个与大小写无关的命令和一些参数组成。命令和参数都使用可打印的ASCII字符，中间用空格隔开。命令一般为3～4个字母，而参数却可以长达40个字符。

②IMAP4方式：IMAP4（Internet Message Access Protocol 4，第四版因特网信息存取协议）提供了在远程邮件服务器上管理邮件的手段，它能为用户提供有选择地从邮件服务器接收邮件、基于服务器的信息处理和共享信箱等功能。IMAP4使用户可以在邮件服务器上建立任意层次结构的保存邮件的文件夹，并且可以灵活地在文件夹之间移动邮件，随心所欲地组织自己的信箱，而POP3只能在本地依靠用户代理的支持来实现这些功能。如果用户代理支持，那么IMAP4甚至还可以实现选择性下载附件的功能，假设一封电子邮件中含有5个附件，用户可以选择下载其中的2个，而不是所有。

与POP3类似，IMAP4仅提供面向用户的邮件收发服务，邮件在因特网上的收发还是依靠SMTP服务器来完成。

（3）电子邮件的使用

用户发送和接收电子邮件时，必须在一台邮件服务器中申请一个合法的账号，其中包括账户名和密码，以便在该台邮件服务器中拥有自己的电子邮箱，用来保存自己的邮件。每个用户的邮箱都具有一个全球唯一的电子邮件地址，即电子邮件账号具有唯一性。

电子邮件地址由用户名和电子邮件服务器域名两部分组成，中间由“@”分隔。其格式为：用户名@电子邮件服务器域名。例如：zhang@163.com。

通常Internet上的个人用户不能直接接收电子邮件，而是通过申请ISP（Internet Service Provider，因特网服务提供商）主机的一个电子信箱，由ISP主机负责电子邮件的接收。一旦有用户的电子邮件到来，ISP主机就将邮件移到用户的电子信箱内，并通知用户有新邮件。因此，当发送一封电子邮件给另一个客户时，电子邮件首先从用户计算机发送到ISP主机，再到Internet，再到收件人的ISP主机，最后到收件人的个人计算机。

ISP主机起着“快递公司”的作用，管理着众多用户的电子信箱。每个用户的电子信箱实际上就是用户所申请的账号名。每个用户的电子邮件信箱都要占用ISP主机一定容量的硬盘空间。目前，有众多的电子邮件服务商提供了免费邮箱服务，如Gmail、Hotmail、QQ、163等。通常，电子邮件服务商都会同时提供两种服务方式：邮件客户端、WebMail。

邮件客户端是指使用IMAP/APOP/POP3/SMTPESMTP协议收发电子邮件的软件，如Windows自带的Outlook，国内有名的客户端Foxmail、Dreammail和KooMail。

WebMail（基于万维网的电子邮件服务）是因特网上一种主要使用网页浏览器来阅读或发送电子邮件的服务。一般而言，WebMail系统提供邮件收发、用户在线服务和系统服务管理等功能。WebMail的界面直观、友好，不需要借助客户端，免除了用户对E-mail客户软件（如Foxmail、Outlook等）进行配置时的麻烦，只要能上网就能使用WebMail，方便用户对邮件进行接收和发送。WebMail使得E-mail在Internet上的应用更加广泛。

选择电子邮件服务商一般从信息安全、反垃圾邮件、防杀病毒、邮箱容量、稳定性、收发速度、能否长期使用、邮箱功能、进行搜索和排序是否方便和精细、邮件内容管理、使用方便、多种收发方式等综合考虑。每个人可以根据自己的需求不同，选择最适合自己的邮箱。

1.4 网络安全与法规

随着计算机技术的快速发展和计算机网络的日渐普及，信息网络已经成为社会发展的重要推动力。网络给人们带来巨大便利的同时，网络安全问题日益凸显，计算机病毒和网络黑客不断冲击网络信息的安全防线。因此，敲响网络安全警钟，注重网络安全防护，遵守网络安全法规尤为重要。

1.4.1 网络安全概述

视频

网络安全概述

网络安全通常指计算机网络安全，实际上也可理解为计算机通信网络安全。通常，网络安全是指网络系统的硬件、软件及其系统中的数据受到保护，不因偶然的或者恶意的原因而遭受到破坏、更改、泄露，系统连续可靠正常地运行，网络服务不中断。网络的安全性保障可分为两大体系：一类是针对设备自然损坏而采取的物理保护体系，如后备电源（UPS）、磁带备份、磁盘镜像与服务器镜像等技术；另一类主要是针对非法入侵或人为攻击而采取的措施。内部网由于用户众多和同因特网连接，也存在许多不安全的因素。网络安全具有以下几方面的特征：

①保密性：也称机密性，指信息不泄露给非授权用户、实体或过程，或供其利用的特性。

②完整性：数据未经授权不能进行改变的特性，即信息在存储或传输过程中保持不被修改、不被破坏和丢失的特性。

③可用性：可被授权实体访问并按需求使用的特性，即当需要时能否存取所需的信息。例如，网络环境下拒绝服务、破坏网络和有关系统的正常运行等都属于对可用性的攻击。

④可控性：对信息的传播及内容具有控制能力。

⑤可审查性：出现网络安全问题时提供依据与手段。

1.4.2 网络病毒和网络攻击

1. 计算机病毒

视频

网络病毒和网络攻击

计算机病毒（Computer Virus）在我国1994年颁布的《中华人民共和国计算机信息系统安全保护条例》中有明确定义：计算机病毒，是指编制或者在计算机程序中插入的破坏计算机功能或者毁坏数据，影响计算机使用，并能自我复制的一组计算机指令或者程序代码。通俗地讲，计算机病毒就是人为的特殊程序寄生在某些程序中，具有自我复制能力、很强的传染性、一定的潜伏性和隐蔽性、特定的触发性和极大的破坏性。

计算机病毒与医学上的“病毒”不同，计算机病毒不是天然存在的，是别有用心的人利用计算机软件和硬件所固有的脆弱性编制的一组指令集或程序代码。它能潜伏在计算机的存储介质（或程序）里，条件满足时即被激活，通过修改其他程序的方法将自己的精确文本或者可能演化的形式放入其他程序中，从而感染其他程序，对计算机资源进行破坏。所谓的病毒是人为造成的，对其他用户的危害性很大。为了能够自我复制，病毒必须能够运行代码并能够对内存运行进行操作。基于这个原因，许多病毒都是附着在合法的可执行文件上。如果用户企图运行该可执行文件，病毒就有机会运行。病毒可以根据运行时所表现出来的行为分成两类：非常驻型病毒和常驻型病毒。非常驻型病毒会立即查找其他宿主并伺机加以感染，之后再将控制权交给被感染的应用程序。常驻型病毒被运行时并不会查找其他宿主。相反的，一个常驻型病毒会将自己加载到内存并将控制权交给宿主。非常驻型病毒可以被描述成具有搜索模块和复制模块的程序。搜索模块负责查找可被感染的文件，一旦搜索到该文件，搜索模块就会启动复制模块进行感染。

2. 网络病毒

计算机网络病毒伴随着计算机网络的出现和发展而发展。计算机病毒是能够通过某种途径潜伏在计算机存储介质（或程序）里，当达到某种条件时即被激活的具有对计算机资源进行破坏作用的一组程序或指令集合。网络环境下，计算机病毒通常隐藏在文件或程序代码内，病毒可以按指数增长方式进行传染，其传播速度是非网络环境下的几十倍。网络病毒较传统的单机病毒具有破坏性大、传播性强、扩散面广、针对性强、传染方式多、清除难度大等特点。常见的网络病毒有脚本病毒、蠕虫病毒、木马病毒等。

3. 网络攻击

网络攻击也称赛博攻击（Cyber Attacks），是指针对计算机信息系统、基础设施、计算机网络或个人计算机设备的任何类型的进攻行为。网络攻击分类方法有两种：一种是以主动、被动进行划分；另一种是以攻击的位置进行划分。可分为远程攻击、本地攻击和伪远程攻击，如表1-3所示。

表1–3 网络攻击的分类

类型	名称	简介
主被动	主动攻击	主动攻击会导致数据流的篡改和虚假数据流的产生
	被动攻击	攻击者不对数据信息做任何修改，如窃听、流量分析等
攻击位置	远程攻击	攻击者从子网以外的地方发动攻击
	本地攻击	内部人员通过局域网向本单位的系统发动攻击
	伪远程攻击	内部人员为掩盖身份，从外部远程发起入侵

4. 网络黑客

网络黑客就是利用计算机技术、网络技术非法侵入、干扰、破坏他人计算机系统，或擅自操作、使用、窃取他人的计算机信息资源，对电子信息交流和网络实体安全具有威胁性和危害性的人。“黑客”一词是由英语Hacker音译而来的，是指专门研究、发现计算机和网络漏洞的计算机爱好者。但是到了今天，黑客一词已经被用于那些专门利用计算机进行破坏或入侵他人的代名词。

黑客技术，简单地说，是对计算机系统和网络的缺陷和漏洞的发现，以及针对这些缺陷实施攻击的技术。这里说的缺陷，包括软件缺陷、硬件缺陷、网络协议缺陷、管理缺陷和人为的失误。常见的黑客入侵手段有以下几种：

（1）口令入侵

所谓口令入侵，就是指用一些软件解开已经得到但被人加密的文档，不过许多黑客已大量采用一种可以绕开或屏蔽口令保护的程序来完成这项工作。对于那些可以解开或屏蔽口令保护的程序通常被称为Crack。这些软件的广为流传，使得入侵计算机网络系统有时变得相当简单，一般不需要深入了解系统的内部结构。

（2）特洛伊木马

特洛伊木马简称木马，是一种基于远程控制的黑客工具。说到特洛伊木马，只要知道这个故事的人就不难理解，它最典型的做法就是把一个能帮助黑客完成某一特定动作的程序依附在某一合法用户的正常程序中，这时合法用户的程序代码已被改变。一旦用户触发该程序，那么依附在内的黑客指令代码同时被激活，这些代码往往能完成黑客指定的任务。它常被伪装成工具程序或者游戏等诱使用户打开带有特洛伊木马程序的邮件附件或从网上直接下载，一旦用户打开了这些邮件的附件或者执行了这些程序之后，它们就会像古特洛伊人在敌人城外留下的藏满士兵的木马一样留在自己的计算机中，并在自己的计算机系统中隐藏一个可以在操作系统启动时悄悄执行的程序。当计算机连接到因特网上时，这个程序就会通知黑客，来报告计算机的IP地址以及预先设定的端口。黑客在收到这些信息后，再利用这个潜伏在其中的程序，就可以在用户毫无察觉之下，获得远程访问和控制系统的权限，任意修改用户的计算机参数设置、复制文件、窥视整个硬盘中的内容等，从而盗取用户资料。总而言之，木马病毒的特点是不感染其他文件，不破坏计算机系统，不进行自我复制。

（3）WWW的入侵术

在网上用户可以利用IE等浏览器进行各种各样的Web站点的访问，如阅读新闻组、咨询产品价格、订阅报纸、电子商务等。然而一般的用户恐怕不会想到有这些问题存在：正在访问的网页已经被黑客篡改过，网页上的信息是虚假的。例如，黑客将用户要浏览的网页的URL改写为指向黑客自己的服务器，当用户浏览目标网页时，实际上是向黑客服务器发出请求，黑客就可以达到欺骗的目的。

（4）电子邮件

针对电子邮件的攻击主要表现为两种方式：一是电子邮件轰炸和电子邮件“滚雪球”，也就是通常所说的邮件炸弹，这指的是用伪造的IP地址和电子邮件地址向同一信箱发送数以千计、万计甚至无穷多次内容相同的垃圾邮件，致使受害人邮箱被“炸”，严重者可能会给电子邮件服务器操作系统带来危险，甚至瘫痪；二是电子邮件欺骗，攻击者佯称自己为系统管理员（邮件地址和系统管理员完全相同），给用户发送邮件要求用户修改口令（口令可能为指定字符串），或在看似正常的附件中加载病毒或其他木马程序。面对这类欺骗，只要用户提高警惕，一般危害性不太大。

（5）拒绝服务

拒绝服务（Denial of Service，DoS）是指使计算机或网络无法提供正常服务，最常见的有计算机网络带宽攻击和连通性攻击。当用户感觉Windows运行速度明显减慢，打开任务管理器后发现CPU使用率达到了100%时，就要考虑是否受到DoS攻击。

（6）寻找系统漏洞

许多系统都有这样那样的安全漏洞（Bugs），其中某些是操作系统或应用软件本身具有的，这些漏洞在补丁未被开发出来之前一般很难防御黑客的破坏。还有一些漏洞是由系统管理员配置错误引起的，如在网络文件系统中，将目录和文件以可写的方式调出，将未加Shadow的用户密码文件以明码方式存放在某一目录下，这都会给黑客带来可乘之机，应及时加以修正。

1.4.3 网络安全防护

防范计算机病毒和黑客问题最重要的一点就是树立“预防为主，防治结合”的思想，树立计算机安全意识，防患于未然，积极地预防黑客的攻击和计算机病毒的侵入。购买并安装正版的具有实时监控功能的杀毒卡或反病毒软件，防止病毒的侵入，并要经常更新反病毒软件的版本，以及升级操作系统，安装漏洞的补丁。计算机处于网络环境时，应设置“病毒防火墙”。

视 频

网络安全防护

1.提高安全意识

①不要随意打开来历不明的电子邮件或文件，不要随便运行不太了解的人提供的程序，比如，“特洛伊”类黑客程序就需要骗用户运行。

②尽量避免从Internet下载不知名的软件、游戏程序。即使从知名的网站下载的软件也要及时用最新的病毒和木马查杀软件进行扫描。

③密码设置尽可能使用字母数字混排，单纯的英文或者数字很容易穷举。常用的密码要有所区别，防止被人查出一个，连带到其他重要密码。重要密码最好经常更换。

④及时下载安装系统补丁程序。

⑤不随便运行不明程序。

⑥在支持HTML的BBS上，如发现提交警告，先看源代码，因为这很可能是骗取密码的陷阱。

2.使用防毒、防黑等防火墙软件

防火墙是一个用以阻止网络中的黑客访问某个机构网络的屏障，也可称为控制进/出两个方向通信的门槛。在网络边界上通过建立起来的相应网络通信监控系统来隔离内部和外部网络，以阻挡外部网络的侵入。

3.设置代理服务器，隐藏IP地址

保护自己的IP地址是很重要的。事实上，即使机器上被安装了木马程序，若没有IP地址，攻击者也是没有办法的，而保护IP地址的最好方法就是设置代理服务器。代理服务器能起到外部网络申请访问内部网络的中间转接作用，其功能类似于一个数据转发器，它主要控制哪些用户能访问哪些服务类型。当外部网络向内部网络申请某种网络服务时，代理服务器接受申请，然后根据其服务类型、服务内容、被服务的对象、服务者申请的时间、申请者的域名范围等来决定是否接受此项服务，如果接受，它就向内部网络转发这项请求。

1.4.4　网络安全法

我国2017年6月1日起施行《中华人民共和国网络安全法》（下称《网络安全法》），是为保障网络安全，维护网络空间主权和国家安全、社会公共利益，保护公民、法人和其他组织的合法权益，促进经济社会信息化健康发展而制定的法律。《网络安全法》共七章七十九条，是我国第一部全面规范网络空间安全管理方面问题的基础性法律，是我国网络空间法治建设的重要里程碑，是依法治网、化解网络风险的法律重器，是让互联网在法治轨道上健康运行的重要保障。

视 频

网络安全法

《网络安全法》将近年来一些成熟的好做法制度化，并为将来可能的制度创新做了原则性规定，为网络安全工作提供切实法律保障。以下是《网络安全法》的基本原则：

第一，网络空间主权原则。《网络安全法》第一条“立法目的”开宗明义，明确规定要维护我国网络空间主权。网络空间主权是国家主权在网络空间中的自然延伸和表现。第二条明确规定《网络安全法》适用于我国境内网络以及网络安全的监督管理。这是我国网络空间主权对内最高管辖权的具体体现。

第二，网络安全与信息化发展并重原则。网络安全和信息化是一体之两翼、驱动之双轮，必须统一谋划、统一部署、统一推进、统一实施。《网络安全法》第三条明确规定，国家坚持网络安全与信息化发展并重，遵循积极利用、科学发展、依法管理、确保安全的方针。既要推进网络基础设施建设，鼓励网络技术创新和应用，又要建立健全网络安全保障体系，提高网络安全保护能力，做到“双轮驱动、两翼齐飞”。

第三，共同治理原则。网络空间安全需要政府、企业、社会组织、技术社群和公民等网络利益相关者共同参与。《网络安全法》坚持共同治理原则，要求采取措施鼓励全社会共同参与，政府部门、网络建设者、网络运营者、网络服务提供者、网络行业相关组织、高等院校、职业学校、社会公众等都应根据各自的角色参与网络安全治理工作。

习　题

1.计算机的功能有________。

A.数值计算　B.逻辑计算　C.存储记忆功能　D.以上选项都是

2.下列关于世界上第一台电子计算机ENIAC的叙述中，错误的是________。

A.使用高级语言进行程序设计　B.体积庞大，质量为30 t

C.主要采用的电子元件是电子管　D.1946年诞生于美国

3.数字式电子计算机是用不连续的数字量________来表示。

A.“2”和“3”　B.“0”和“2”　C.“1”和“2”　D.“0”和“1”

4.按照应用范围分类，可将计算机分为________。

A.专用计算机、通用计算机　B.数字计算机、模拟计算机

C.大型计算机、小型计算机　D.微型计算机、嵌入式计算机

5.内存的作用是________。

A.压缩文件

B.播放声音

C.显示图像

D.暂时存放CPU中的运算数据，以及与硬盘等外部存储器交换的数据

6.系统软件中最主要的是________。

A.操作系统　B.语言处理程序　C.工具软件　D.数据库管理系统

7.人们通常会说其所使用计算机的CPU是多少赫兹的，是指CPU的________。

A.周期　B.主频　C.大小　D.速率

8.在计算机网络领域，MAN代表着________。

A.物联网　B.互联网　C.城域网　D.广域网

9.计算机网络是由多个具有独立功能的计算机系统按不同的形式连接起来的，这不同的形式就是网络的________。

A.拓扑结构　B.体系结构　C.系统结构　D.层次结构

10.网络病毒不具有________特点。

A.传播速度快　B.难以清除　C.传播方式单一　D.危害大

第2章 操作系统与常用软件

操作系统（Operating System，OS）是计算机最基本的系统软件，它是控制和管理计算机所有硬件和软件资源的一组程序，是用户和计算机之间的通信界面。用户通过操作系统的使用和设置，使计算机更有效地进行工作。本章将介绍微软公司研发的Windows 10的基本操作及常用软件的使用。

2.1 操作系统的概念、功能及分类

2.1.1 操作系统的概念

视频

操作系统的概念

操作系统是用户和计算机的接口，同时也是计算机硬件和其他软件的接口。操作系统的功能包括管理计算机系统的硬件、软件及数据资源，控制程序运行，改善人机界面，为其他应用软件提供支持，让计算机系统所有资源最大限度地发挥作用，提供各种形式的用户界面，使用户有一个好的工作环境，为其他软件的开发提供必要的服务和相应的接口等。操作系统管理着计算机硬件资源，同时按照应用程序的资源请求，分配资源，如划分CPU时间、内存空间的开辟、调用打印机等。

2.1.2 操作系统的基本功能

视频

操作系统的基本功能

操作系统的主要功能是资源管理、程序控制和人机交互等。计算机系统的资源可分为设备资源和信息资源两大类。设备资源指的是组成计算机的硬件设备，如中央处理器、主存储器、磁盘存储器、打印机、磁带存储器、显示器、键盘输入设备和鼠标等。信息资源指的是存放于计算机内的各种数据，如文件、程序库、知识库、系统软件和应用软件等。

操作系统位于底层硬件与用户之间，是两者沟通的桥梁。用户可以通过操作系统的用户界面输入命令。操作系统则对命令进行解释，驱动硬件设备，实现用户要求。以现代观点而言，一个标准个人计算机的OS应该提供以下功能：进程管理（Processing Management）、内存管理（Memory Management）、文件系统（File System）、网络通信（Networking）、安全机制（Security）、用户界面（User Interface）、驱动程序（Device Drivers）。

2.1.3 操作系统的分类

视频
操作系统的分类

操作系统的种类相当多，各种设备安装的操作系统从简单到复杂可分为批处理操作系统、分时操作系统、实时操作系统、嵌入式操作系统、网络操作系统、分布式操作系统、个人计算机操作系统等。

1. 批处理操作系统

20世纪50年代初期，为了让计算机不间断地工作，提高资源利用率，出现了简单的批处理操作系统。批处理操作系统将零散的单一程序处理方式，变为集中的成批程序处理方式。例如，将一批性质相同的程序按顺序存放在存储介质中，一次性提交给计算机进行处理，这样减少了人工操作时间，使系统有相对较长的连续运行时间，从而提高了计算机的利用率。批处理系统的主要特点是：用户脱机使用计算机，操作方便；成批处理，提高了CPU利用率。其缺点是：无交互性，即用户一旦将程序提交给系统后，就失去了对它的控制。例如，VAX/VMS是一种多用户、实时、分时和批处理的多道程序操作系统。目前这种早期的操作系统已经淘汰。

2. 分时操作系统

20世纪60年代，大多数计算机非常庞大而且昂贵，人们希望能使多个用户通过多个终端同时使用计算机系统，这时产生了多道程序分时系统。多道程序就是把多个程序存放在计算机内存中，并且同时处于运行状态；分时系统是将运算器的处理过程划分为很小的时间片，采用循环轮流的方式处理多道程序。分时处理方式使一台计算机可以同时处理多个程序，大大提高了计算机的利用率。1957年，贝尔实验室开发的BYSYS是早期的分时操作系统。分时操作系统的主要特点是允许多个用户同时在一台计算机上运行多个程序；每个程序都是独立操作、独立运行、互不干涉。现代通用操作系统都采用了分时处理技术。Windows、Linux、Mac OS X等，都是分时操作系统

3. 实时操作系统

实时操作系统是指当外界事件或数据产生时，能够接收并以足够快的速度予以处理，其处理的结果又能在规定的时间之内控制生产过程或对处理系统做出快速响应，调度一切可利用的资源完成实时任务，并控制所有实时任务协调一致运行的操作系统。实时操作系统中的“实时”，在不同语境中往往有非常不同的意义。某些时候仅仅用作“高性能”的同义词。但在操作系统理论中，“实时性”通常是指特定操作所消耗时间（以及空间）的上限是可预知的。例如，某个操作系统提供实时内存分配操作，也就是说一个内存分配操作所用时间（及空间）无论如何不会超出操作系统所承诺的上限。实时操作系统通常是具有特殊用途的专用操作系统。例如，通过计算机对飞行器、导弹发射过程的自动控制，计算机应及时将测量系统获得的数据进行加工，并输出结果，对目标进行跟踪，以及向操作人员显示运行情况。

4. 嵌入式操作系统

当下流行的各种掌上型数码产品（如数码照相机、智能手机、平板计算机等）已然成为日常生活工作中的必需品。绝大部分智能电子产品都必须安装嵌入式操作系统。除以上电子产品外，还有更多的嵌入式操作系统隐身在不为人知的角落，从家庭用品的电子钟表、电子体温计、电子翻译词典、电冰箱、电视机等，到办公自动化的复印机、打印机、空调、门禁系统等，甚至是公路上的红绿灯控制器、飞机中的飞行控制系统、卫星自动定位和导航设备、汽车燃油控制系统、医院中的医疗器材、工厂中的自动化机械等，都少不了嵌入式系统。嵌入式操作系统

运行在嵌入式环境中，它对电子设备的各种软硬件资源进行统一协调、调度和控制。嵌入式操作系统从应用角度可分为通用型和专用型。常见的通用型嵌入式操作系统有Linux、VxWorks、Android、Windows CE等。

5. 网络操作系统

网络操作系统的目标是用户可以突破地理条件的限制，方便地使用远程计算机资源，实现网络环境下计算机之间的通信和资源共享，其主要功能是为各种网络后台服务软件提供支持平台。网络操作系统主要运行的软件有：网站服务软件，如Web服务器、DNS服务器等；网络数据库软件，如Oracle、SQL Server等；网络通信软件，如聊天服务器、邮件服务器等；网络安全软件，如网络防火墙、数字签名服务器以及各种网络服务软件等。常见的网络操作系统有Linux、FreeBSD、Windows Server等。

6. 分布式操作系统

分布式软件系统是支持分布式处理的软件系统，是在由通信网络互联的多处理机体系结构上执行任务的系统，具备以下特点：数据共享（允许多个用户访问一个公共数据库）；设备共享（允许多个用户共享昂贵的计算机设备）；易通信（计算机之间通信更加容易）；灵活性（用最有效的方式将工作分配到可用的计算机中）。

7. 个人计算机操作系统

个人计算机操作系统是一种人机交互的多用户多任务操作系统。以微软公司研发的Windows为例，它采用图形窗口界面，用户对计算机的各种复杂操作只需要通过单击就可以实现。Microsoft Windows系列操作系统是在微软给IBM计算机设计的MS-DOS的基础上设计的图形操作系统。Windows系统，如Windows 2000/XP/7/8/10皆是创建于现代的Windows NT内核。

视 频

Windows 系统的发展

2.1.4 Windows 系统的发展

Windows系统发展简史是指微软自1985年推出Windows 1.0以来，Windows系统经历的30多年变革。从最初运行在DOS下的Windows 3.0，到风靡全球的Windows XP、Windows 7、Windows 8和现时普及的Windows 10，如图2-1所示。

Windows发展史

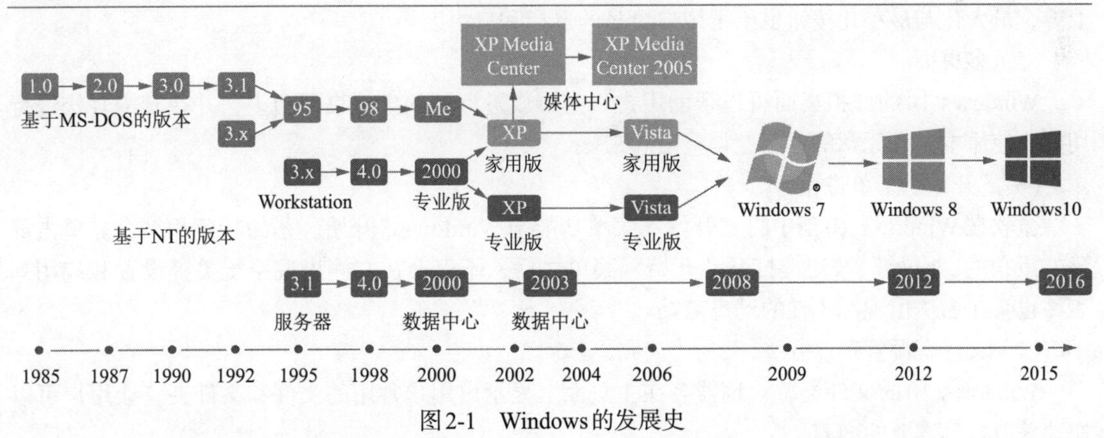

图2-1 Windows的发展史

2.2 Windows 10 基本操作

2.2.1 Windows 10基础知识

1. Windows 10简介

Windows 10是由微软公司（Microsoft）开发并在2015年正式发布的操作系统，主要应用于台式计算机和平板计算机等设备。

2. Windows 10版本

现阶段，Windows 10共有6个版本，分别为家庭版、专业版、企业版、教育版、专业工作站版和物联网核心版。

3. Windows 10的功能

Windows 10与以往的版本比较，在易用性和安全性方面有了极大的提升，除了针对云服务、智能移动设备、自然人机交互等新技术进行融合外，还对固态硬盘、生物识别、高分辨率屏幕等硬件进行了优化完善与支持。以下列举部分新功能：

（1）生物识别技术

Windows 10所新增的Windows Hello功能将带来一系列对于生物识别技术的支持。除了常见的指纹扫描之外，系统还能通过面部或虹膜扫描让用户登录。

（2）Cortana搜索功能

Cortana搜索是指可以通过Cortana来搜索硬盘内的文件、系统设置、安装的应用，甚至是互联网中的其他信息。作为一款私人助手服务，Cortana还能像在移动平台那样帮用户设置基于时间和地点的备忘。

（3）平板模式

Windows 10提供了针对触控屏设备优化的功能，同时还提供了专门的平板计算机模式，“开始”菜单和应用都将以全屏模式运行。如果设置得当，系统会自动在平板计算机与桌面模式之间切换。

（4）桌面应用

微软放弃激进的Metro风格，回归传统风格，用户可以调整应用窗口大小，标题栏重回窗口上方，最大化与最小化按钮也给了用户更多的选择和自由度。

（5）多桌面

Windows 10的虚拟桌面可以帮助用户将窗口放进不同的虚拟桌面当中，并在其中轻松进行切换，使原本杂乱无章的桌面变得整洁起来。

（6）“开始”菜单进化

微软在Windows 10当中将“开始”菜单功能与Windows 8开始屏幕的特色相结合。单击屏幕左下角的“开始”按钮键打开“开始”菜单之后，不仅会在左侧出现系统关键设置和应用列表，也会在右侧出现标志性的动态磁贴。

（7）文件资源管理器升级

Windows 10的文件资源管理器会在主页面上显示出用户常用的文件和文件夹，让用户可以快速获取自己需要的内容。

（8）新增Edge浏览器

为追赶Chrome和Firefox等热门浏览器，微软淘汰掉了老旧的IE，带来了Edge浏览器。新增的Edge浏览器相对于以前版本的浏览器，带来了诸多的便捷功能，比如，与Cortana的整合以及快速分享功能等。

（9）兼容性增强

只要能运行Windows 7操作系统，就能更加流畅地运行Windows 10操作系统。针对固态硬盘、生物识别、高分辨率屏幕等硬件都进行了优化支持与完善。

（10）安全性增强

除了继承旧版Windows操作系统的安全功能之外，还引入了Windows Hello、Microsoft Passport、Device Guard等安全功能，为用户在个人计算机系统安全方面带来了更好的体验。

4. 运行Windows

（1）鼠标和键盘的操作

Windows操作系统支持鼠标的键盘操作，在讲述Windows的运行操作（即Windows的开关机）前，先简单介绍鼠标和键盘的基本操作。

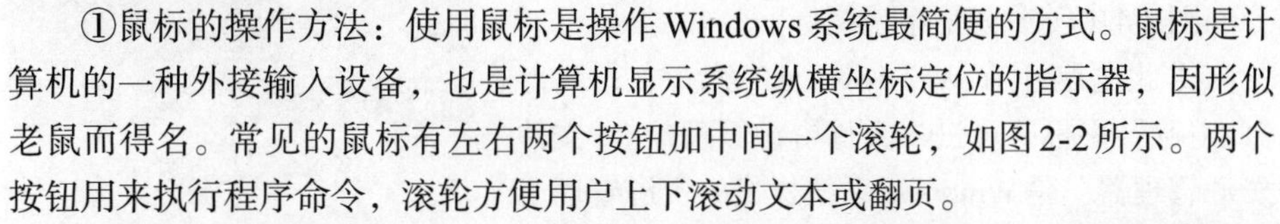

①鼠标的操作方法：使用鼠标是操作Windows系统最简便的方式。鼠标是计算机的一种外接输入设备，也是计算机显示系统纵横坐标定位的指示器，因形似老鼠而得名。常见的鼠标有左右两个按钮加中间一个滚轮，如图2-2所示。两个按钮用来执行程序命令，滚轮方便用户上下滚动文本或翻页。

鼠标移动时屏幕上会显示一个光标，光标的不同形状说明了不同的操作状态，如表2-1所示。例如，在正常状态下，光标呈现“箭头”形状时；光标呈现“漏斗”形状时，说明程序正在运行中。

表 2–1　鼠标光标表示意义图示

指 针 形 状	含　义	指 针 形 状	含　义
	正常选择		水平调整
	链接选择		沿对角线调整1
	移动对象		沿对角线调整2
	系统正忙		垂直调整
	选定文本		精确定位

②键盘的操作方法：键盘（见图2-3）是用于操作计算机设备运行的一种指令和数据输入装置，也指经过系统安排操作一台机器或设备的一组功能键（如打字机、计算机键盘）。Windows的键盘操作分为输入操作和命令操作两种形式：输入操作是用户通过键盘向计算机输入信息，如文字、数据等；命令操作的目的是向计算机发布命令，让计算机执行指定的操作。Windows提供键盘快捷键操作，为用户增加快捷输入体验，常用的操作如表2-2所示。

图2-2　鼠标图示

图2-3　键盘图示

表 2-2　Windows 常用键盘快捷键操作

快 捷 键	操 作 含 义
Alt+Space	打开当前的系统菜单
PrintScreen（或 PrtSc）	复制当前屏幕图像到剪贴板
Alt+PrintScreen（或 PrtSc）	复制当前窗口、对话框或其他对象到剪贴板
Alt+F4	关闭当前窗口或退出应用程序

5. 桌面

视 频

桌面、开始屏幕和任务栏

Windows 10 桌面图标包括系统图标（此电脑、回收站）、应用程序图标（应用程序、快捷方式）、文件或文件夹图标等，如图 2-4 所示。

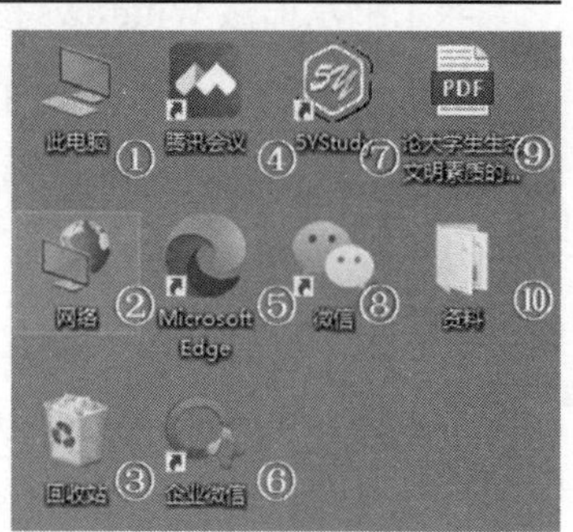

图 2-4　桌面图标

（1）系统图标

图 2-4 中①～③是系统图标。

①此电脑：在 Windows 10 系统中，双击“此电脑”图标，可进入文件资源管理器。“文件资源管理器”是 Windows 系统提供的资源管理工具，可以用它查看本台计算机的所有资源，特别是它提供的树状文件系统结构，使用户能更清楚、更直观地认识计算机的文件和文件夹。另外，在“资源管理器”中还可以对文件进行各种操作，如打开、复制、移动等。

②网络：右击“网络”图标，选择“属性”命令，可查看计算机的基本网络信息并设置连接。

③回收站：回收站是微软 Windows 操作系统中的一个系统文件夹，主要用来存放用户临时删除的文档资料，存放在回收站的文件可以恢复。用好和管理好回收站、打造富有个性功能的回收站可以更加方便人们日常的文档维护工作。

（2）应用程序图标

图 2-4 中④～⑧是应用程序图标。应用程序图标带有小箭头，包括 Word、Excel、媒体播放器、游戏、各种应用软件等。

（3）文件或文件夹图标

图 2-4 中⑨、⑩是文件和文件夹图标。

6. 开始屏幕

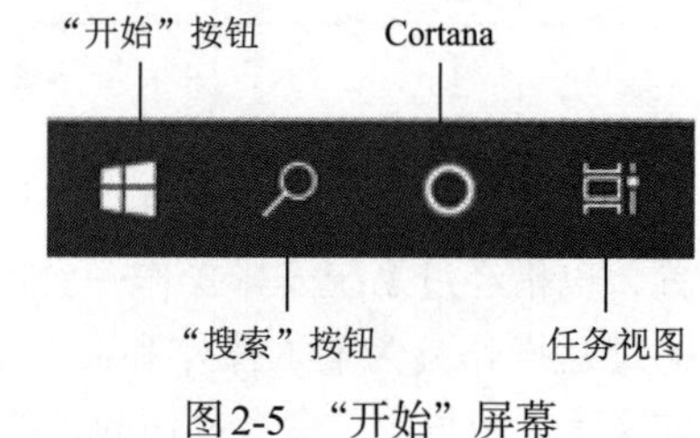

图 2-5　“开始”屏幕

Windows 10 系统的“开始”屏幕如图 2-5 所示。单击“开始”按钮，可进入“开始”菜单。搜索按钮可以搜索系统内的程序、文件及互联网的信息，与 Cortana 搜索功能的区别为，Cortana 可采取对话模式，能够了解用户的喜好和习惯，帮助用户进行日程安排、问题回答等。任务视图是 Windows 10 新增的功能，可以在日程表中找到最近运行的活动。

视 频

窗口、菜单和对话框

7. 窗口、菜单、对话框

（1）窗口

窗口界面是指采用窗口形式显示计算机操作的用户界面。在窗口中，根据各种数据/应用程序的内容设有标题栏，一般放在窗口的最上方，并在其中设有最大化、最小化（隐藏窗口，并非消除数据）、最前面、缩进（仅显示标题栏）等动作按钮，可以简单地对窗口进行操作。计算机窗口由标题栏、“文件”菜单、选项卡、功能区、地址栏、搜索框、导航窗格、编辑区、预览窗格、状态栏等构成，如图2-6所示。

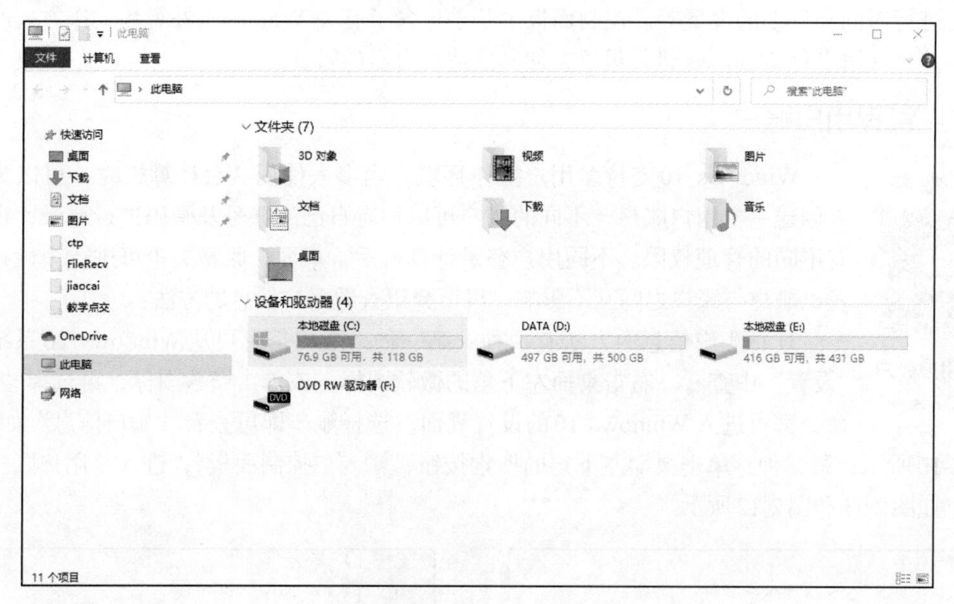

图2-6　“窗口”界面

（2）菜单

菜单一般在界面的最上方，以Windows自带的记事本程序为例，菜单栏是在左上方并列的一行，每个菜单名称由“文字（大写字母）”构成，如图2-7中的“文件（F）”“编辑（E）”等。单击其中的一项菜单即可进行相应的操作。

（3）对话框

在图形用户界面中，对话框是一种特殊的窗口，用来在用户界面中向用户显示信息，或者在需要的时候获得用户的输入响应，如图2-8所示。

图2-7　“记事本”的菜单栏

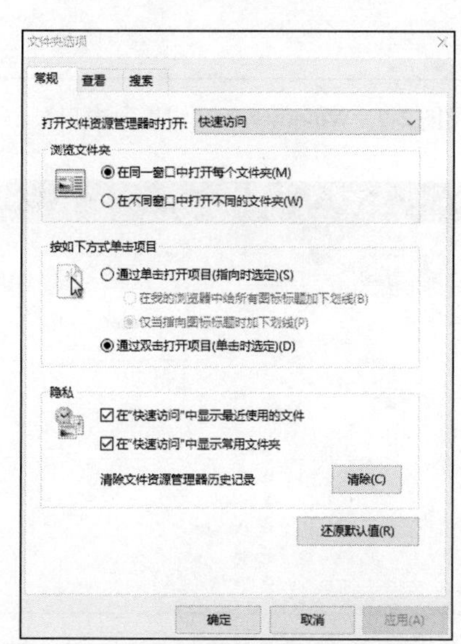

图2-8　“文件夹选项”对话框

8. 控制面板的操作

控制面板是Windows中一个包含了大量工具的系统文件，利用其中的独立工具或程序选项可以调整和设置系统的各种属性。例如，管理用户账户、改变硬件的设置、安装或删除软件和硬件、进行时间和日期的设置等。控制面板中几乎包含了有关 Windows 外观和工作方式的所有设置，并允许用户对 Windows 进行设置，使其更适合自己的需要。

2.2.2 管理用户账户

视 频

管理用户账户

Windows 10支持多用户操作环境，当多人使用一台计算机时，可以为每个人创建一个用户账户，不同的用户可以拥有自己的账号及密码进行登录，也可以有不同的管理权限。不同用户登录计算机后，桌面、收藏夹等可进行个性化的设置，账户与账户之间互不影响。以下介绍查看账户信息的方法：

查看账户信息的方法有两种：第一种，账户信息可从Windows 10系统中的“设置”中查看。右击桌面左下角的微软图标，或单击微软图标，再选择“设置”命令都可进入Windows 10的设置界面。选择账户即可查看“账户信息”如图2-9和图2-10所示；第二种，单击桌面左下角的搜索按钮，输入“控制面板”，进入“用户账户”中查看，如图2-11和图2-12所示。

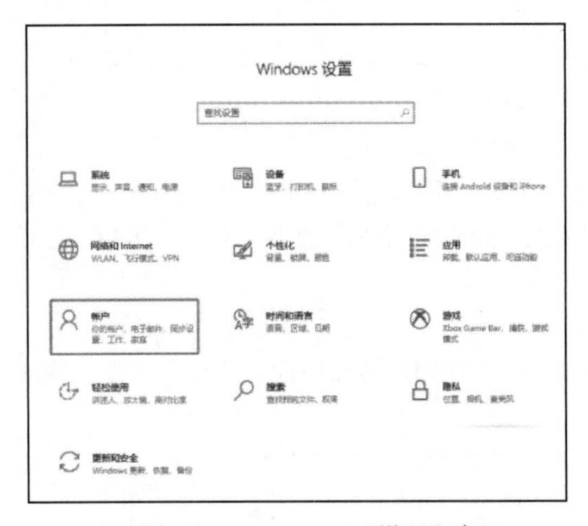

图2-9　Windows 10“设置”窗口

图2-10　账户信息

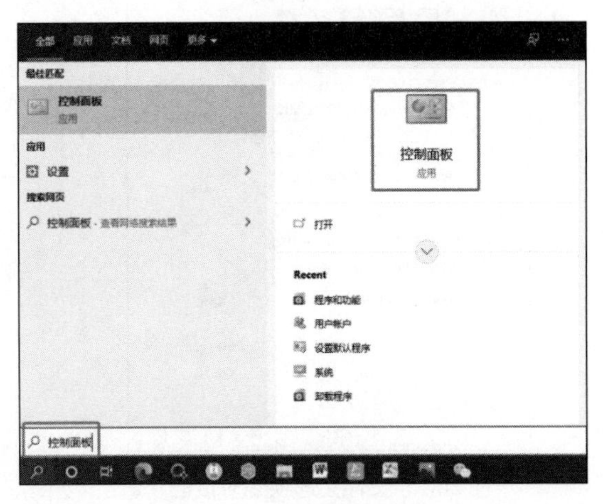

图2-11　打开“控制面板”

图2-12　控制面板中的“用户账户”

2.2.3　设置个性化桌面

视 频

设置个性化桌面

桌面背景（又称壁纸）可以是个人收集的数字图片、Windows 提供的图片、纯色或带有颜色框架的图片。可以选择一个图像作为桌面背景，也可以显示幻灯片图片。Windows系统设置了桌面的个性化配置功能，用户根据自身喜好右击桌面空白处，选择“个性化”命令，打开“个性化”设置界面便能轻松设置桌面背景，如图2-13和图2-14所示。

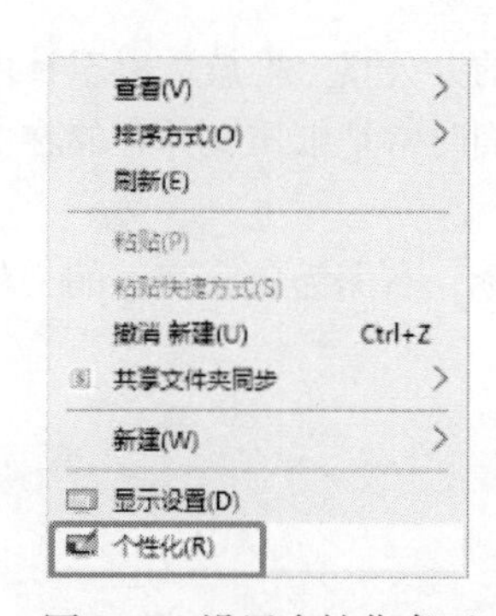

图2-13　设置个性化桌面

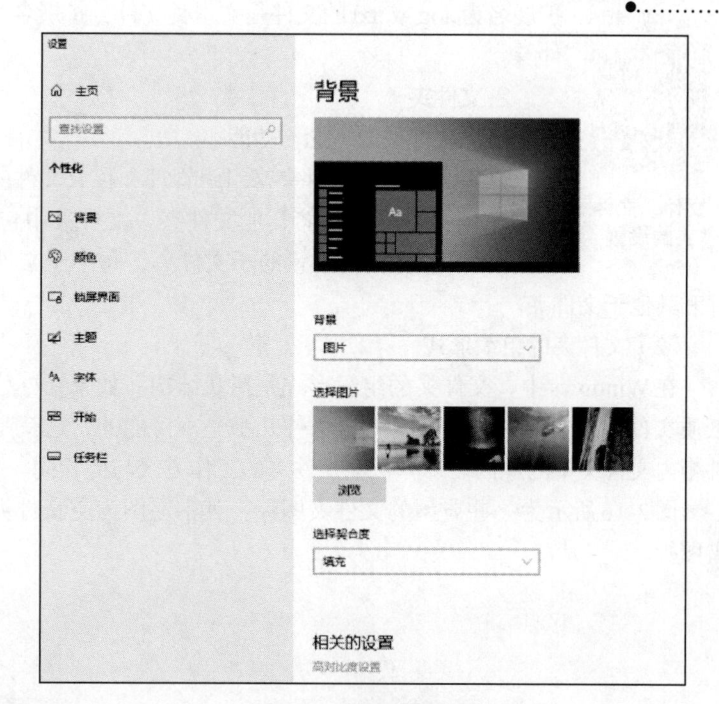

图2-14　设置桌面背景

2.2.4　系统字体的安装

若用户想获得更好、更丰富的文字效果，希望在计算机中安装一些特殊字体或艺术字体，可自行安装，具体操作如图2-15所示。

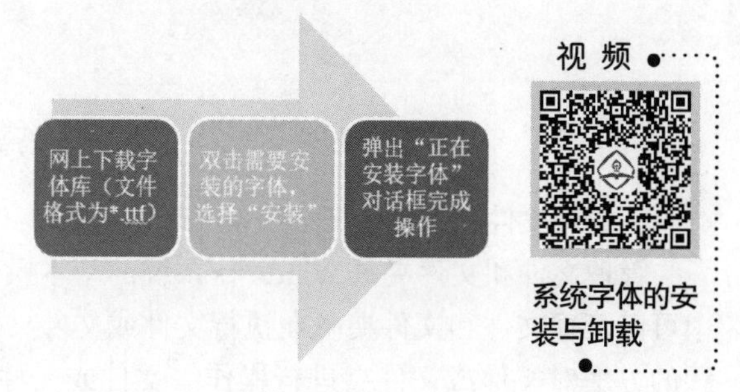

视 频

系统字体的安装与卸载

图2-15　字体安装流程

2.2.5　管理文件和文件夹

一台计算机包含了许多文件，必须对它们进行分门别类的管理，只有这样才能快速地找到所需要的文件，完成相关工作，提高工作效率。Windows 10在文件和文件夹的管理上进行了改进，让用户能够更方便地组织文件和文件夹。

1.文件

（1）文件的概念与功能

在计算机中，数据和程序都以文件的形式存储在存储器上。按一定格式建立在外存储器上的信息集合称为文件，在操作系统中用户所有的操作都是针对文件进行的，这就是“面向文件”的概念。文件可以用来存放文本、图像以及数值数据等信息。

（2）文件的特性

文件具有许多特性，例如：同一位置的文件名具有唯一性，不可重名；文件中可存放字符、数字、图片和声音等各种信息；文件具有可携带性、可修改性；文件在磁盘中有其固定的位置等。

（3）文件的命名

文件名通常由主文件名和扩展名两部分组成，中间由小数点间隔。为了对各种各样的文件进行归类，可以给文件加上不同的扩展名，例如，扩展名为.exe或.com的文件是程序类文件，扩展名为.log或.txt的文件是文本类文件，扩展名为.bmp或.jpg的文件是图形类文件等。

视 频

文件、文件夹的设置

2.文件夹

（1）文件夹的概念与功能

计算机是通过文件夹来组织管理和存放文件的，文件夹用来分类组织存放文件。文件夹还可以存储其他文件夹，文件夹中包含的文件夹通常称为“子文件夹”。可以创建任何数量的子文件夹，每个子文件夹中又可以容纳任何数量的文件和其他子文件夹。

（2）文件夹的组织形式

在Windows中，文件夹的组织形式是树状结构。如果在办公室的办公桌上堆放数以千计的纸质文件，在需要时查找某个特定文件几乎是不可能的，这就是人们时常把纸质文件存储在文件柜内文件夹中的原因。计算机上文件夹的工作方式与此相同。

图2-16所示为一些典型的文件夹图标，其中左图为空文件夹图标，右图为包含文件的文件夹图标。

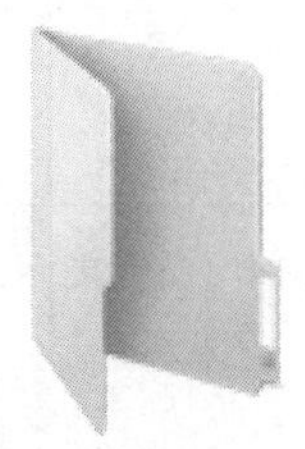

图2-16　文件夹图标

3.管理文件和文件夹

管理文件和文件夹是Windows系统的基本操作，在“资源管理器”（双击“此电脑”打开）中可以管理文件和文件夹。在执行文件或文件夹的操作前，要先选择操作对象，然后按自己熟悉的方法对文件或文件夹进行操作。文件或文件夹的操作一般有创建、重命名、复制、移动、删除、查找、修改文件属性、创建快捷方式等。

视 频

复制和移动

（1）打开文件和文件夹

打开文件和文件夹有两种方法：第一，将鼠标移动至需要打开的目标文件夹或文件，双击即可打开；第二，右击文件或文件夹，在弹出的快捷菜单中选择“打开”命令，即可将其打开。

（2）复制和移动

复制和移动文件（或文件夹）是最常用到的操作。常规操作是右击文件或文件夹，在弹出的快捷菜单中选择“复制”、“剪切”和“粘贴”命令。

（3）更改文件/文件夹属性

视 频

文件夹属性

更改文件属性，可通过右击文件或文件夹，在弹出的快捷菜单中选择“属性”命令，可设置“只读”或“隐藏”，如有需要可单击“高级”按钮，在打开“高级属性”对话框中设置是否存档等，如图2-17所示。

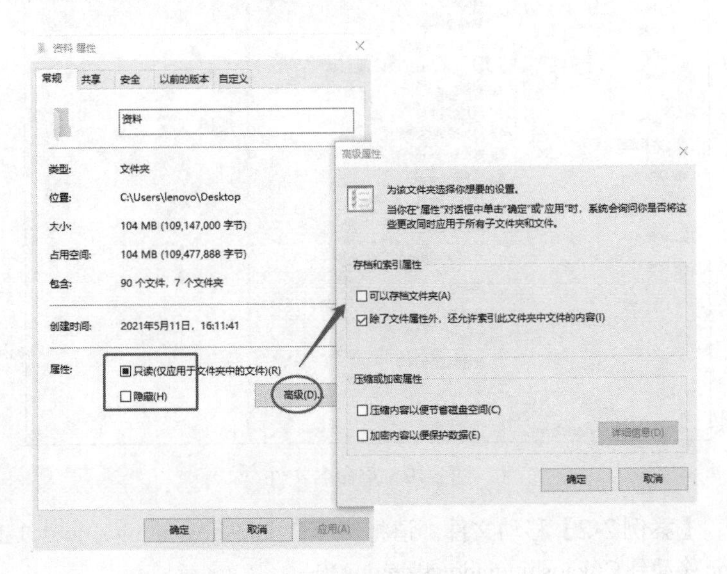

图2-17　更改文件夹属性

【案例2-1】查找文件。在C:\kaoshi\windows目录下搜索（查找）文件ke.txt并改名为hua.txt。

视 频

案例2–1操作视频

【操作方法】

①打开C盘中kaoshi文件夹中的windows，然后在右边的搜索栏中输入ke，如图2-18所示。

②右击ke.txt文件，在弹出的快捷菜单中选择“重命名”命令（见图2-19），输入hua即可。

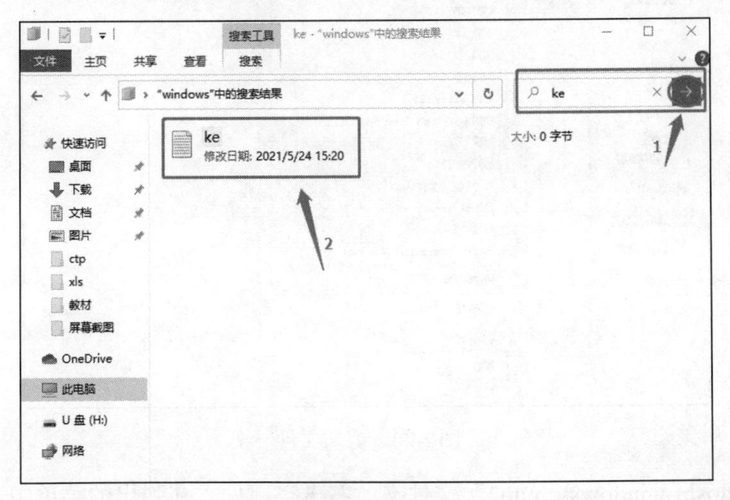

图2-18　查找文件

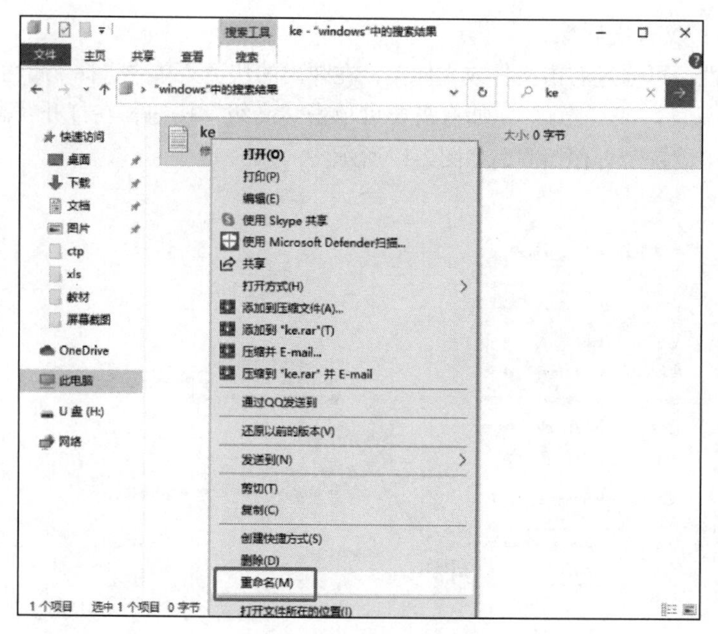

图2-19　重命名文件

视　频

案例2-2操作视频

【案例2-2】 移动文件。请将位于C:\kaoshi\windows\do\do1上的文件Senate.doc移动到C:\kaoshi\windows\do\do2内。

【操作方法】

方法一：

①打开C:\kaoshi\windows\do\do1文件夹，右击senate.doc，在弹出的快捷菜单中选择“剪切”命令，senate.doc便暂时放在计算机的剪贴板中，如图2-20所示。

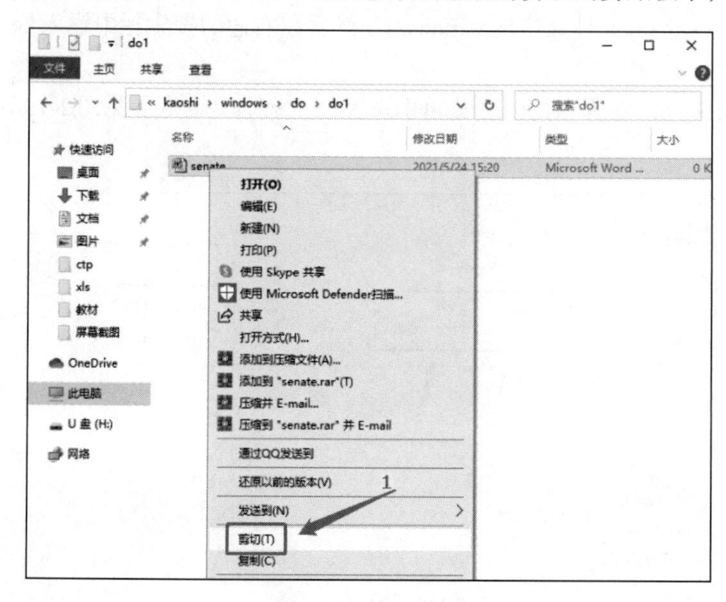

图2-20　剪切文件

②打开C:\kaoshi\windows\do\do2”文件夹，右击空白处，在弹出的菜单中选择“粘贴”命令，senate.doc便移动到目标文件夹中，如图2-21所示。

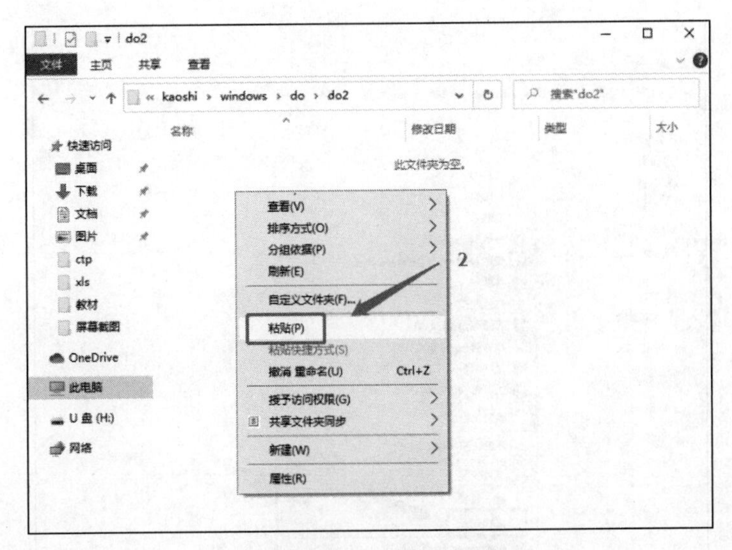

图2-21　粘贴文件

【提示】移动文件是指将原有文件从原所在文件夹移动到新的文件夹（或其他区域），可以使用“剪切”来实现文件的移动。

方法二：

同时打开C:\kaoshi\windows\do\do1文件夹和C:\kaoshi\windows\do\do2文件夹，单击senate.doc按住左键不放，直接拖动到do2文件夹中，如图2-22所示。

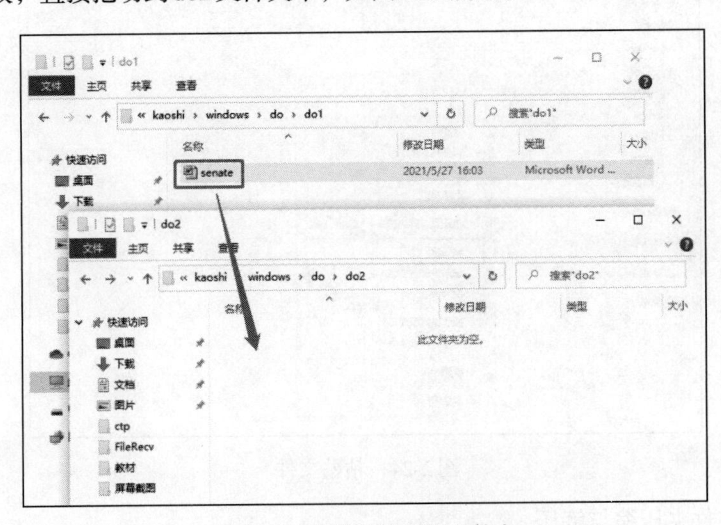

图2-22　拖动文件到新文件夹

【案例2-3】复制文件。将位于C:\kaoshi\windows\hot\pig1中的文件april.txt复制到目录C:\kaoshi\windows\hot\pig2内。

视　频

案例2-3操作视频

【操作方法】

①打开C:\kaoshi\windows\hot\pig1文件夹，右击april.txt，在弹出的快捷菜单中选择“复制”命令（见图2-23），april.txt便暂时放在计算机的剪贴板中。

②打开C:\kaoshi\windows\hot\pig2文件夹，右击空白处，在弹出的快捷菜单中选择“粘贴”命令（见图2-24），april.txt便复制到目标文件夹中。

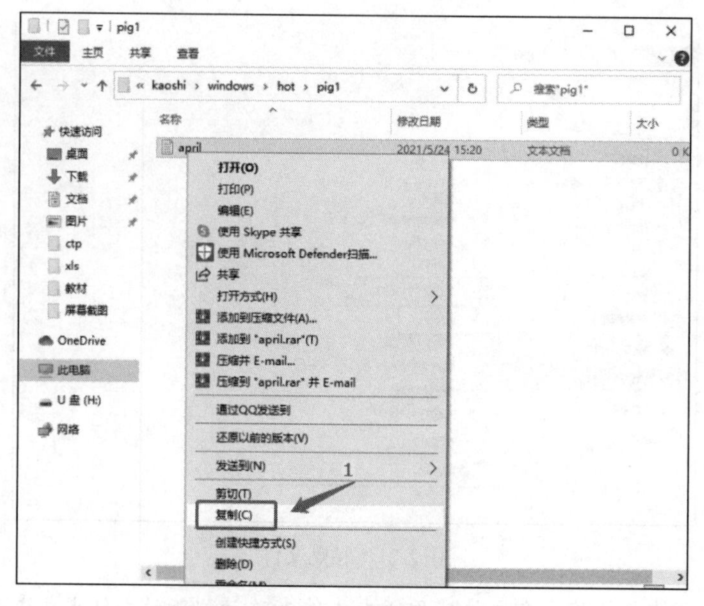

图2-23　复制文件

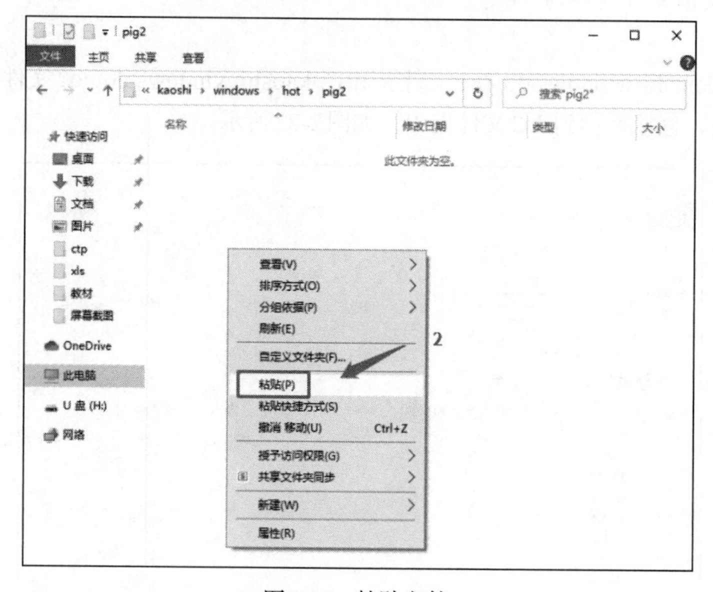

图2-24　粘贴文件

（4）文件/文件夹压缩与解压

文件/文件夹压缩与解压是管理文件和文件夹常用的操作，下面以压缩软件WinRAR为例，介绍相关操作。

视 频

案例2-4操作视频

【案例2-4】压缩文件。在C:\kaoshi\windows\mine下的文件夹mine5下，将文件guang.txt用压缩软件压缩为guang.rar，压缩完成后删除文件guang.txt。

【操作方法】

①打开mine5文件夹，右击文件guang.txt，在弹出的快捷菜单中选择“添加到guang.rar”命令，如图2-25所示。

②右击guang.txt，在弹出的快捷菜单中选择“删除”命令，如图2-26所示。

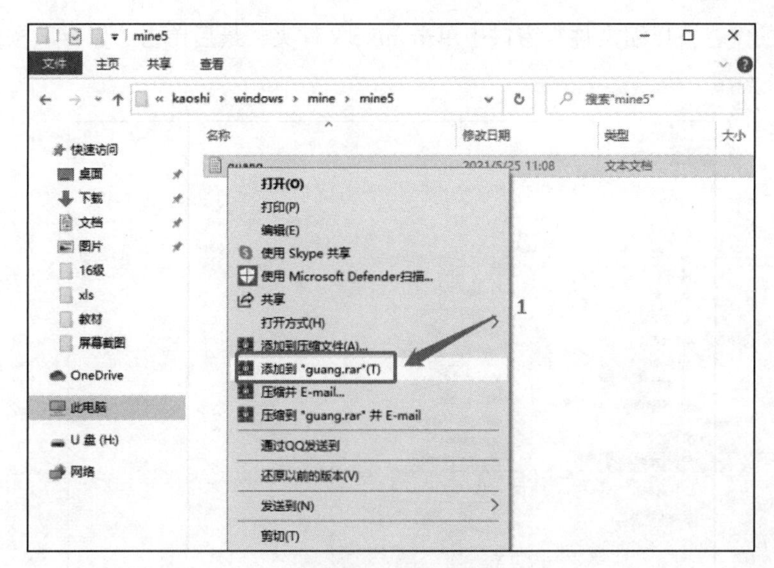

图 2-25　压缩文件

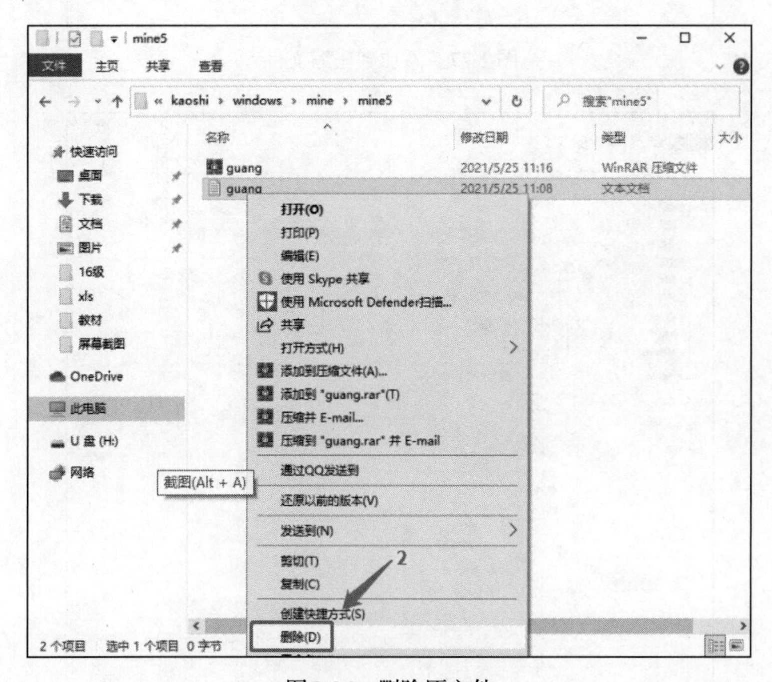

图 2-26　删除原文件

【案例 2-5】压缩文件。将 C:\kaoshi\windows\tig 下的文件夹 username 用压缩软件压缩为 mike.rar，保存到 C:\kaoshi\windows\tig\mike 目录下。

【操作方法】

①打开 tig 文件夹，右击文件夹 username，在弹出的快捷菜单中选择“添加到压缩文件”命令，如图 2-27 所示。

②在打开的“压缩文件名和参数”窗口的“压缩文件名”文本框中，修改名称为 mike.rar。

③单击“浏览”按钮，选择保存的路径。

视 频

案例2–5操作视频

④在打开的“查找压缩文件”窗口中单击mike文件夹，最后单击“保存”按钮，如图2-28所示。

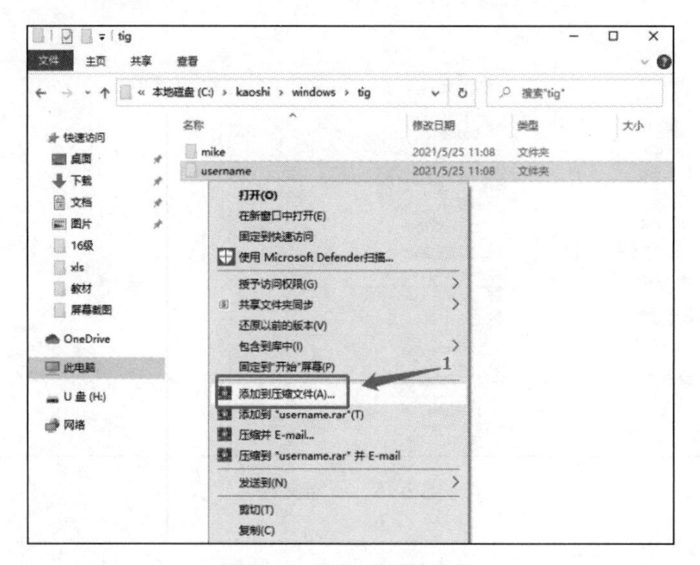

图2-27　添加到压缩文件

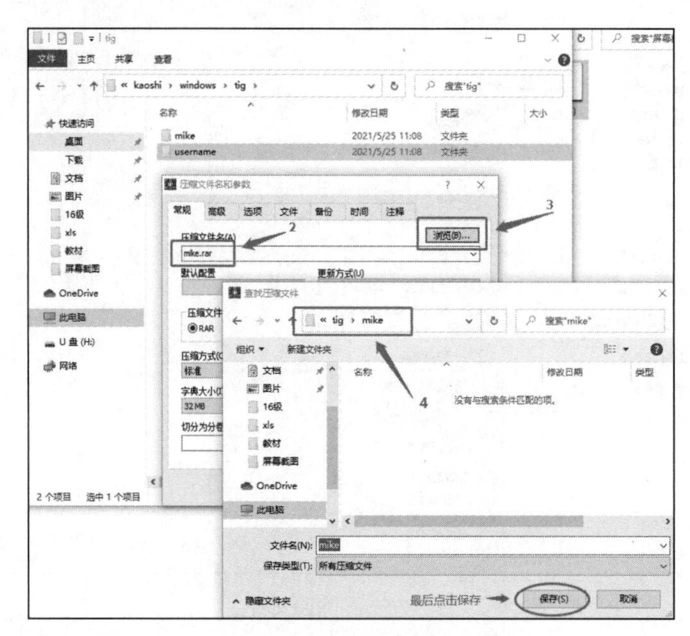

图2-28　选择保存压缩文件的路径

视　频

案例2-6操作视频

【案例2-6】解压文件。将C:\kaoshi\windows\limitation\weapons.rar里面的压缩文件解压到C:\kaoshi\windows\weapons\armament目录下。

【操作方法】

①打开limitation文件夹，右击文件weapons.rar，在弹出的快捷菜单中选择“解压文件”命令，如图2-29所示。

②在打开的对话框中选择armament文件夹，最后单击“确定”按钮，如图2-30所示。

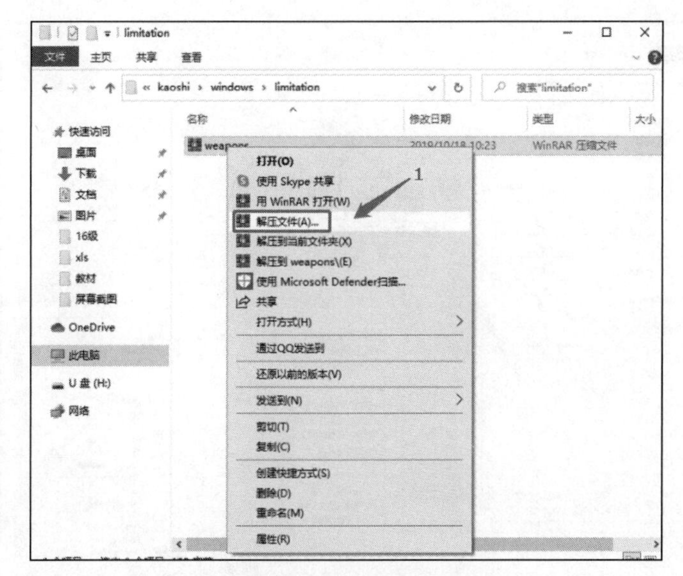

图 2-29　解压文件夹

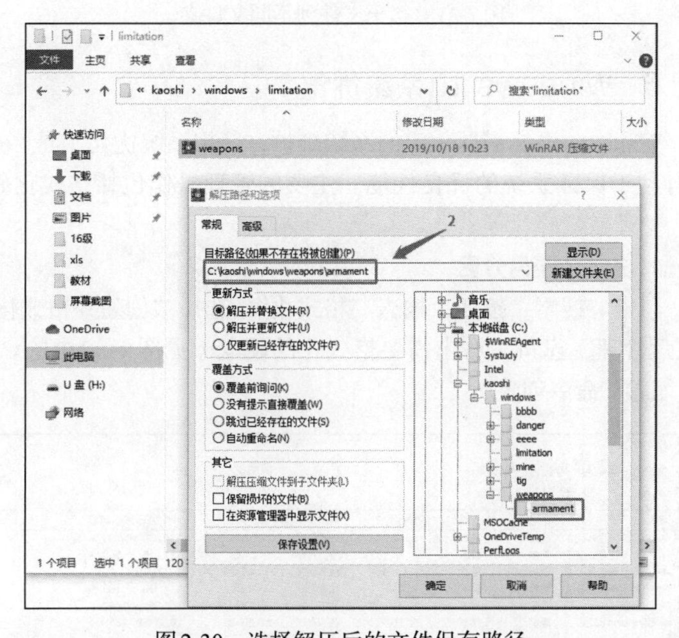

图 2-30　选择解压后的文件保存路径

【案例 2-7】解压文件夹和文件。将压缩文件 C:\kaoshi\windows\nation.rar 中被压缩的文件夹 army 解压到 C:\kaoshi\windows\weapons 目录下，把压缩包中被压缩的文件 arms.docx 解压到 C:\kaoshi\windows\danger\nuclear 内。

视 频

案例2-7操作视频

【操作方法】

①打开 windows 文件夹，右击压缩文件 nation.rar。

②在打开的窗口中右击文件夹 army。

③选择“解压到”命令。

④在解压路径和选项窗口里选择 weapons 文件夹，最后单击确定按钮，如图 2-31 所示。

【提示】解压 arms.docx 参照 nation.rar 的办法，一步步进行操作就能完成该题。

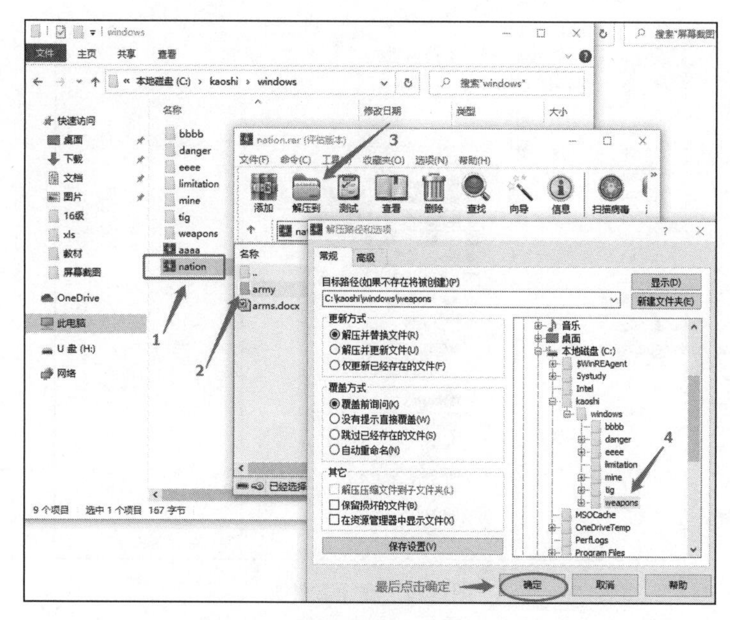

图2-31　解压文件到不同文件夹

2.2.6　Windows 10系统优化

视 频

硬盘

Windows系统需要一定的系统维护，使用系统优化工具，进行定期的磁盘管理有利于保证系统的优良性能。主要的管理操作包括格式化硬盘分区、清理磁盘、整理磁盘碎片等。

1. 格式化硬盘分区

单击“搜索”按钮，输入“格式化”，选择“创建并格式化硬盘分区”，打开“磁盘管理”窗口，右击需要格式化的硬盘（见图2-32中的C盘或D盘），选择“压缩卷”命令创建。

视 频

磁盘管理

卷	布局	类型	文件系统	状态	容量	可用空间	% 可用
(磁盘 0 磁盘分区 1)	简单	基本		状态良好 (...	100 MB	100 MB	100 %
(磁盘 0 磁盘分区 5)	简单	基本		状态良好 (...	512 MB	512 MB	100 %
(磁盘 0 磁盘分区 6)	简单	基本		状态良好 (...	12.00 GB	12.00 GB	100 %
(磁盘 0 磁盘分区 7)	简单	基本		状态良好 (...	1.00 GB	1.00 GB	100 %
Data (D:)	简单	基本	NTFS	状态良好 (...	383.33 GB	366.95 ...	96 %
Windows (C:)	简单	基本	NTFS	状态良好 (...	80.00 GB	20.91 GB	26 %

图2-32　磁盘管理窗口

2.清理磁盘

在系统和应用程序的运行过程中会产生一些临时的信息文件。随着临时文件的增加，磁盘上的可用空间越来越少，直接导致了计算机的运行速度下降。使用磁盘清理程序可以帮助用户清理磁盘中的垃圾，安全地删除临时文件，释放硬盘空间，提高计算机运行的速度。

在屏幕左下角的搜索框或者“开始”屏幕中输入“磁盘清理”并单击打开，在打开的对话框中，选择需要清理的驱动器，单击“确定”按钮完成清理。

清除与用户账户关联的文件以及计算机上的系统文件。操作步骤如下：

①打开“磁盘清理：驱动器选择”对话框，在“驱动器”列表中选择要清理的硬盘驱动器，单击“确定”按钮，如图2-33所示。

②在“磁盘清理”对话框中，选中要删除的文件类型，单击“确定”按钮，如图2-34所示。

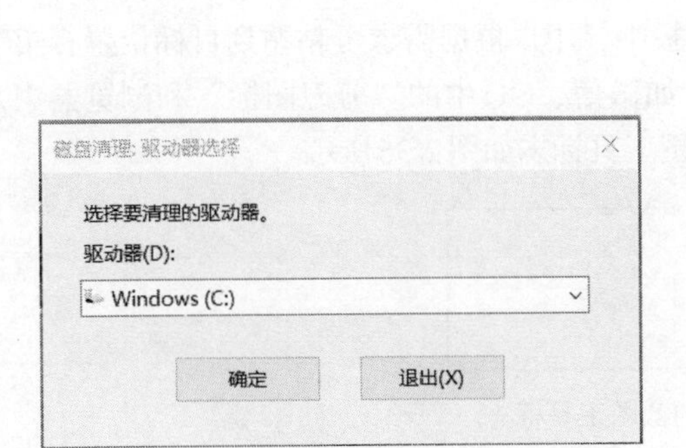

图2-33　选择要进行磁盘清理的驱动器

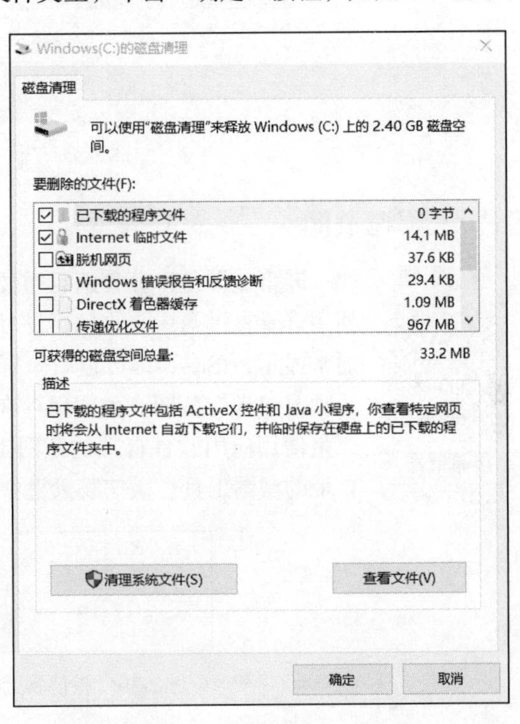

图2-34　“磁盘清理”对话框

3. 整理磁盘碎片

在硬盘刚刚使用时，文件在磁盘上的存放位置基本是连续的，随着用户对文件的修改、删除、复制或者保存新文件等频繁的操作，使得文件在磁盘上留下许多小段空间，这些小的不连续区域，称为磁盘碎片。

磁盘的整理操作可以在屏幕左下角的搜索栏中输入“碎片”，选择“碎片整理和优化驱动器”，在打开的窗口中选择需要碎片整理的磁盘，单击“优化”按钮。使用“磁盘碎片整理程序”，重新整理硬盘上的文件和使用空间，可以达到提高程序运行速度的目的。

打开“优化驱动器”窗口，如图2-35所示。

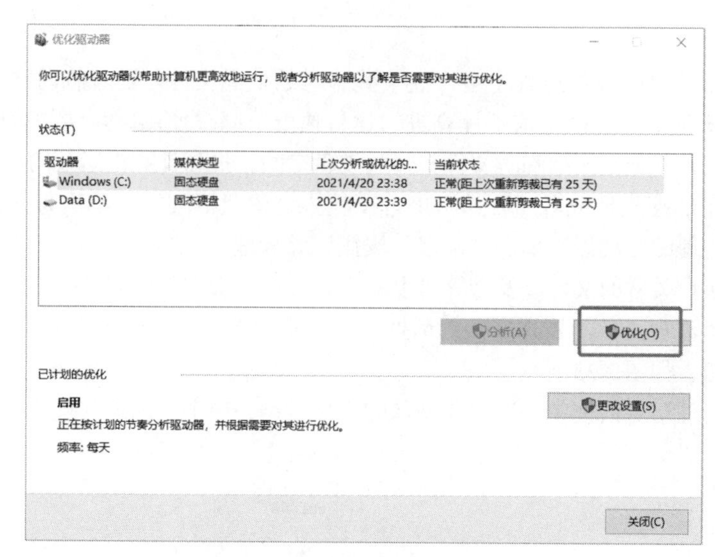

图2-35 “优化驱动器”窗口

2.2.7 屏幕截图

视频

屏幕截图

屏幕截图是十分普遍且重要的一项功能。截图方法大致可分为两种：第一是使用计算机键盘中自带的截图功能，按下键盘中的PrintScreen键（笔记本计算机通常显示PrtSc），即可进行全屏截图。同时按下Alt+PrintScreen组合键，即可对活动窗口进行截图。截图保存在剪贴板中，用户根据需求可粘贴到目标位置；第二是使用应用软件自带的截图工具，如微信、QQ中的“剪刀图标”和浏览器中自带的截图工具。微信聊天框中的截图工具标志如图2-36所示。

图2-36 微信聊天框中的截图工具标志

2.2.8 操作系统的更新、重置和还原

视频

操作系统的更新、重置和还原

1. 系统更新

Windows 10系统一般会自动检测功能和安全的更新，自动下载补丁，下载完毕后会询问用户何时进行更新。单击“开始”按钮，再单击“电源”按钮，系统也会提醒用户进行更新。

2. 系统重置

当计算机无法正常运行时，用户可选择重置系统（即常说的重装系统）。重置的操作方法如下：打开Windows 10的“设置”窗口（单击屏幕左下角的“搜索”按钮后输入“设置”），选择“更新和安全选项”选项，如图2-37所示；然后单击“恢复”按钮，选择“重置此电脑”，单击“开始”按钮后出现两个选项，如图2-38所示。用户根据情况选择重置哪个盘。第一个选项指C:\users\中的文件，第二个选项是C盘D盘等。

注意：如果选择重置第二个选项，在重置前必须要做好备份。

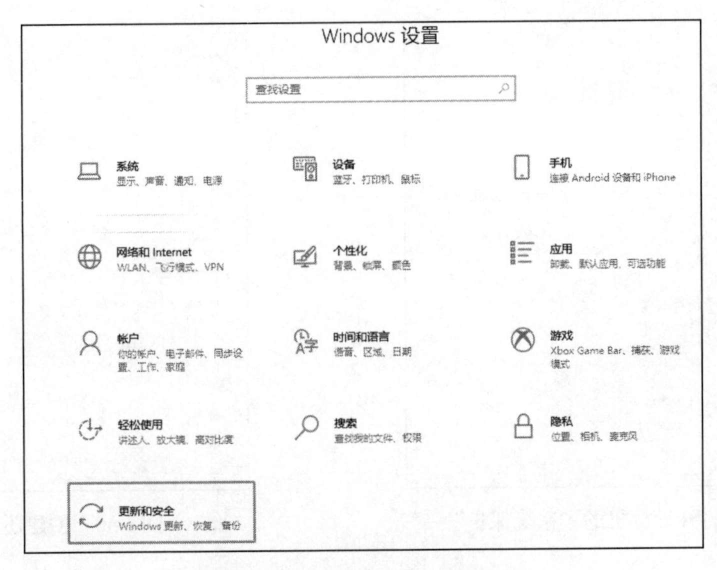

图2-37 打开Windows的设置

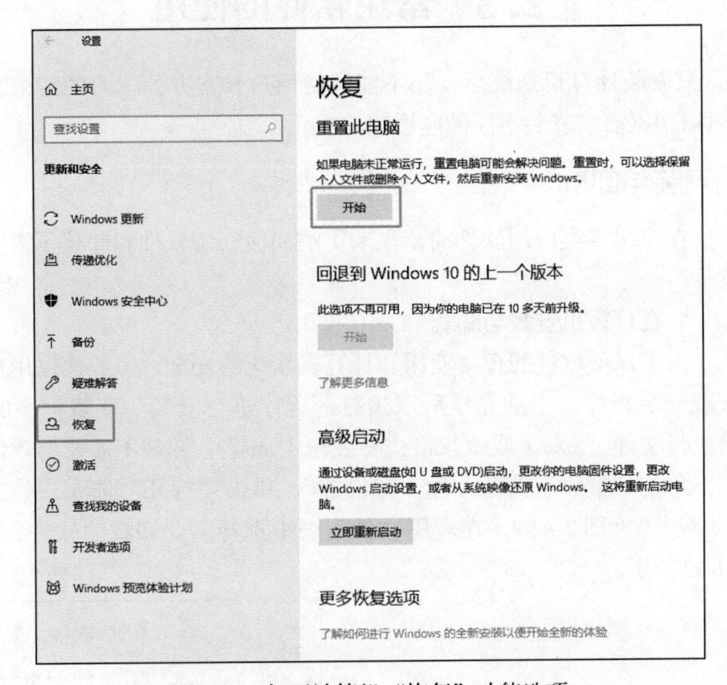

图2-38 打开计算机“恢复”功能选项

3. 系统还原

当计算机突然运行异常，或某应用软件在安装、使用过程出现异常时，可进行系统恢复。系统恢复不是重置系统，只是让系统恢复至某个还原点。右击桌面的“此电脑”图标，在弹出的快捷菜单中使用鼠标的滚轮往下拉，即可看到“系统保护”选项（见图2-39），单击“系统保护”选项后，在打开的对话框中可以创建还原点，如图2-40所示。

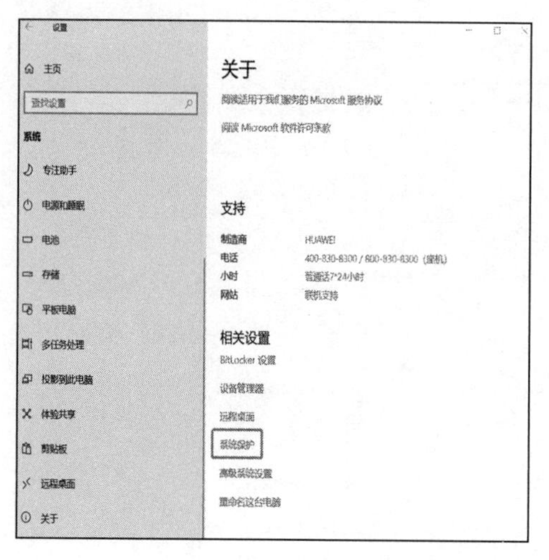

图2-39　打开计算机的“系统保护”

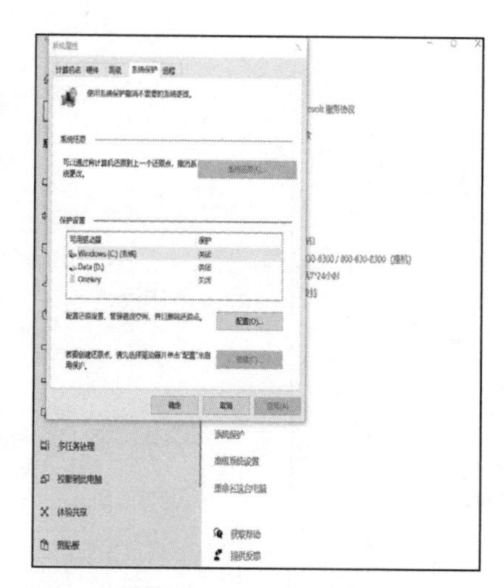

图2-40　创建还原点

2.3　常用软件的使用

一台计算机，只安装计算机系统后，还不能满足用户日常办公学习的需求。为了丰富计算机的应用功能，可以根据需求安装不同的应用软件。

2.3.1　软件的安装与卸载

在介绍各类应用软件前，先来了解如何安装软件和卸载不需要或运行异常的软件。

视 频

软件的安装与卸载

1. 在计算机安装与卸载

为了保证软件的正常使用和计算机系统的安全，一般建议用户在软件的官网下载安装程序，下载完毕后双击打开程序进行安装。安装程序的文件格式常为可执行文件（.exe）或微软格式安装包（.msi）。卸载不需要的软件时，单击屏幕左下角的“搜索”按钮，输入“设置”，单击“打开”选项，单击“应用”中的“卸载”（见图2-41），在应用软件列表中选择需要卸载的软件，再单击“卸载”按钮即可，如图2-42所示。

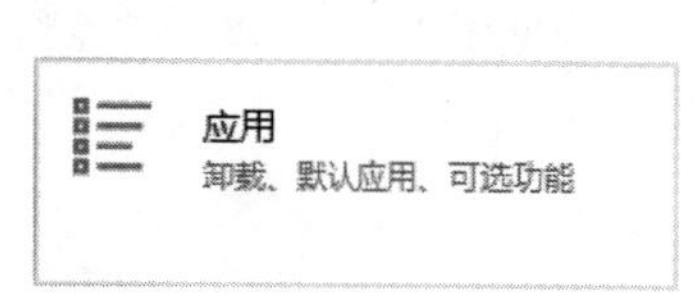

图2-41　计算机应用管理

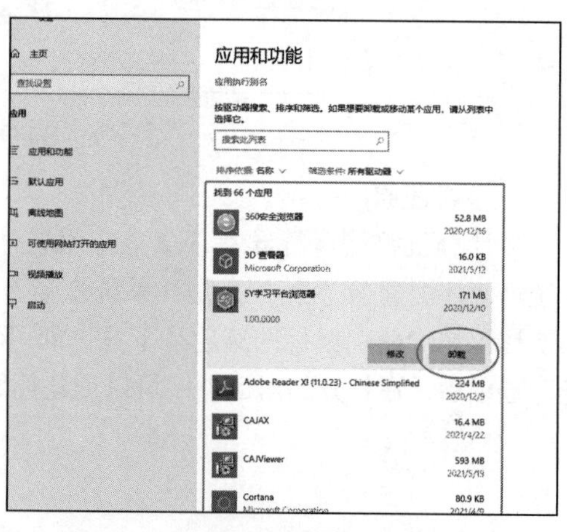

图2-42　卸载计算机应用该软件

2. 在智能手机（移动设备）安装与卸载

在应用市场或应用商店搜索所需要的APP并下载安装，文件格式一般为“.apk”（安卓平台）和“.ipa”（iOS平台）。卸载时，只需长按APP的图标，在弹出的对话框中单击“卸载”按钮即可，如图2-43所示。此外，还可以长按APP后拖动至回收站，如图2-44所示。

图2-43　手机卸载APP（方法一）

图2-44　手机卸载APP（方法二）

2.3.2　网络浏览器

视 频

网络浏览器

浏览器（Web Browser）是用来检索、展示以及传递Web信息资源的应用程序。通过网络浏览器，可以冲浪网络世界，搜索、浏览万千信息，接收、学习各种资讯。Windows 10系统自带Internet Explorer 11和Microsoft Edge两个浏览器。作为Windows新推出的兼容性较高的网络浏览器Microsoft Edge，将逐渐替代Internet Explorer。此外，用户还可以下载安装Google Chrome浏览器、搜狗浏览器、百度浏览器、Firefox浏览器等。IE、Edge、Google浏览器的图标如图2-45所示。

图2-45　IE、Edge、Google浏览器的图标

网络浏览器是日常用户使用频率较高的应用软件，下面介绍Microsoft Edge浏览器的新功能。

①在地址栏中更快速地搜索：无须转到网站来搜索图片；通过在地址栏中输入搜索内容更加节省时间；用户当场即可获得搜索建议、来自 Web 的搜索结果、浏览历史记录和收藏夹。

②中心——将所有的内容存于一处：将中心看作是 Microsoft Edge 存储在 Web 上保存的内容和执行操作的地方。选择“中心”以查看收藏夹、阅读列表、浏览历史记录和当前下载的文件。

③在 Web 上写入：Microsoft Edge 是一款能够让用户直接在网页上记笔记、书写、涂鸦和突出显示的浏览器。

④让阅读常伴左右：只需选择“添加到收藏夹和阅读列表”、“阅读列表”，然后选择“添加”。当准备好阅读时，请转到“中心”，然后选择“阅读列表”。若要获得干净简洁的布局，可

在地址栏中选择“阅读视图”，选择“更多”→“设置”。

⑤界面简洁：用户打开 Microsoft Edge后，会发现浏览页面更简洁，主要的设置功能可在右上角的“...”中获得，如图2-46所示。

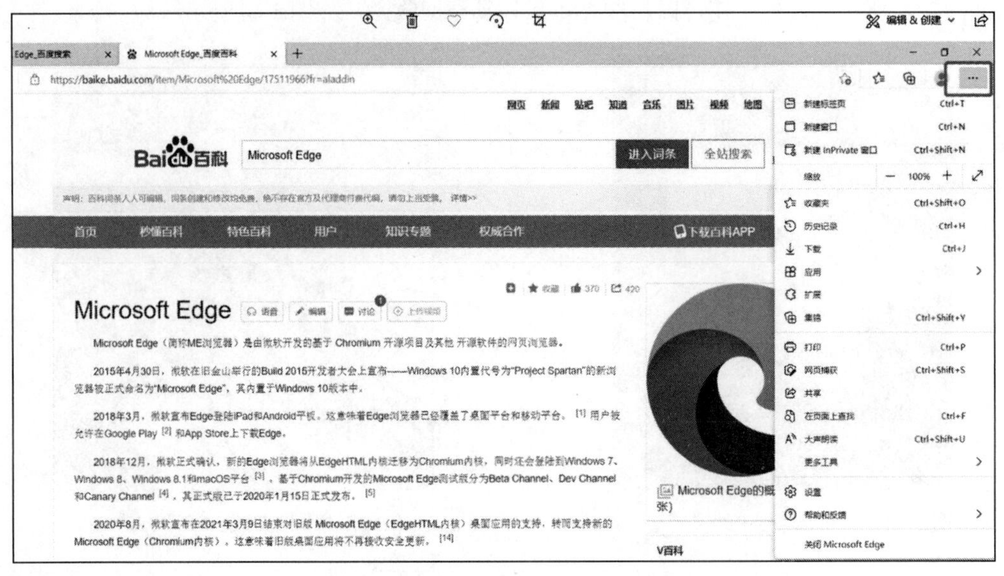

图2-46　Microsoft Edge浏览器界面

2.3.3　压缩软件

视　频

压缩和解压

为了方便文件/文件夹的整理和传输，需要使用压缩软件。由于WinRAR界面友好，操作简便，压缩量和速度都有很好的表现，所以一般都推荐使用。

压缩文件/文件夹的操作方法十分简单，右击文件/文件夹，在弹出的快捷菜单中选择“添加到压缩文件”命令，选择压缩文件的保存路径，然后按照提示单击“确定”按钮即可。

压缩文件/文件夹有很多好处，如节省磁盘空间、集中零散文件、加强保护（压缩文件可加解压密码）等，也是用户使用较多的应用操作。

2.3.4　办公软件

视　频

办公软件

著名的办公系列软件，有美国Microsoft研发的MS Office和中国金山公司出品的WPS Office。Microsoft Office常用的组件有Word、Excel、PowerPoint和Outlook，还有Access（关联式数据库管理系统）、Visio（流程图和矢量绘图软件）等。最常用的当属Word、Excel、PowerPoint，其简单介绍如表2-3所示，图标如图2-47所示。本书第4～6章将详细讲解这3个组件的具体操作方法。

表2-3　Word、Excel、PowerPoint的简单介绍

组　　件	简　　述
Word	Word是文字处理器应用程序，可创建和编辑报告、网页、电子邮件中的文本和图形
Excel	Excel是电子数据表程序，内置了多种函数，可以对大量数据进行分类、排序甚至绘制图表等
PowerPoint	PowerPoint是演示文稿软件，可创建编辑幻灯片，用于播映、会议的演示文稿

图2-47 Word、Excel、PowerPoint的图标

2.3.5 杀毒软件

视 频

杀毒软件

杀毒软件，也称反病毒软件或防毒软件，是用于消除计算机病毒、特洛伊木马和恶意软件等计算机威胁的一类软件。杀毒软件通常集成监控识别、病毒扫描和清除、自动升级、主动防御等功能，有的杀毒软件还带有数据恢复、防范黑客入侵、网络流量控制等功能，是计算机防御系统（包含杀毒软件、防火墙、特洛伊木马和恶意软件的查杀程序、入侵预防系统等）的重要组成部分。常见的杀毒软件，国内有百度杀毒软件、腾讯电脑管家、金山毒霸、360安全卫士，国外有卡巴斯基、迈克菲（Mcafee）等。

2.3.6 即时通信软件

视 频

即时通信软件

即时通信软件是一种基于互联网的即时交流软件，自面世以来得到迅速发展，即时通信的功能日益丰富，逐渐集成了电子邮件、博客、音乐、电视、游戏和搜索等多种功能。即时通信不再是一个单纯的聊天工具，它已经发展成集交流、资讯、娱乐、搜索、电子商务、办公协作和企业客户服务等为一体的综合化信息平台。在国内常见的即时通信软件有QQ、微信等。QQ和微信拥有庞大的用户群体，在国内占有很大的市场份额。QQ和微信的功能非常丰富，以QQ为例，支持多终端登录，两人以上通话（网络会议）、屏幕分享、在线预览、兴趣社区、精彩图集等。腾讯的QQ和微信图标如图2-48所示。

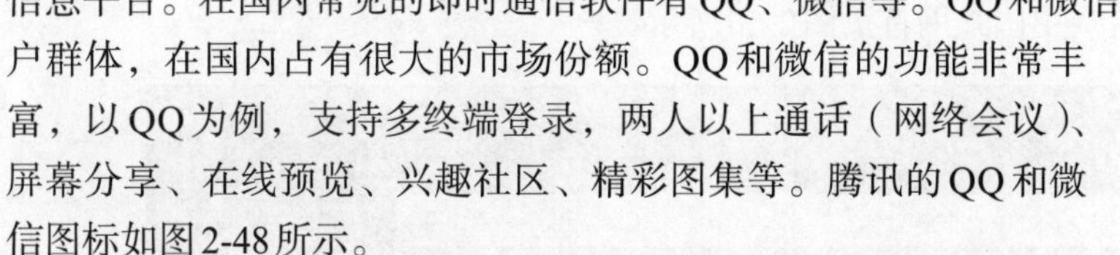

图2-48 腾讯的QQ和微信图标

在国外，WhatsApp和LINE两款即时通信软件非常受欢迎。LINE是韩国互联网集团NHN的日本子公司NHN Japan推出的一款即时通信软件。2011年6月正式推向市场，全球注册用户超过4亿。LINE的“聊天表情贴图”有超过250种，让用户在使用LINE时多了一个心情传达的工具。

2.3.7 信息搜索

视 频

信息搜索

互联网基础应用主要包括即时通信、搜索引擎和网络新闻。随着计算机技术的发展和网络的普及，通过网络搜索引擎搜索信息已成为人们日常需要。搜索引擎是指根据一定的策略、运用特定的计算机程序从互联网上采集信息，在对信息进行组织和处理后，为用户提供检索服务，将检索的相关信息展示给用户的系统。搜索引擎是工作于互联网上的一门检索技术，它旨在提高人们获取搜集信息的速度，为人们提供更好的网络使用环境。

常见的搜索引擎有百度、谷歌、知乎，还有知识资源的搜索引擎中国知网、万方数据知识服务平台、维普等。搜索信息的操作十分简单，只需打开搜索引擎的网页，在搜索栏中输入所需搜索的信息，即可呈现结果。下面简要介绍几款搜索引擎。

1. 百度

百度（见图2-49）作为国内行业领先的搜索引擎，每天响应来自100余个国家和地区的数十

亿次搜索请求，是网民获取中文信息和服务的最主要入口。百度拥有数万名研发工程师，这是中国乃至全球的顶尖技术团队。这支队伍掌握着世界上最为先进的搜索引擎技术，使百度成为世界著名的中国高科技企业。

图2-49　百度搜索页面

2. 中国知网

知网的概念是国家知识基础设施（National Knowledge Infrastructure，NKI），由世界银行于1998年提出。中国知网（CNKI）工程是以实现全社会知识资源传播共享与增值利用为目标的信息化建设项目，由清华大学、清华同方发起，始建于1999年6月。在党和国家领导以及教育部、中宣部、科技部、新闻出版总署、国家版权局、国家发改委的大力支持下，在全国学术界、教育界、出版界、图书情报界等社会各界的密切配合和清华大学的支持下，CNKI工程集团经过多年努力，采用自主开发并具有国际领先水平的数字图书馆技术，建成了世界上全文信息量规模最大的“CNKI数字图书馆”，并正式启动建设《中国知识资源总库》及CNKI网格资源共享平台，通过产业化运作，为全社会知识资源高效共享提供最丰富的知识信息资源和最有效的知识传播与数字化学习平台。中国知网首页图2-50所示。

视 频

中国知网

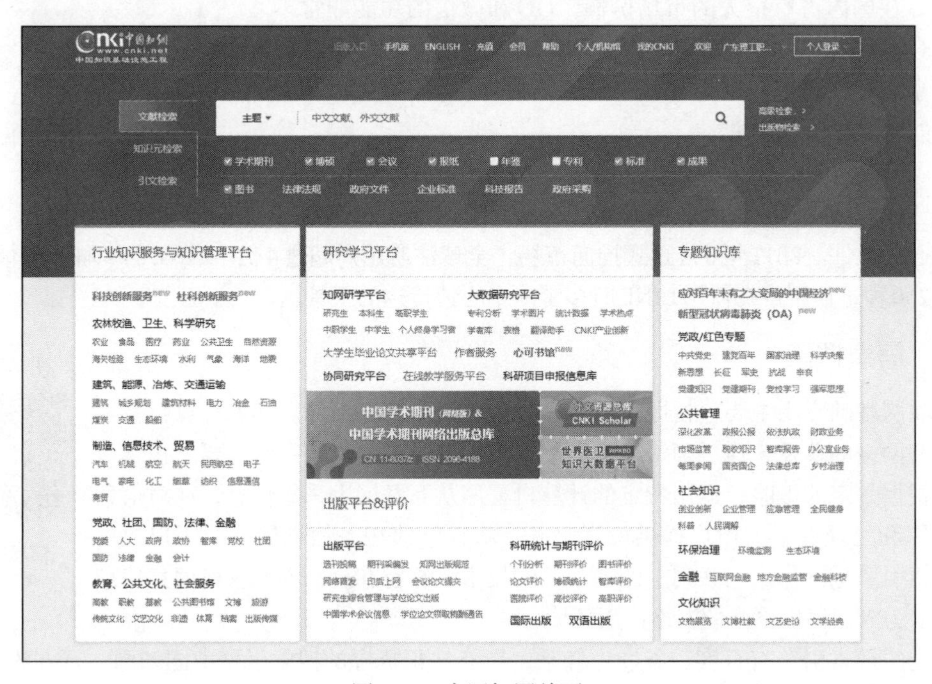

图2-50　中国知网首页

（1）CNKI 1.0

CNKI 1.0是在建成《中国知识资源总库》基础工程后，从文献信息服务转向知识服务的一个重要转型。CNKI 1.0的目标是面向特定行业领域知识需求进行系统化和定制化知识组织，构建基于内容内在关联的“知网节”，并进行基于知识发现的知识元及其关联关系挖掘，代表了中国知网服务知识创新与知识学习、支持科学决策的产业战略发展方向。

（2）CNKI 2.0

在CNKI 1.0基本建成以后，中国知网充分总结近五年行业知识服务的经验教训，以全面应用大数据与人工智能技术打造知识创新服务业为新起点，CNKI工程跨入了2.0时代。CNKI 2.0的目标是将CNKI 1.0基于公共知识整合提供的知识服务，深化到与各行业机构知识创新的过程与结果相结合，通过更为精准、系统、完备的显性管理，以及嵌入工作与学习具体过程的隐性知识管理，提供面向问题的知识服务和激发群体智慧的协同研究平台。其重要标志是建成“世界知识大数据（WKBD）”、建成各单位充分利用“世界知识大数据”进行内外脑协同创新、协同学习的知识基础设施（NKI）、启动“百行知识创新服务工程”、全方位服务中国世界一流科技期刊建设及共建“双一流数字图书馆”。

3. 万方

万方数据知识服务平台是在原万方数据资源系统的基础上，经过不断改进、创新而成，集高品质信息资源、先进检索算法技术、多元化增值服务、人性化设计等特色于一身，是国内一流的品质信息资源出版、增值服务平台。万方数据知识服务平台整合数亿条全球优质知识资源，集成期刊、学位、会议、科技报告、专利、标准、科技成果、法规、地方志、视频等十余种知识资源类型，覆盖自然科学、工程技术、医药卫生、农业科学、哲学政法、社会科学、科教文艺等全学科领域，实现海量学术文献统一发现及分析，支持多维度组合检索，适合不同用户群研究。万方智搜致力于“感知用户学术背景，智慧你的搜索”，帮助用户精准发现、获取与沉淀知识精华。万方数据愿与合作伙伴共同打造知识服务的基石、共建学术生态。万方数据首页如图2-51所示。

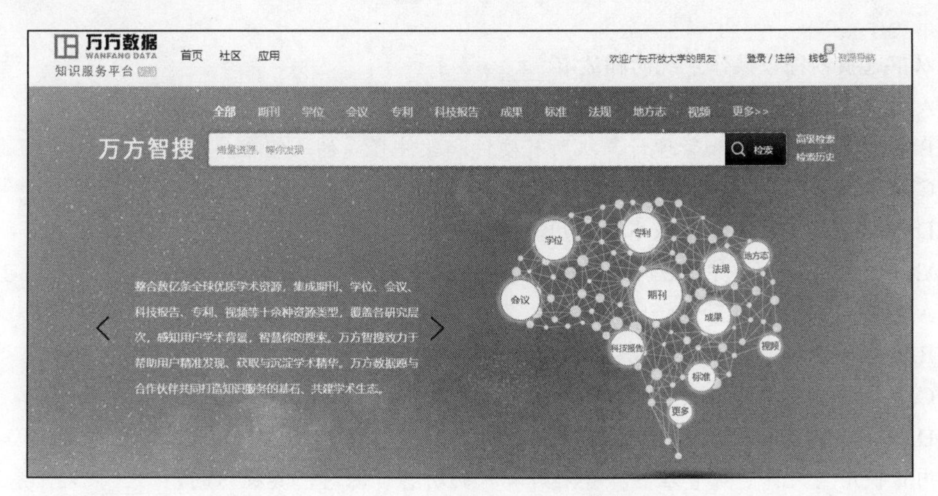

图2-51 万方数据首页

4. 知乎

知乎（见图2-52）以问答业务为基础，经过近十年的发展，已经承载为综合性内容平台，覆盖“问答”社区、全新会员服务体系“盐选会员”、机构号、热榜等一系列产品和服务，并建立了包括图文、音频、视频在内的多元媒介形式。准确地讲，知乎更像一个论坛：用户围绕着某一感兴趣的话题进行相关的讨论，同时可以关注和自己兴趣一致的人。对于概念性的解释，网络百科几乎涵盖了所有的疑问；但是对于发散思维的整合，却是知乎的一大特色。知乎鼓励在问答过程中进行讨论，以拓宽问题的发散性。

图2-52　知乎页面

习　题

1.以下选项不符合操作系统的描述有________。

A.操作系统是计算机最基本的系统软件

B.操作系统是控制和管理计算机所有硬件和软件资源的一组程序

C.操作系统是用户和计算机之间的通信界面

D.操作系统是计算机最基本的应用软件

2.Alt+PrintScreen（或PrtSc）是常用的键盘快捷键操作，对应操作正确的是________。

A.打开当前的系统菜单

B.复制当前屏幕图像到剪贴板

C.复制当前窗口、对话框或其他对象到剪贴板

D.关闭当前窗口或退出应用程序

3.用户使用“文件资源管理器”查看计算机的所有资源时，其提供的________文件系统结构使用户能更清楚、更直观地认识计算机的文件和文件夹。

A.树状　　B.垂直型　　C.辐射型　　D.点对点型

4.以下关于回收站正确的描述有________。

A.回收站是一个系统文件夹

B.存放在回收站的文件不能恢复

C.回收站主要用来存放用户临时删除的程序

D.回收站是一个应用文件夹

5.用户进入“开始”菜单，可通过________。

A.点击屏幕左下角的■按钮　　B.点击屏幕左下角的○按钮

C.点击屏幕左下角的⌕按钮　　D.点击屏幕左下角的⊟按钮

6.以下不属于计算机窗口构成的是________。

A.标题栏　　B.选项卡　　C.导出区　　D.地址栏

7.以下操作可进入“控制面板”的是________。

A.双击“此电脑”

B.单击“开始”菜单

C.在屏幕左下角的搜索框中输入“控制面板”后单击进入

D.单击Cortana

8.管理文件或文件夹的日常操作不包括________。

A.创建　　B.重命名　　C.复制　　D.创建备份

9.设置文件属性为“存档”，以下操作正确的是________。

A.移动文件至C盘

B.进入文件属性，单击隐藏

C.进入文件属性的高级选项，选择“存档”

D.进入文件属性，单击“安全”选项卡，选择高级设置

10.将文件从A文件夹移动到B文件夹，可通过________实现。

A.复制文件到B文件夹　　B.在B文件夹创建文件的快捷方式

C.在A文件夹中删除文件　　D.将文件拖动到B文件夹

11. Guang.rar可使用以下________应用软件打开。

A.WinRAR　　B.Excel　　C.Word　　D.PowerPoint

12.安装程序的文件格式常为________。

A.可执行文件（.exe）或微软格式安装包（.msi）

B.可执行文件（.exe）或微软格式安装包（.mse）

C.可删除文件（.exe）或安卓格式安装包（.msi）

D.可删除文件（.exe）或微软格式安装包（.msi）

13.Windows新推出的兼容性较高的网络浏览器是________。

A.Fire Fox　　B.Microsoft Edge　　C.Internet Explorer　　D.Google Chrome

14.关于文件压缩的描述，不正确的是________。

A.方便文件/文件夹的整理和传输　　B.压缩软件操作繁复

C.有利于节省磁盘空间　　D.可使用WinRAR软件进行操作

15.卸载不需要的软件时，进入“设置”，打开________，在软件列表中单击需要卸载的软件，再单击“卸载”即可。

A.系统　　B.设备　　C.隐私　　D.应用

第3章 计算思维概述

计算思维（Computational Thinking）是运用计算机科学的基础概念进行问题求解、系统设计，以及人类行为理解等涵盖计算机科学之广度的一系列思维活动，由周以真于2006年3月首次提出。计算思维吸取了解决问题所采用的一般数学思维方法、现实世界中巨大复杂系统的设计与评估的一般工程思维方法，以及复杂性、智能、心理、人类行为的理解等的一般科学思维方法。本章将带大家走进"计算思维"，了解什么是计算机的0和1逻辑，计算思维的内涵与应用，计算思维的方法等。

3.1 计算机的0和1

在日常生活中，人们通常使用十进制数，但实际上存在着多种进位计数制，如二进制（2只手为1双手）、十二进制（12个信封为1打信封）、十六进制（成语"半斤八两"，中国古代计重体制，1斤=16两）、二十四进制（1天有24 h）、六十进制（60 s为1 min，60 min为1 h）等。二进制（Binary）是在数学和数字电路中以2为基数的计数系统，以2为基数代表系统的二进位制。这一系统中，通常用两个不同的符号0（代表零）和1（代表一）来表示。在计算机内部，信息的表示和计算依赖于计算机的硬件电路。计算机由电子电路组成，电子电路有两个基本状态，即电路的接通与断开，这两种状态正好可以用"1"和"0"表示。数字电子电路中，逻辑门的实现直接应用了二进制，因此现代计算机使用二进制来表示、计算和存储数据。

3.1.1 0和1逻辑

1. 二进制的由来

17世纪至18世纪的德国数学家莱布尼茨，是世界上第一个提出二进制计数法的人。用二进制计数，只用0和1两个符号，无须其他符号，每个数字称为一个比特（Bit）。二进制数对应着自然界截然不同的两种状态，如真假、黑白、正负、长短。

视频

0和1与逻辑

2. 二进制的表示

二进制数据也是采用位置计数法，其位权是以2为底的幂。例如，二进制数据110.11，逢2进1，其权的大小顺序为2^2、2^1、2^0。对于有n位整数，m位小数的二进制数据用加权系数展开式表示，具体为：

$$(a_{n-1}a_{n-2}\cdots a_1a_0.a_{-1}\cdots a_{-m})_2$$
$$=a_{n-1}\times 2^{n-1}+a_{n-2}\times 2^{n-2}+\cdots+a_1\times 2^1+a_0\times 2^0+a_{-1}\times 2^{-1}+a_{-2}\times 2^{-2}+\cdots+a_{-m}\times 2^{-m}$$

3.1.2　数制间的转换

视频

数制间的转换

由于计算机内部使用二进制，要让计算机处理十进制数，必须先将其转化为二进制数才能被计算机所接收，而计算机处理的结果又需要还原为人们所习惯的十进制数。

1. 二进制数转换为十进制数

二进制数转换为十进制数的方法就是将二进制数的每一位数按权系数展开，然后相加，所得结果就是等值的十进制数。

【案例3-1】把二进制数11011.01转换为十进制数。

$(11011.01)_2=(1\times 2^4+1\times 2^3+0\times 2^2+1\times 2^1+1\times 2^0+0\times 2^{-1}+1\times 2^{-2})_{10}$

$=(16+8+0+2+1+0+0.25)_{10}$

$=(27.25)_{10}$

2. 十进制数转换为二进制数

将十进制数转换为二进制数是进制转换间比较复杂的一种，也是与其他进制转换的基础。这里分开讨论整数和小数转换。

（1）整数的转换

十进制整数转换为二进制整数的方法为“除基取余法”，即将被转换的十进制数用2连续整除，直至最后的商为0，然后将每次所得到的余数按相除过程反向排列，结果就是对应的二进制数。

【案例3-2】将十进制数102转换为二进制数。

除数	被除数/商	余数	
2	102		
2	51	……0	最低位
2	25	……1	
2	12	……1	
2	6	……0	↑
2	3	……0	
2	1	……1	
	0	……1	最高位

所以，$(102)_{10}=(1100110)_2$

（2）小数的转换

十进制小数转换为二进制小数的方法为“乘基取整法”，即将十进制数连续乘2得到进位，按先后顺序排列进位就得到转换后的二进制小数。

【案例3-3】将十进制小数0.8125转换为相应的二进制数。

$0.8125\times 2=1.6250$　　……取出整数1　　最高位

$0.6250\times 2=1.2500$　　……取出整数1　　↓

0.2500 × 2 = 0.5000 ……取出整数 0

0.5000 × 2 = 1.0000 ……取出整数 1 最低位

所以，$(0.8125)_{10}=(0.1101)_2$

3.二进制数与八进制数的转换

（1）二进制数转换为八进制数

因为二进制数和八进制数之间的关系正好是2的3次幂，所以二进制数与八进制数之间的转换只要按位展开即可。

【案例3-4】将二进制数 10101111.01101 转换为八进制数。

以小数点为界，分别将3位二进制对应1位八进制如下：

010	101	111	.	011	010	二进制
2	5	7	.	3	2	八进制

所以，$(10101111.01101)_2=(257.32)_8$

注意：从小数点开始，往左为整数，最高位不足3位的，可以在前面补0；往右为小数，最低位不足3位的，必须在最低位后面补0。

（2）八进制数转换为二进制数

按每1位八进制对应3位二进制展开即得到对应的二进制数。

【案例3-5】将八进制数 457.264 转换为二进制数。

$(457.264)_8=(100\ 101\ 111\ .\ 010\ 110\ 100)_2$

转换后的二进制最高位和最低位无效的0可以省略。

4.二进制数和十六进制数之间的转换

（1）二进制数转换为十六进制数

转换方法与前面所介绍的二进制数转换为八进制数类似，唯一的区别是4位二进制对应1位十六进制，而且十六进制除了0～9这10个数符外，还用A～F表示它另外的6个数符。

【案例3-6】将二进制数 111000111.00101 转换为十六进制数。

0001	1100	0111	.	0110	1000	二进制
1	C	7	.	2	8	八进制

注意：从小数点开始，往左为整数，最高位不足4位的，可以在前面补0；往右为小数，最低位不足4位的，必须在最低位后面补0。

所以，$(111000111\ .\ 00101)_2=(1C7.28)_{16}$

（2）十六进制数转换为二进制数

按每1位十六进制对应4位二进制展开即得到对应的二进制数。

【案例3-7】将十六进制数 5DF.6A 转换为二进制数。

$(5DF.6A)_{16}=(0101\ 1101\ 1111\ .\ 0110\ 1010)_2$

转换后的二进制最高位和最低位无效的0可以省略。

5.十进制数与八进制数、十六进制数之间的相互转换

按照位权关系，可以将任意进制数转换为十进制数。通常，十进制和八进制及十六进制之间的转换不需要直接进行，可用二进制作为中间量进行相互转换。例如，要将一个十进制数转换为相应的十六进制数，可以先将十进制数转换为二进制数，然后直接根据二进制数写出对应的十六进制数，反之亦然。十进制、二进制、八进制、十六进制转换表如表3-1所示。

表3-1　十进制、二进制、八进制、十六进制转换表

十进制	二进制	八进制	十六进制	十进制	二进制	八进制	十六进制
0	0	0	0	8	1000	10	8
1	1	1	1	9	1001	11	9
2	10	2	2	10	1010	12	A
3	11	3	3	11	1011	13	B
4	100	4	4	12	1100	14	C
5	101	5	5	13	1101	15	D
6	110	6	6	14	1110	16	E
7	111	7	7	15	1111	17	F

3.1.3　信息存储单位

视频

信息存储单位

数据存储单位bit（比特）是量度信息的单位，也是表示信息量的最小单位，只有0、1两种状态。信息存储单位有位、字节和字等几种。在计算机各种存储介质（例如内存、硬盘、光盘等）的存储容量常用KB、MB、GB和TB等来表示。

1.基本存储单位

①位（bit）：二进制数中的一个数位，可以是0或者1，是计算机中数据的最小单位。

②字节（Byte，B）：计算机中数据的基本单位，每8位组成一个字节。各种信息在计算机中存储、处理至少需要一个字节。例如，一个ASCII码用一个字节表示，一个汉字用两个字节表示。

③字（Word）：两个字节称为一个字。汉字的存储单位都是一个字。

2.扩展的存储单位

①KB：早期用的软盘有360 KB和720 KB的，不过软盘已经基本被淘汰。

②MB：早期微型机的内存有128 MB、256 MB、512 MB，目前内存都是1 GB、2 GB、4 GB甚至更大。

③GB：早期微型机的硬盘有60 GB、80 GB，目前大多为500 GB、1 TB甚至更大。

④TB：目前个人用的微型机存储容量大多能达到这个级别，而作为服务器或者专门的计算机，必须达到太字节以上的存储容量。

常用存储单位的换算关系如下：

8 bit = 1 B　一字节

1 024 B = 1 KB（KiloByte）千字节

1 024 KB = 1 MB（MegaByte）兆字节

1 024 MB = 1 GB（GigaByte）吉字节

1 024 GB = 1 TB（TeraByte）太字节

1 024 TB = 1 PB（PetaByte）拍字节

1 024 PB = 1 EB（ExaByte）艾字节

1 024 EB = 1 ZB（ZetaByte）泽字节

1 024 ZB = 1 YB（YottaByte）尧字节

1 024 YB = 1 BB（Brontobyte）珀字节

1 024 BB = 1 NB（NonaByte）诺字节

1 024 NB = 1 DB（DoggaByte）刀字节

3.1.4 字符编码

视频

字符编码

计算机在不同程序之间、不同的计算机系统之间需要进行数据交换。数据交换的基本要求就是交换的双方必须使用相同的数据格式，即需要统一的编码。字符编码也称字集码，是把字符集中的字符编码指定为集合中某一对象（例如，比特模式、自然数序列、8位组或者电脉冲），以便文本在计算机中存储和通过通信网络传递。常见字符编码包括ASCII码、汉字编码和Unicode编码等。在计算机技术发展的早期，ASCII（1963年）和EBCDIC（1964年）字符集逐渐成为标准。

1.ASCII码

目前计算机中使用最广泛的西文字符集及其编码是ASCII码（American Standard Code for Information Interchange，美国标准信息交换码），它最初是美国国家标准学会（ANSI）制定的，后被国际标准化组织（ISO）确定为国际标准，称为ISO 646标准。ASCII码适用于所有拉丁文字字母，有两个版本，即标准的ASCII码和扩展的ASCII码。

标准ASCII码是7位码（b_6～b_0），即用7位二进制数来编码，用一个字节存储或表示，其最高位（b_7）总是0。7位二进制数总共可编出$2^7 = 128$个码，表示128个字符。

扩展的ASCII码是8位码（b_7～b_0），即用8位二进制数来编码，用一个字节存储表示。8位二进制数总共可编出2^8=256个码，它的前128个码与标准的ASCII码相同，后128个码表示一些花纹图案符号。

2.汉字编码

汉字信息在计算机内部处理时要被转化为二进制代码，这就需要对汉字进行编码。相对于ASCII码，汉字编码难度更大，如汉字量大、字形复杂，存在大量一音多字和一字多音的现象。汉字编码技术首先要解决的是汉字输入、输出以及在计算机内部的编码问题，不同的处理过程使用不同的处理技术，有不同的编码形式。

（1）汉字输入码

汉字输入码又称“外码”，是为了将汉字通过键盘输入计算机而设计的代码，其表现形式多为字母、数字和符号。输入码与输入法有关，不同的输入法得到输入码的方法不同。具有代表性的输入法有拼音输入法、五笔字型输入法、自然码输入法等。

（2）汉字交换码

汉字交换码是汉字信息处理系统之间或通信系统之间传输信息时，对每一个汉字所规定的统一编码。汉字交换码的国家标准是GB 2312—1980，又称“国标码”。“国标码”收录包括简化汉字6 763个和非汉字图形字符682个（包括中外文字母、数字和符号），该编码表分为94行、94列。每一行称为一个“区”，每一列称为一个“位”。这样，就组成了94个区（01～94），每个区内有94个位（01～94）的汉字字符集。每个汉字由它的区码和位码组合形成“区位码”，作为唯一确定一个汉字或汉字符号的代码。例如，汉字“东”的区位码为2211（即在22区的第11位）。

（3）汉字机内码

汉字的机内码是供计算机系统内部进行存储、加工处理、传输使用的汉字编码，它是国标交换码在机器内部的表示，是在区位码的基础上演变而来的。由于区码和位码的范围都在01～94内，如果直接采用它作为机内码，就会与ASCII码发生冲突，因此对汉字的机内码进行了变换，变换规则如下：

高位内码＝区码+20H+80H

低位内码＝位码+20H+80H

汉字机内码、国标码和区位码三者之间的关系为：区位码（十进制）的两个字节分别转换为十六进制后加20H得到对应的国标码；国标码的两个字节的最高位分别加1，即汉字交换码（国标码）的两个字节分别加80H得到对应的机内码。

例如，汉字“啊”的区位码（1601）转换成机内码为B0A1H。

3.Unicode编码

Unicode字符集编码是通用多八位编码字符集（Universal Multiple-Octet Coded Character Set）的简称，是支持世界上超过650种语言的国际字符集。Unicode允许在同一服务器上混合使用不同语言组的不同语言。它是由一个名为 Unicode 学术学会（Unicode Consortium）的机构制定的字符编码系统，支持现今世界各种不同语言的书面文本的交换、处理及显示。它为每种语言中的每个字符设置了统一并且唯一的二进制编码，以满足跨语言、跨平台进行文本转换、处理的要求。

Unicode 标准始终使用十六进制数字，而且书写时在前面加上前缀“U+”。例如，字母A的编码为 004116，所以A的编码书写为“U+004116”。

UTF-8是Unicode中的一个使用方式。UTF-8便于不同的计算机之间使用网络传输不同语言和编码的文字，使得双字节的Unicode能够在现存的处理单字节的系统上正确传输。UTF-8使用可变长度字节来存储 Unicode字符。例如，ASCII字母继续使用1字节存储，重音文字、希腊字母或西里尔字母等使用2字节来存储，而常用的汉字就要使用3字节来存储，辅助平面字符则使用4字节来存储。

UTF-32、UTF-16 和 UTF-8 是 Unicode 标准的编码字符集的字符编码方案，UTF-16 使用一个或两个未分配的 16 位代码单元的序列对 Unicode 代码点进行编码；UTF-32 即将每一个Unicode 代码点表示为相同值的 32 位整数。

3.2　计算思维

随着信息化技术的进步，信息化已深入到人类社会，计算思维成为人们认识和解决问题的重要能力之一。我们在培养解析能力时不仅要掌握阅读、写作和算术（Reading Writing Arithmetic，3R），还要学会计算思维。

3.2.1　计算、计算机与计算思维

1.计算

计算就是基于规则的、符号集的变换过程，即从一个按照规则组织的符号集合开始，再按照既定的规则一步步地改变这些符号集合，经过有限步骤之后得到一个确定的结果。可以简单地理解为“数据”在“运算符”的操作下，按照“计算规则”进行的数据变换。

2.计算机

随着社会生产力的发展，计算工具也不断地得到发展。计算机也是计算工具不断发展的产物，能够执行程序，完成各种自动计算。

3. 计算思维

（1）计算思维的含义

计算思维建立在计算过程的能力和限制之上，由人和机器执行。计算方法和模型使人们敢于去处理那些原本无法由个人独立完成的问题求解和系统设计。总的来说，计算思维是运用计算机科学的基础概念去求解问题、设计系统和理解人类的行为。它包括了涵盖计算机科学之广度的一系列思维活动。

为了便于理解，计算思维可进一步地定义为：通过约简、嵌入、转化和仿真等方法，把一个看来困难的问题重新阐释成一个人们知道问题怎样解决的方法；是一种递归思维、并行处理、能把代码译成数据又能把数据译成代码、多维分析推广的类型检查方法；是一种采用抽象和分解来控制庞杂的任务或进行巨大复杂系统设计的方法，是基于关注分离的方法（SoC方法）；是一种选择合适的方式去陈述一个问题，或对一个问题的相关方面建模使其易于处理的思维方法；是按照预防、保护及通过冗余、容错、纠错的方式，并从最坏情况进行系统恢复的一种思维方法；是利用启发式推理寻求解答，即在不确定情况下的规划、学习和调度的思维方法；是利用海量数据来加快计算，在时间和空间之间，在处理能力和存储容量之间进行折中的思维方法。

（2）计算思维的特征

①计算思维是概念化，不是程序化。计算机科学不是计算机编程，它要求人们能够在抽象的多个层次上进行思维。

②计算思维是基础的，不是机械的技能。基础的技能是每一个人为了在现代社会中发挥职能所必须掌握的技能。生搬硬套之机械的技能意味着机械的重复。

③计算思维是人的思维，不是计算机的思维。计算思维是人类求解问题的一条途径，但决非试图使人类像计算机那样思考。配置了计算设备之后，人们就能用自己的智慧去解决那些计算时代之前不敢尝试的问题。

④计算思维是数学和工程思维的互补与融合。计算机科学在本质上源自数学思维，因为像所有的科学一样，它的形式化解析基础筑于数学之上。计算机科学又从本质上源自工程思维，因为人们建造的是能够与实际世界互动的系统。基本计算设备的限制迫使计算机学家必须计算性地思考，不能只是数学性地思考。构建虚拟世界能够使人们能够超越物理世界去打造各种系统。

⑤计算思维是思想，不是人造品。不只是所生产的软件、硬件等人造品以物理形式时时刻刻触及人们的生活，更重要的是人们可以通过计算思维求解问题、管理日常生活、与他人交流和进行互动。

⑥计算思维面向所有的人，所有地方。当计算思维真正融入人类活动的整体而不再是一种显式的哲学时，它就将成为现实。

3.2.2 计算思维的应用领域

视频

计算思维的应用领域

1. 化学

计算思维已深入化学研究的方方面面，绘制化学结构及反应式，分析相应的属性数据、系统命名及光谱数据等，都需要计算思维的支撑。如数值计算或方程求解，利用原子计算去探索化学现象，在有机分析中根据图谱数据库进行图谱检索等。

2. 艺术

计算机艺术是科学与艺术相结合的一门新兴的交叉学科，包括绘画、音乐、舞蹈、影视、广告、服装设计等众多领域，都是计算思维的重要体现。例如，梦工厂用惠普的数据中心进行各种动画电影的渲染工作，戏剧、音乐、摄影都有计算机的合成作品，常常以假乱真。

3.工程领域

在电子、土木、机械、航天航空等工程领域，计算高阶项可提高精度，从而降低重量，节省制造成本。例如，波音777飞机完全采用计算机模拟测试，没有经过风洞测试。

4.医疗

利用机器人手术、机器人医生能更好地治疗自闭症；电子病历系统需要隐私保护技术；可视化技术使虚拟结肠检查成为现实。

3.3　计算思维的方法

3.3.1　利用计算机解决问题的过程

1.如何利用计算思维

视频

利用计算机解决问题的过程

引用周以真教授关于计算思维的主要观点，将如何利用计算思维解决问题的方法简述如下：

计算思维建立在计算过程的能力和限制之上。需要考虑哪些事情人类比计算机做得好，哪些事情计算机比人类做得好，最根本的问题是：什么是可计算的。

当人们求解一个特定的问题时，首先会问：解决这个问题有多么困难？什么是最佳的解决方法？表述问题的难度取决于人们对计算机理解的深度。

为了有效求解一个问题，可能要进一步提问：一个近似解就够了吗（如Excel中的计算精度是否需要16位以上）？是否允许漏报和误报（如视频播放时的数据丢失）？计算思维就是通过简化、转换和仿真等方法，把一个看起来困难的问题，重新阐释成一个人们知道怎样解决的问题。

计算思维采用抽象和分解的方法，将一个庞杂的任务或设计分解成一个适合于计算机处理的系统。计算思维是选择合适的方式对问题进行建模，使它易于处理。在人们不必理解每一个细节的情况下，就能够安全地使用或调整一个大型的复杂系统。

2.如何利用计算机

人们利用计算机解决问题时，必须规定计算机的操作步骤，告诉计算机“干什么”和“怎么干”，即根据任务的需求写出一系列的计算机指令，这些指令的集合称为程序。并且，这些指令集合即程序必须是计算机能够识别和执行的。学习计算机解决问题的过程，有助于人们利用计算机解决问题，同时也是学习计算机编程的基本途径。关于计算机解决问题的过程，可归纳为以下环节：

（1）分析问题

借助计算机求解，首先要分析问题，弄清楚问题的含义、目标、结果、已知条件，从而建立逻辑模型。

（2）建立模型

建立模型（建模）是计算机问题求解过程中的难点，也是关键。对于数值型问题，可先建立数学模型，直接通过数学模型来描述问题。对于非数值型问题，可先建立一个过程或者仿真模型，通过过程模型描述问题，再设计算法解决。

(3)设计算法

算法就是为解决问题而采取的方法与步骤。随着计算机的出现，算法被广泛地应用于计算机的问题求解中，被认为是程序设计的精髓。对于数值型的问题，一般采用离散数值分析方法；对于非数值型的问题，可通过数据结构或算法分析进行仿真。常见的数据结构有数组(Array)、栈(Stack)和队列(Queue)。其中，数组是有序的元素序列，其特点有数组元素的个数是有限的，各元素的数据类型相同。数组元素之间在逻辑上和物理存储上都具有顺序性，数组元素用下标表达逻辑上和物理存储上的顺序关系。一个数组的所有元素在内存中是连续存储的。算法分析是对一个算法需要多少计算时间和存储空间作定量的分析。

(4)程序设计

将解决问题的算法步骤转变为程序设计，然后编辑、调试和测试程序代码，直到输出所要求的结果。

3.3.2 计算思维的逻辑基础

逻辑运算是计算思维的逻辑基础，下面简单介绍关于逻辑运算的起源、概念、表示方法等相关知识。

1.逻辑运算的起源与发展

视频

计算思维的逻辑基础

逻辑运算又称布尔运算。布尔用数学方法研究逻辑问题，成功地建立了逻辑演算。他用等式表示判断，把推理看作等式的变换。这种变换的有效性不依赖人们对符号的解释，只依赖于符号的组合规律。这一逻辑理论人们常称为布尔代数。20世纪30年代，逻辑代数在电路系统获得应用，随后由于电子技术与计算机技术的发展，出现各种复杂的系统，它们的变换规律也遵守布尔所揭示的规律。逻辑运算(Logical Operators)通常用来测试真假值。最常见的逻辑运算就是循环的处理，用来判断是否该离开循环或继续执行循环内的指令。

2.逻辑运算相关概念

逻辑运算是数字符号化的逻辑推演法，包括联合、相交、相减。在图形处理操作中引用了这种逻辑运算方法以使简单的基本图形组合产生新的形体，并由二维逻辑运算发展到三维图形的逻辑运算。下面介绍一些关于逻辑运算的相关概念。

(1)逻辑运算

在逻辑代数中，有与、或、非3种基本逻辑运算。表示逻辑运算的方法有多种，如语句描述、逻辑代数式、真值表、卡诺图等。

(2)逻辑常量与变量

逻辑常量只有两个：0和1，用来表示事件的发生与否、开关通断等二值信息。

(3)逻辑函数

逻辑函数是由逻辑变量、常量通过运算符连接起来的代数式。同样，逻辑函数也可以用表格和图形的形式表示。

(4)逻辑代数

逻辑代数是研究逻辑函数运算和化简的一种数学系统。逻辑函数的运算和化简是数字电路课程的基础，也是数字电路分析和设计的关键。

3.逻辑运算的表示方法

“∨”表示“或”；

"∧"表示"与"；

"¬"表示"非"；

"="表示"等价"；

1和0表示"真"和"假"。

还有一种表示，"+"表示"或"，"•"表示"与"。

4.逻辑运算的性质

逻辑运算的性质包括互补律、交换律、结合律、分配律和吸收律。

互补律：$A\cup(\neg A)=1$，$A\cap(\neg A)=0$

交换律：$A\cup B=B\cup A$，$A\cap B=B\cap A$

结合律：$(A\cap B)\cap C=A\cap(B\cap C)$，$(A\cup B)\cup C=A\cup(B\cup C)$

分配律：$A\cup(B\cap C)=(A\cup B)\cap(A\cup C)$，$A\cap(B\cup C)=(A\cap B)\cup(A\cap C)$

吸收律：$A\cup(A\cap B)=A$，$A\cap(A\cup B)=A$

5.逻辑推理

逻辑推理是指由一个或几个已知的判断推导出另外一个新的判断的思维形式。一切推理都必须由前提和结论两部分组成。逻辑推理包括3种基本推理方式：演绎、归纳和溯因。

①演绎：使用规则和前提推导结论。

例如：如果下雨，则会议取消。今天下雨了，所以会议取消。

②归纳：借助大量的前提和结论组成例子来学习规则。

例如：每次下雨，会议都取消。因此若明天下雨，会议就会取消。

③溯因：借助结论和规则来支援前提以解释结论。

例如：若下雨，会议会取消。因为会议取消，所以曾下雨。

3.3.3　计算思维的算法

1.算法的定义

计算思维的算法

算法是一组明确步骤的有序集合，它产生结果并在有限的时间内终止。具体表现为：

①有序集合。算法是一组定义明确且排列有序的指令集合。

②明确步骤。算法的每一步都必须有清晰的定义。如果某一步是将两数相加，那么必须定义相加的两个数和加法运算，同一符号不能在某处用作加法符号，而在其他地方用作乘法符号。

③产生结果。算法必须产生结果，否则没有意义，结果可以是数据或其他结果（如打印）。

④在有限的时间内终止。算法必须经过有限步骤后计算终止（停机）。如果不能终止（例如，无限循环），就不是算法。

所以，算法完全独立于计算机系统。它接收一组输入数据，同时产生一组输出数据。

2.算法的特征

算法具有下列重要特性：

①有穷性：应在有限步骤内结束。

②确定性：只要初始条件相同，就可得到相同的、确定的结果。

③有效性：算法中的每一步操作必须是可执行的。

④有零个或多个输入：一个算法可以有输入数据，也可以没有输入数据。

⑤至少有一个输出：算法的目的就是求问题的解，求解的结果，必须向用户输出。

3. 算法的结构

计算机科学的专家为结构化程序或算法定义了3种结构：顺序结构、选择结构和循环结构。使用这3种结构就可使程序或算法容易理解、调试或修改。

①顺序结构：算法（最终是程序）都是指令的序列，有些是简单指令，如顺序执行的简单指令。

②选择结构：算法中有时候需要检测条件是否满足，如果测试的条件为真（即满足条件），则可以继续顺序往下执行指令；如果测试结果为假（即条件不满足），则程序将从另外一个顺序结构的指令继续执行，这就是选择结构。

③循环结构：在有些问题中，相同的一系列顺序指令需要重复执行，可以用循环结构来解决。

4. 算法的表示方法

算法是把求解问题的方法和思路用一种规范的、可读性强的并容易转换成程序的形式（语言）进行描述。算法表示形式有四种：自然语言、计算机语言、图形化工具和伪代码。

3.3.4 计算思维的训练

计算思维的培养途径可通过三方面进行：①深入了解计算机解决问题的思路，更好地利用计算机；②把计算机处理问题的方法嵌入到各个领域；③推动各个领域中计算机思维的运用。下面将介绍一个典型案例帮助理解。

汉诺塔问题是心理学实验研究常用的任务之一，也是使用递归方法求解的一个典型问题。该问题的主要材料包括三根高度相同的柱子和一些大小及颜色不同的圆盘，三根柱子分别为起始柱A、辅助柱B及目标柱C，如图3-1所示。

图3-1　汉诺塔问题

相传在古印度圣庙中，有一种被称为汉诺塔（Hanoi）的游戏。该游戏是在一块铜板装置上，有三根杆（编号A、B、C），在A杆自下而上、由大到小按顺序放置64个金盘。游戏的目标：把A杆上的金盘全部移到C杆上，并仍保持原有顺序叠好。操作规则：每次只能移动一个盘子，并且在移动过程中三根杆上都始终保持大盘在下，小盘在上，操作过程中盘子可以置于A、B、C任一杆上。

分析：对于这样一个问题，任何人都不可能直接写出移动盘子的每一步，但可以利用下面的方法来解决。设移动盘子数为n，为了将这n个盘子从A杆移动到C杆，可以做以下三步：

①以C盘为中介，从A杆将1～n-1号盘移至B杆。

②将A杆中剩下的第n号盘移至C杆。

③以A杆为中介；从B杆将1～n-1号盘移至C杆。

这样问题就解决了，但实际操作中，只有第二步可直接完成，而第一、三步又成为移动的新问题。以上操作的实质是把移动n个盘子的问题转化为移动n-1个盘，那么第一、三步如何解决？事实上，上述方法设盘子数为n, n可为任意数，该法同样适用于移动n-1个盘。因此，依据上法，可解决n -1个盘子从A杆移到B杆（第一步）或从B杆移到C杆（第三步）问题。现在，问题由移动n个盘子的操作转化为移动n-2个盘子的操作。依据该原理，层层递推，即可将原问题转化为解决移动n -2、n -3…… 3、2，直到移动1个盘的操作，而移动一个盘的操作是可以直接完成的。而这种由繁化简，用简单的问题和已知的操作运算来解决复杂问题的方法，就是递归法。在计算机设计语言中，用递归法编写的程序就是递归程序。

习　题

1.计算思维在化学领域中的应用有________。

A.数值计算或方程求解

B.利用原子计算去探索化学现象

C.在有机分析中根据图谱数据库进行图谱检索

D.以上选项都是

2.计算思维的培养途径有________。

A.深入了解计算机解决问题的思路　　B.把计算机处理问题的方法嵌入到各个领域

C.推动各个领域中计算机思维的运用　　D.其他选项都是

3.以下________选项不是算法的特征。

A.有穷性　　B.确定性　　C.至少有两个输出　　D.有效性

4.常见的数据结构有________。

A.数组（Array）　　B.栈（Stack）　　C.队列（Queue）　　D.其他选项都是

5.下列关于数组的说法错误的是________。

A.数组元素的个数是有限的，各元素的数据类型可以不同

B.数组元素之间在逻辑上和物理存储上都具有顺序性

C.数组元素用下标表达逻辑上和物理存储上的顺序关系

D.一个数组的所有元素在内存中是连续存储的

6.汉诺塔问题是使用________求解的一个典型问题。

A.枚举法　　B.递归法

C.迭代法　　D.排序法

7.以下不是逻辑中基本的推理方式的是________。

A.演绎　　B.归纳　　C.溯因　　D.推理

8.逻辑运算的表达方法有________。

A.或、非　　B.与、非　　C.与、或　　D.与、或、非

9.$A \wedge (\neg A)=0$，$A \vee (\neg A)=1$表示逻辑运算的________。

A.互补律　　B.交换律　　C.结合律　　D.吸收律

10.算法的表示方法有________。

A.自然语言　　B.图形化工具　　C.伪代码　　D.以上选项都是

第4章 文稿编辑软件 Word

视频

认识Word2016

Word 2016是Office 2016办公软件中的一个组件，是一款功能强大的文字处理软件。它可以实现中英文文字的录入、编辑、排版和灵活的图文混排，还可以制作各种表格，也可以方便地导入工作图表、图片、视频等，是办公软件中文档资料处理的首选软件。

通过本章的学习，读者应掌握Word文档的编辑方法、Word常用文档处理技术、Word长文档编辑与设置方法等内容。

视频

Word 2016的窗口组成

4.1 Word 2016 基础

4.1.1 Word 2016的窗口组成

启动Word 2016后，打开如图4-1所示的窗口。Word 2016的窗口主要由以下几部分组成：快速访问工具栏、标题栏、窗口控制按钮、“文件”菜单、选项卡、标尺、滚动条、文档编辑区、状态栏等。

图4-1 Word 2016 窗口

4.1.2　Word 2016“选项”设置

选择“文件”→“选项”命令，打开“Word选项”对话框，有“常规”“显示”“校对”“保存”“版式”“语言”“轻松访问”“高级”“自定义功能区”“快速访问工具栏”“加载项”“信任中心”等选项卡，如图4-2所示，可以根据需求进行对应的选项设置。

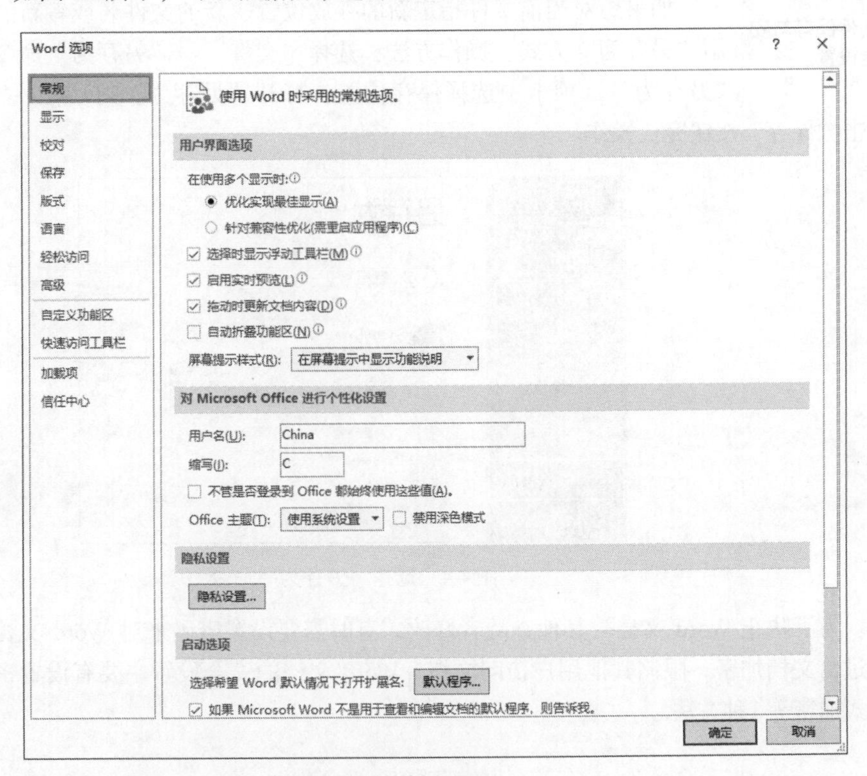

图4-2　“Word选项”对话框

4.1.3　Word 2016自定义“功能区”设置

Word 2016 的功能区可以根据用户的需求进行自定义设置，方法如下：

①选择“文件”→“选项”→“自定义功能区”选项卡。

②右击功能区空白处，在弹出的快捷菜单中选择“自定义功能区”命令，如图4-3所示。

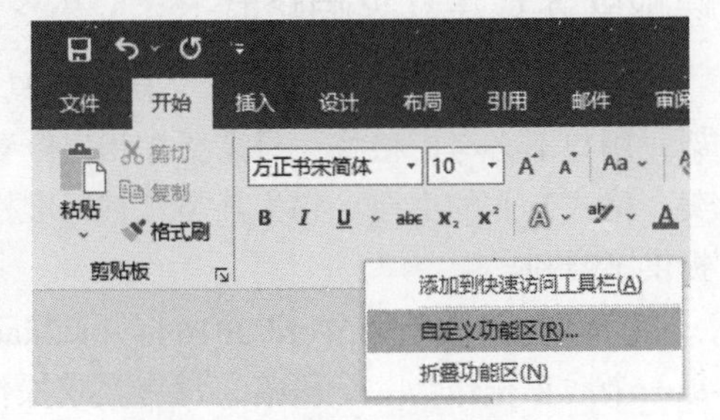

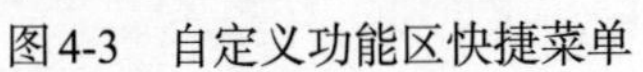
图4-3　自定义功能区快捷菜单

③在打开的“Word选项”对话框的“自定义功能区”选项卡中可以创建自己需要的功能区，并设置对应的组和命令选项。

4.1.4　文件保存与安全设置

在编辑文档过程中，为了避免意外造成的损失，不仅要在完成任务时保存文件，还要在操作过程中经常保存文件，养成随时保存文件的好习惯。

视频

文件保存与安全设置

对当前文件进行保存的方式有以下几种：

①单击快速访问工具栏中的“保存”按钮。

②选择“文件”→“保存”命令。

③按【Ctrl+S】组合键。

如果想对当前文件指定新的存放位置、新的文件名或者新的文件类型可以采用“另存为”方式。操作方法：选择“文件”→“另存为”命令（见图4-4），在“另存为”选项卡中选择保存位置，打开“另存为”对话框，输入保存文件名，单击“保存”按钮完成操作。

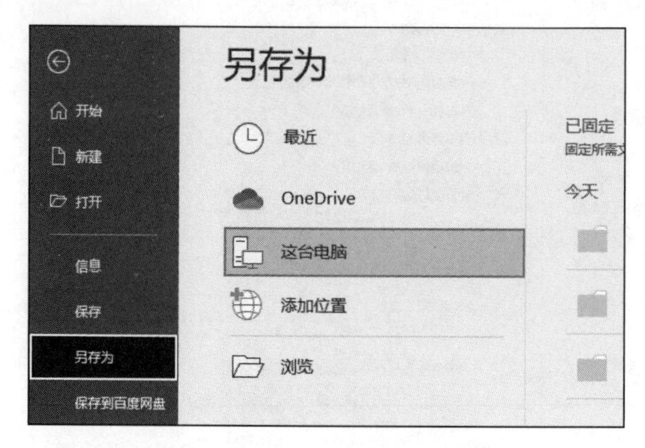

图4-4　选择“另存为”命令

为了防止 Word 文档被其他查阅者修改，有时需要设置密码来对 Word 文档进行保护，可以通过给文档加密，限制其他用户访问文档。Word 文档的安全设置主要有设置密码、内容加密和格式加密等3种方法。

4.2　Word 文稿输入

4.2.1　使用模板或样式建立文档格式

视频

使用模板或样式建立文档格式

所谓模板，就是一种特殊文档，它具有预先设置好的、最终文档的外观框架，用户不必考虑格式，只需要在相应位置输入文字，就可以快速创建出外观精美、格式专业的文档。它为某类具有标准格式、具体内容有所不同的文档的建立提供了便利。

【案例4-1】使用Word 2016打开C:\kaoshidoc，完成以下操作：（注：文本中每一个回车符作为一个段落，没有要求操作的项目请不要更改，如果没有doc目录请自行创建）

视频

案例4-1操作视频

使用Word 2016提供的“样本模板”，创建一个“基本简历”模板，将求职意向改为工作方向，并保存为24000104.docx文件。

【操作方法】

①打开Microsoft Word 2016，选择“文件”→“新建”命令，在搜索框中输入“基本简历”，单击“搜索”按钮，如图4-5所示。

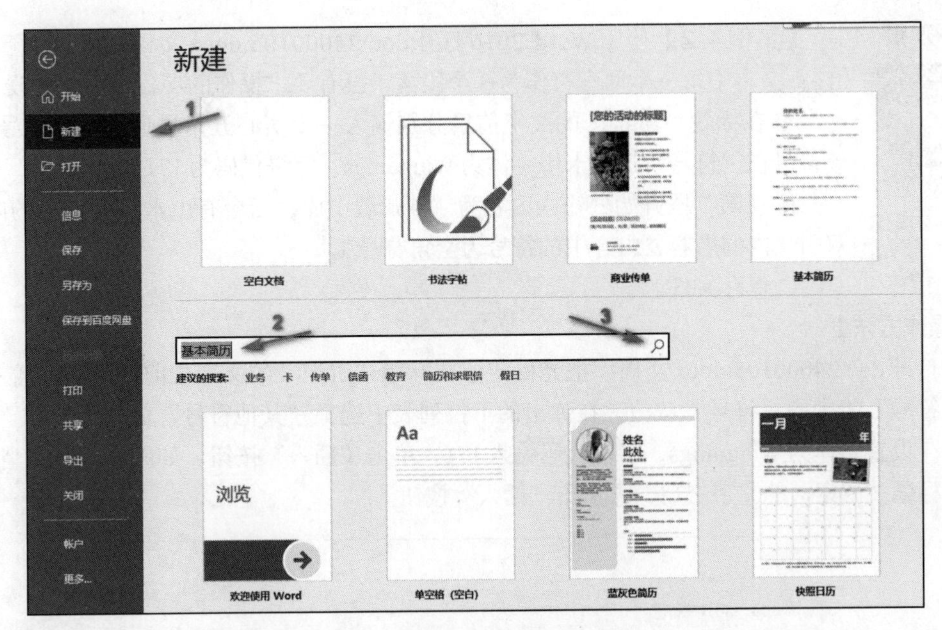

图4-5　搜索“基本简历”模板

②选择“基本简历”，在打开的对话框中单击“创建”按钮，如图4-6所示。

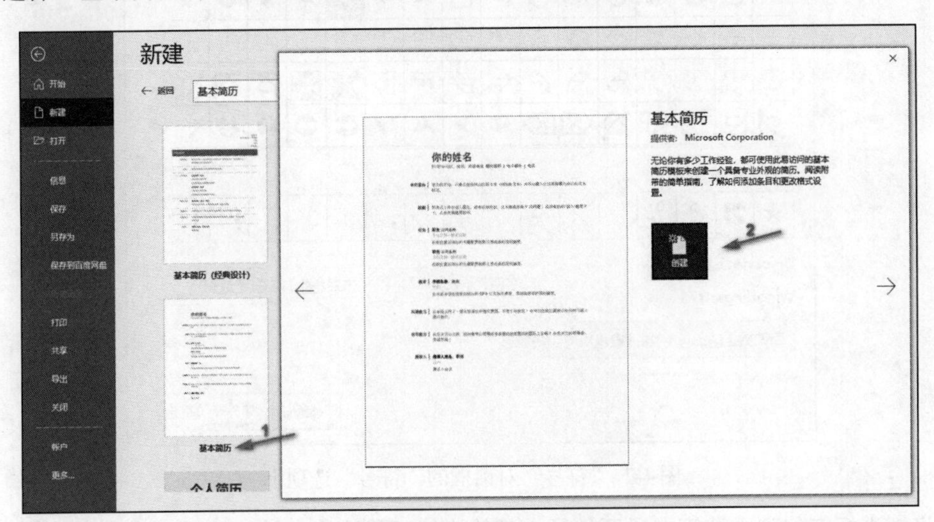

图4-6　创建“基本简历”

③在打开的文档中将求职意向改为“工作方向”，完成后保存文件，命名为24000104.docx。

4.2.2　输入特殊符号

在创建文档时，除了输入中文或英文外，还需要输入一些键盘上没有的特殊字符或图形符号，如数字符号、数字序号、单位符号和特殊符号、汉字的偏旁部首等。

用户可以单击“插入”选项卡“符号”组中的“符号”按钮，在弹出的下拉列表中选择“其他符号”，在打开的“符号”对话框的“符号”选项卡或“特殊字符”选项卡中选择输入特殊符号。

案例4-2操作视频

【案例4-2】使用Word 2016打开doc\24000105.docx文档，完成以下操作：（注：文本中每一个回车符作为一个段落，没有要求操作的项目请不要更改）

A.在标题“游记”的文字前后分别输入一个实心五角星形的特殊符号（注：该符号在“符号”选项卡中字体为Wingdings，字符代码为171）。

B.在第二段开始处输入内容为“神州载中原，云台有山水。”（输入的内容为双引号内的内容，内容中的符号为全角符号）。

C.保存文件。

【操作方法】

①打开doc\24000105.docx文档，把光标定位在标题“游记”的文字之前，单击“插入”选项卡“符号”组中的“符号”按钮，在弹出的下拉列表中选择“其他符号”命令，打开“符号”对话框，设置字体为Wingdings，字符代码输入171，单击“插入”按钮，如图4-7所示。将光标定位到标题“游记”的文字之后，再单击“插入”按钮。

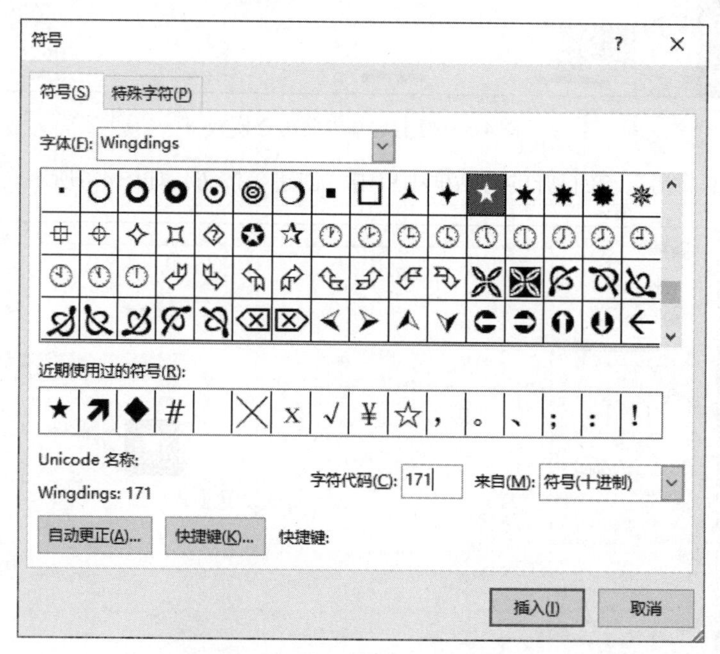

图4-7 “符号”对话框的“符号”选项卡

②将把光标定位到文档第二段开始处，把输入法切换成全角输入，输入内容“神州载中原，云台有山水。”

③保存文档。

4.2.3 输入项目符号和编号

输入项目符号和编号

Word 2016提供了项目符号和编号功能，可以使用“项目符号”和“编号”按钮去设置项目符号、编号和多级列表。在描述并列或有层次性的文档时需要用到项目符号和编号，它可以使文档的层次分明，更有条理性，便于人们阅读和理解。

【案例4-3】使用Word 2016打开doc\24000152.docx文档，完成以下操作：

A.选择文档后三段，插入项目符号，符号字体为Wingdings，字符代码为

117，红色字体，符号值为十进制。

B.保存文件。

案例4–3操作视频

【操作方法】

①打开 doc\24000152.docx 文档，选择文档的后三段，单击“开始”选项卡“段落”组中的“项目符号”下拉按钮，选择“定义新项目符号”命令（见图4-8），打开“定义新项目符号”对话框，如图4-9所示。

②单击“定义新项目符号”对话框中的“符号”按钮，打开“符号”对话框，设置字体为Wingdings，字符代码输入117，符号值来自“十进制”，单击“确定”按钮。回到“定义新项目符号”对话框，单击“字体”按钮，打开“字体”对话框，在“字体”选项中设置字体颜色为“红色”，单击“确定”按钮。

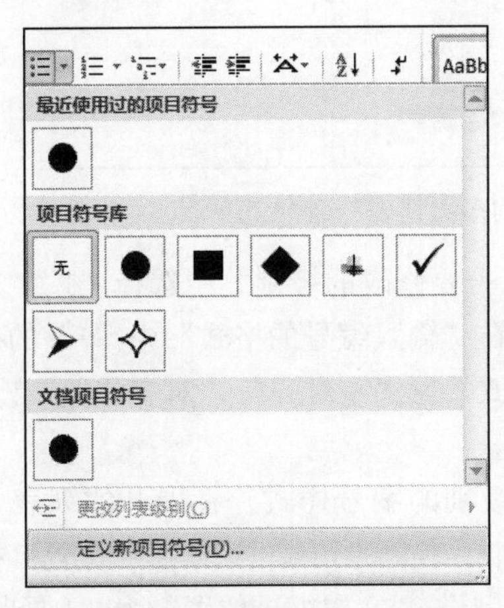

图4-8　“项目符号”下拉列表

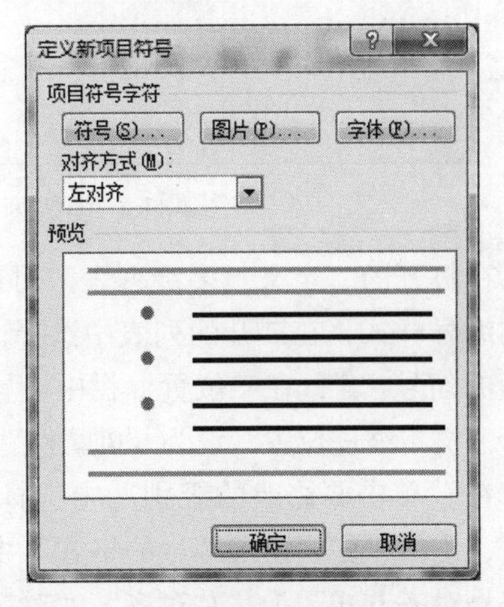

图4-9　“定义新项目符号”对话框

③打开“项目符号”下拉按钮，选择前面自定义的新项目符号，保存文档。

【案例4-4】使用Word 2016打开doc\24000106.docx文档，完成以下操作：（注：没有要求操作的项目请不要更改；使用【Tab】键可设置下级编号）

A.按图4-10设置项目符号和编号，一级编号位置为左对齐，对齐位置为0厘米，文字缩进位置为0厘米。

B.二级编号位置为左对齐，对齐位置为1厘米，文字缩进位置为1厘米。（注：编号含有半角句号符号）

C.保存文件。

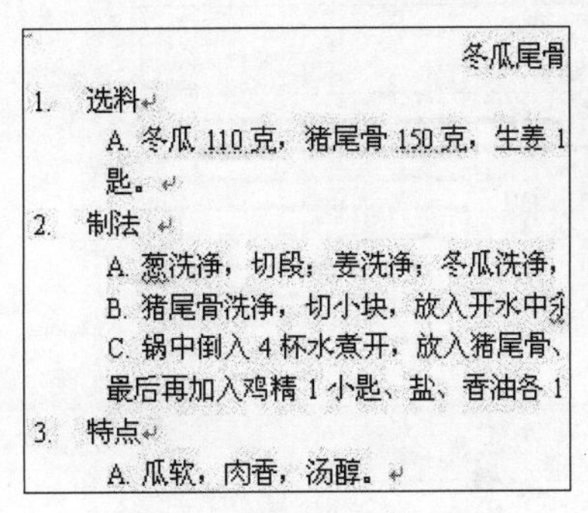

图4-10　案例4-4示意图

案例4–4操作视频

【操作方法】

①打开doc\24000106.docx文档，选择除标题以外的所有内容，单击“开始”选项卡“段落”组中的“多级列表”下拉按钮，在弹出的下拉列表中选择“定义新的多级列表”命令，如图4-11所示。

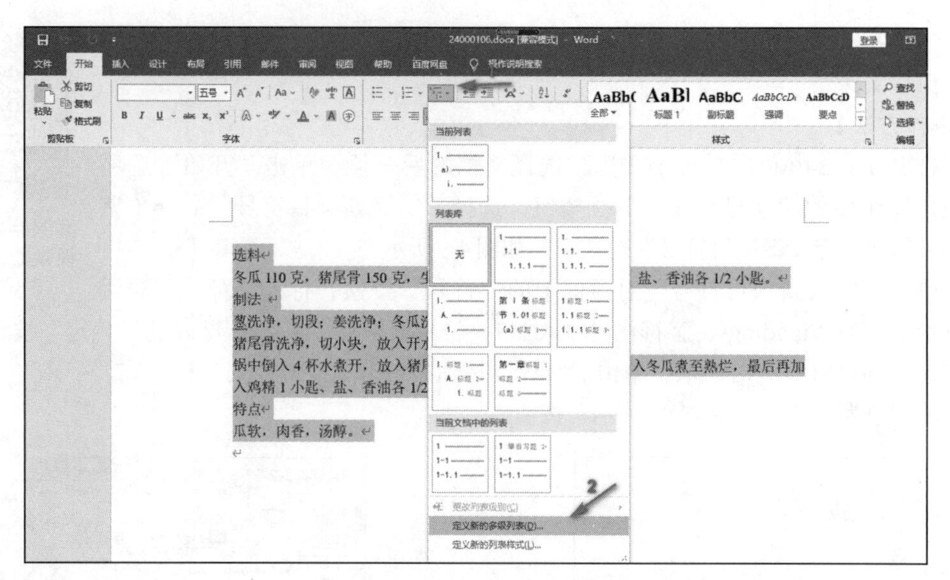

图4-11 “多级列表”中“定义新的多级列表”命令

②在打开的“定义新多级列表”对话框中，在“单击要修改的级别”中选择“1”，单击此级别的编号样式，在展开的列表中选择“1,2,3,…”，并在“输入编号的格式”中“1”的后面加上半角的句号“.”，在“位置”栏中设置“编号对齐方式”为“左对齐”，“对齐位置”设为“0厘米”，“文本缩进位置”设为“0厘米”，如图4-12所示。

③在“单击要修改的级别”中选择“2”，单击此级别的编号样式，在展开的列表中选择“A,B,C,…”，并在“输入编号的格式”中“A”的后面加上半角的句号“.”，在“位置”栏中设置“编号对齐方式”为“左对齐”，“对齐位置”为“1厘米”，“文本缩进位置”为“1厘米”，单击“确定”按钮，如图4-13所示。

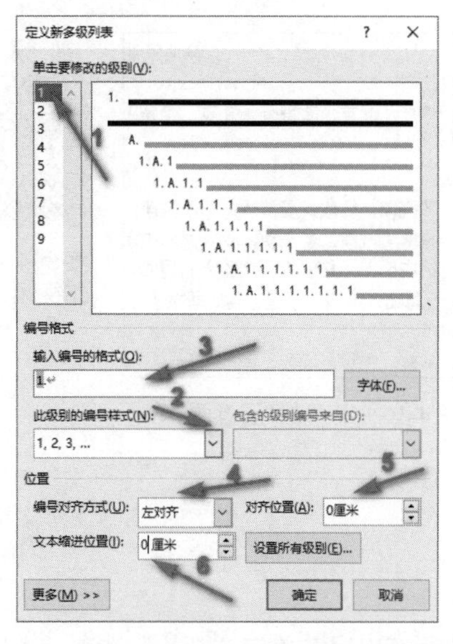

图4-12 “定义新多级列表”对话框1级标题

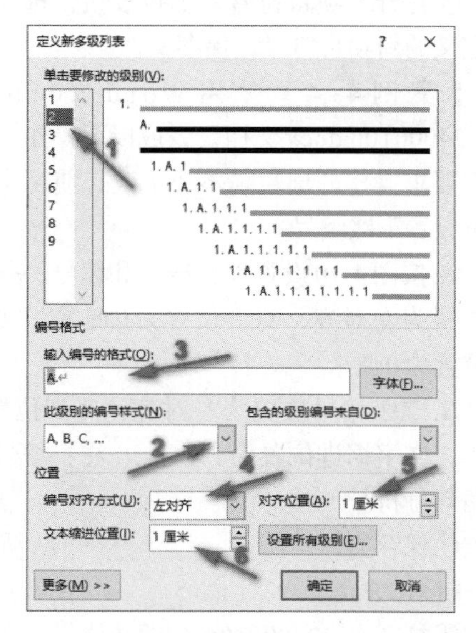

图4-13 “定义新多级列表”对话框2级标题

④选择所有需要插入2级标题的内容，按【Tab】键，将相应内容修改为2级标题，保存文档，完成效果如图4-14所示。

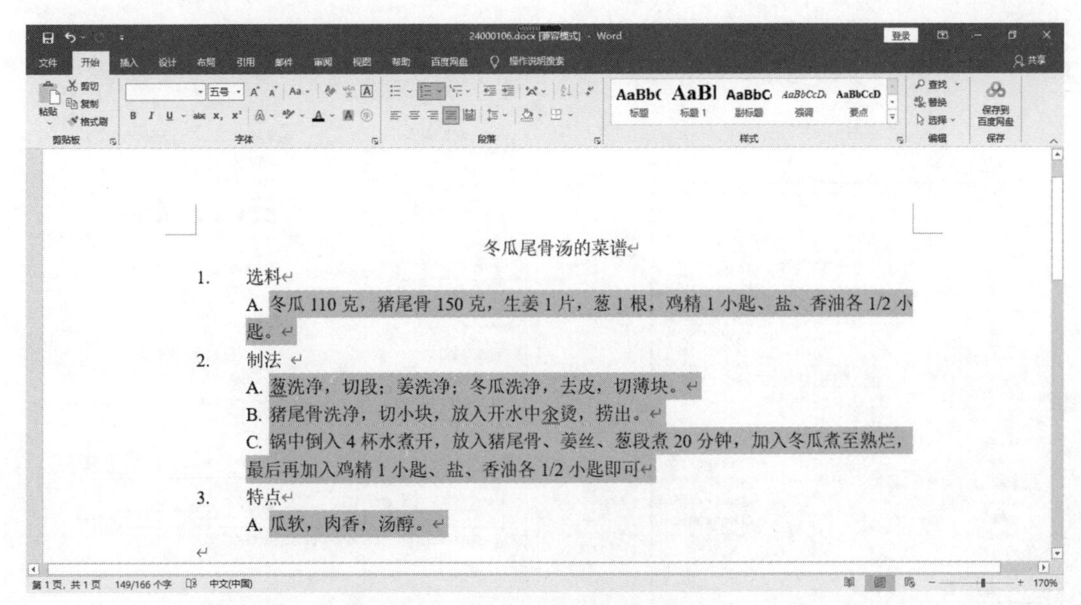

图4-14　文档内容处理后的效果图

4.3　文档编辑

4.3.1　查找与替换

视频

查找与替换

编辑好一篇文档后，往往要对其进行核校和订正，如果文档有错误，使用Word的查找或替换功能，可非常便捷地完成编辑工作。“查找”功能可以让人们在文稿中找到所需要的字符及其格式。“替换”功能不但可以替换字符，还可以替换字符的格式。在编辑文档时还可以用替换功能更换特殊符号。

【案例4-5】使用Word 2016打开doc\24000154.docx文档，完成以下操作：（注：文本中每一个回车符作为一个段落，没有要求操作的项目请不要更改）

视频

案例4–5操作视频

A.查找文档中所有的文字为“黄沙”的词组，将其格式全部替换成黑体、标准色橙色、三号字、加粗、倾斜。

B.保存文件。

【操作方法】

①打开doc\24000154.docx文档，单击“开始”选项卡“编辑”组中的“替换”按钮，即可打开“查找和替换”对话框，在“查找内容”文本框中输入“黄沙”，将光标移动到“替换为”文本框中，单击“格式”按钮，在弹出的列表中选择“字体”命令，如图4-15所示。

②在打开的“替换字体”对话框中设置“中文字体”为黑体，“字体颜色”为标准色橙色，“字号”为三号，“字形”为加粗倾斜，单击“确定”按钮，如图4-16所示。

③保存文件。

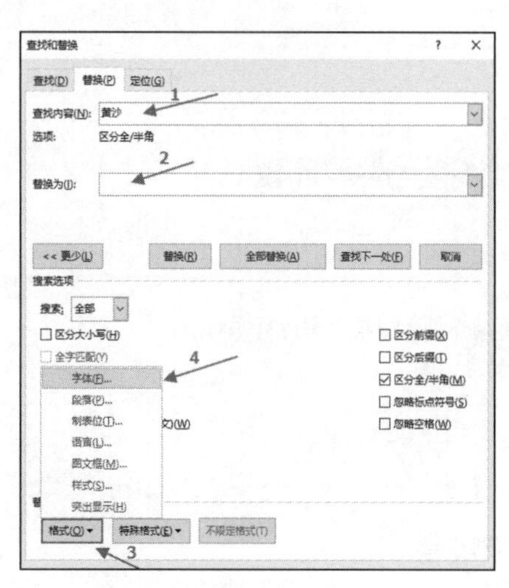

图4-15 “查找和替换”对话框

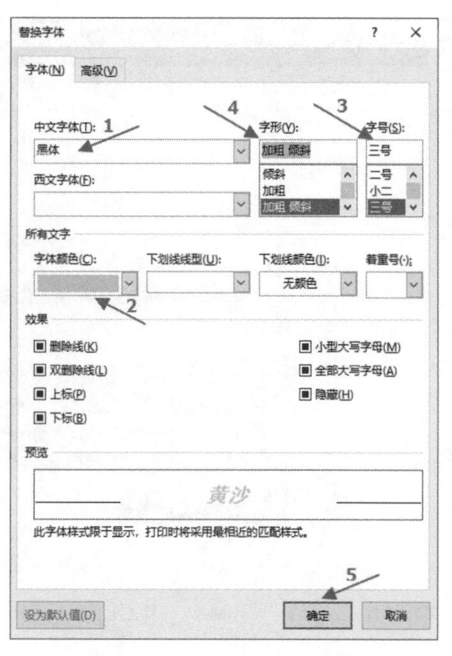

图4-16 “替换字体”对话框

4.3.2 分隔符

视 频

分隔符

在Word编辑中，经常要对正在编辑的文稿进行隔离处理，这时需要使用分隔符。常用的分隔符有3种：分页符、分栏符、分节符。

①分页符：将文档从插入分页符的位置强制分页。

②分节符：在一节中设置相对独立的格式而插入的标记。

③分栏符：一种将文字分栏排列的页面格式符号。

【案例4-6】使用Word 2016打开doc\24000158.docx文档，完成以下操作：

A. 在文档第三段前面插入一个分页符号。

视 频

案例4–6操作视频

B. 在文档最后一段前插入一个连续分节符。

C. 保存文件。

【操作方法】

①打开doc\24000158.docx文档，将光标定位到第三段前面，单击“布局”选项卡“页面设置”组中的“分隔符”下拉按钮，在弹出的下拉列表中选择“分页符”命令，如图4-17所示。

②同理，将光标定位到文档最后一段前面，单击“布局”选项卡“页面设置”组中的“分隔符”下拉按钮，在弹出的下拉列表的分节符中选择“连续”命令。

③保存文档内容。

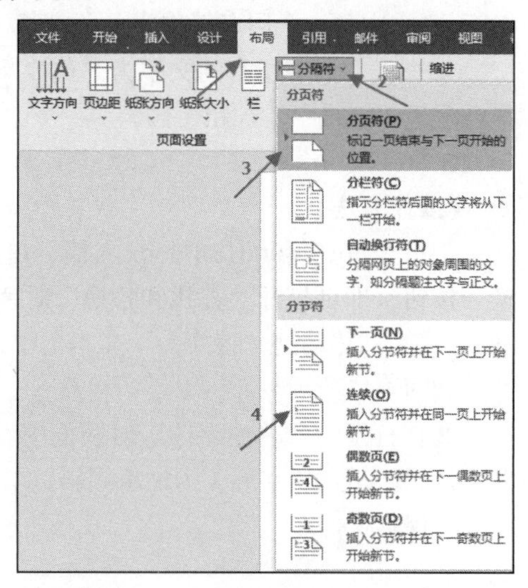

图4-17 选择“分页符”命令

4.3.3　分栏操作

“分栏”操作就是将文档分隔成几个相对独立的部分。利用Word的分栏功能，可以很轻松地实现类似报纸或刊物、公告栏、新闻栏等排版方式，既可美化页面，又可方便阅读。

【案例 4-7】使用Word 2016打开doc\24000156.docx文档，完成以下操作：

A.将文档第二、三、四段（第二段含文字“秋茂园位于苗票县……”）偏左分为2栏：第1栏宽度13字符、间距2字符，添加分隔线。

B.保存文件。

【操作方法】

①打开doc\24000156.docx文档，选择文档第二、三、四段，单击“布局”选项卡“页面设置”组中的“栏”下拉按钮，选择“更多栏”命令，打开“栏”对话框。

②在“栏”对话框中，设置“预设”为“偏左”，栏数为“2”，栏1宽度为“13字符”，间距为“2字符”，选中“分隔线”复选框，单击“确定”按钮，如图4-18所示。

③保存文档。

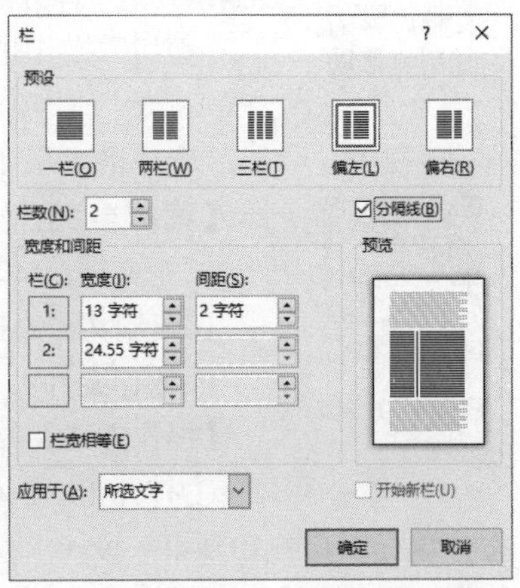

图4-18　“栏”对话框

4.3.4　首字下沉/悬挂操作

“首字下沉”或“首字悬挂”就是把段落第一个字符进行放大，以引起读者注意，并美化文档的版面样式。当用户希望强调某一段落或强调出现在段落开头的关键词时，可以采用首字下沉或悬挂设置。首字悬挂操作的结果是段落的第一个字与段落之间是悬空的，下面没有字符。此外，还可以对“下沉/悬挂”的字体格式进行设置。

【案例 4-8】使用Word 2016打开doc\24000157.docx文档，完成以下操作：

A.将文档第二段设置为首字悬挂，下沉3行，字体为隶书，距正文0.5厘米。

B.第三段设置首字下沉，下沉2行，字体为黑体、加粗、倾斜、标准色红色。

C.保存文件。

【操作方法】

①打开doc\24000157.docx文档，选择第二段内容，单击“插入”选项卡“文本”组中的“首字下沉”下拉按钮，选择“首字下沉选项”命令，打开“首字下沉”对话框，“位置”选择“悬挂”，“选项”中设置字体为“隶书”，下沉行数为“3”行，距正文为0.5厘米，单击“确定”按钮，如图4-19所示。

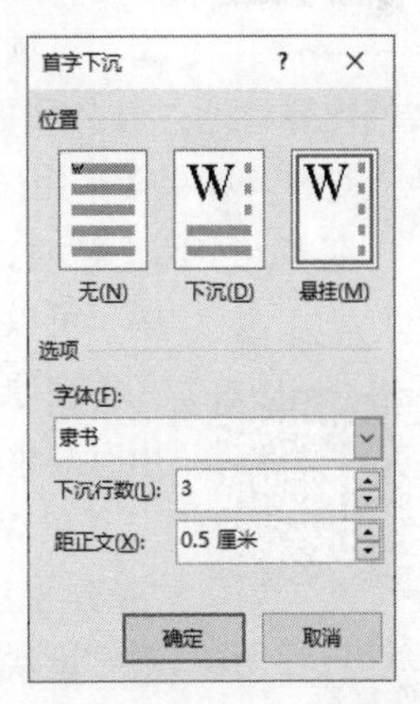

图4-19　“首字下沉”对话框

②选择第三段内容，单击“插入”选项卡“文本”组中的“首字下沉”下拉按钮，选择“首字下沉选项”命令，打开“首字下沉”对话

框，“位置”选择“下沉”，“选项”中设置字体为“黑体”，下沉行数为“2”行，单击“确定”按钮。单击“开始”选项卡“字体”组中的“加粗”“倾斜”按钮，单击“字体颜色”下拉按钮，选择标准色“红色”。

③保存文档。

视 频

文档内容的复制和移动

4.3.5 文档内容的复制和移动

“复制”“剪切”“粘贴”操作是Word中最常见的文本操作。

“复制”操作是在原有文本保持不变的基础上，将所选中文本放入剪贴板。复制操作有3种方法：使用菜单或工具、使用格式刷和使用样式。

“剪切”操作是在删除原有文本的基础上将所选中文本放入剪贴板。

“开始”选项卡的“剪贴板”组中的“粘贴”按钮，提供了“保留源格式”“合并格式”“图片”“只保留文本”4种粘贴选项。

视 频

案例4–9操作视频

【案例4-9】使用Word 2016打开doc\24000155.docx文档，完成以下操作：

A. 把文档第一段移动成为文档的第二段。

B. 复制文档第三段，只保留文本粘贴到第五段（空行）上。

C. 保存文件。

【操作方法】

①打开doc\24000155.docx文档，选择第一段全部内容，按住鼠标左键拖动到第三段（“看完日出……”）之前，松开鼠标左键，则把第一段移动成了文本第二段。

②选取第三段全部内容，右击，在弹出的快捷菜单中选择“复制”命令，将光标定位到第五段（空行）开始处，右击，在“粘贴选项”中选择“只保留文本”命令（见图4-20），保存文档。

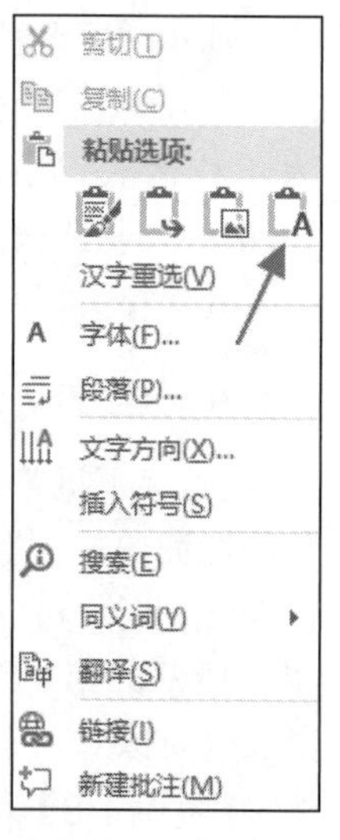

图4-20 “粘贴选项”命令

视 频

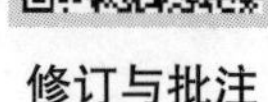

修订与批注

4.3.6 修订与批注

当用户在修订状态下修改文档时，文字处理软件将跟踪文档中所有内容的变化情况，同时会把用户在当前文档中修改、删除、插入的每一项内容标记下来。

在Word 2016中，开启文档的修订状态是通过单击“审阅”选项卡“修订”组中的“修订”按钮来实现的。用户在修订状态下直接插入的文档内容将通过颜色和下画线标记出来，删除的内容也会在右侧的页边空白处显示出来，方便其他人查看。如果多个用户对同一文档进行修订，文档将通过不同的颜色区分不同用户的修订内容。

在多人审阅文档时，如果需要对文档内容的变更情况进行解释说明，或者向文档作者询问问题，可以在文档中插入“批注”信息。“批注”与“修订”的不同之处在于，“批注”并不在原文的基础上进行修改，而是在文档页面的空白处添加相关的注释信息，并用有颜色的方框括起来。“批注”除了文本外，还可以是音频、视频信息。

视 频

案例4–10操作视频

在Word 2016中，添加批注信息是通过单击“审阅”选项卡“批注”组中的“新建批注”按钮，然后直接输入批注信息来完成的。若要删除批注信息，可以在右键快捷菜单中选择“删除批注”命令。

【案例4-10】使用Word 2016打开doc\24000159.docx文档，完成以下操作：

A. 打开修订功能，将文档第一段落的文字“圣积晚钟”使用简转繁工具设置为繁体字，将第六段中内容为“嘉靖”的文字设置字体格式为黑体、三号字，关闭修订功能。

B. 保存文件。

【操作方法】

①打开 doc\24000159.docx 文档，选择标题中的“圣积晚钟”，单击“审阅”选项卡“修订”组中的“修订”按钮，打开修订功能，然后单击“中文简繁转换”组中的“简转繁”按钮，如图4-21所示。

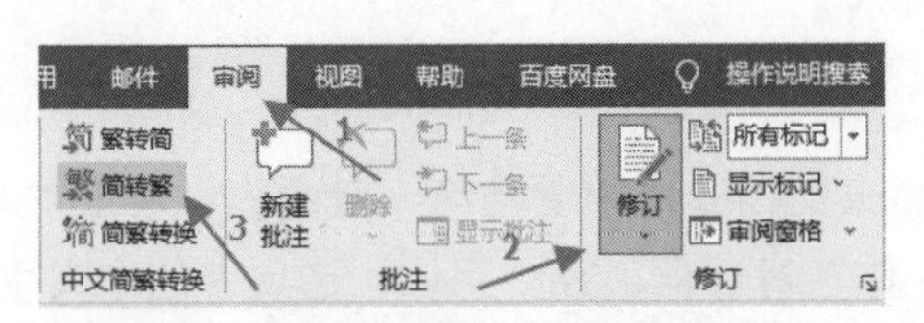

图4-21　“审阅”选项卡中的“修订”组

②选择第六段中的“嘉靖”二字，单击“开始”选项卡“字体”组中的“字体”下拉按钮，在字体列表中选择“黑体”，单击“字体”组中的“字号”下拉按钮，在字号列表选择“三号”，单击“审阅”选项卡“修订”组中的“修订”按钮，关闭修订功能。

③保存文档内容。

视 频

案例4-11操作视频

【案例4-11】使用Word 2016打开doc\24000113.docx文档，完成以下操作：

A. 选定第四段（含文字“象眼岩”）并插入批注，批注内容为所选文本中的字符数（例如文本的字符数为500，批注内只需填500）。

B. 保存文件。

【操作方法】

①打开 doc\24000113.docx 文档，光标选定文档第四段内容，单击“审阅”选项卡“校对”组中的“字数统计”按钮，打开“字数统计”对话框，查看对话框中的“字符数”为“73”，单击“关闭”按钮。

②单击“审阅”选项卡“批注”组中的“新建批注”按钮（见图4-22），第四段出现批注标框，在批注框中输入之前查看到的字符数73。

③保存文档内容。

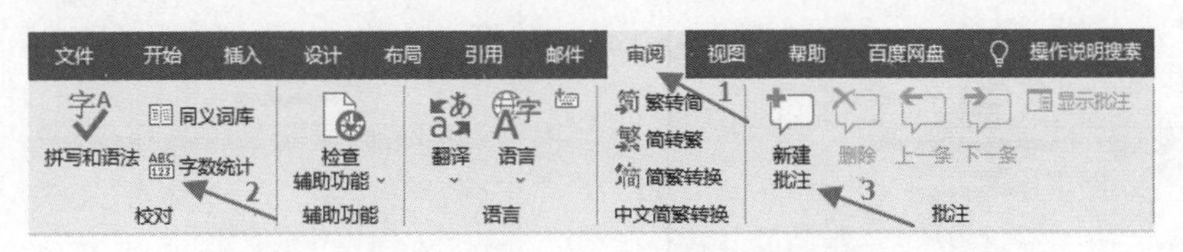

图4-22　“审阅”选项卡中的“校对”和“批注”组

4.4　文档格式化

视 频

字符格式化

4.4.1　字符格式化

输入文稿后，需要根据文稿使用场合和行文要求等，对文稿中的字符进行字体、字号、字形或其他特殊要求的字符设置，包括设置颜色等。字符格式化设置

视频

案例4-12操作视频

是通过“开始”选项卡“字体”组中的按钮或“字体”对话框进行操作设置的。

【案例4-12】使用Word 2016打开doc\24000160.docx文档，完成以下操作：

A.设置第一段文档的字体格式。字体设为隶书，字形设为加粗、倾斜，字号设为小一，字体颜色设为标准色蓝色、标准色绿色双波浪下画线，效果设为小型大写字母、加着重号。

B.设置第二段文档的文字字符缩放150%，字符间距加宽、3磅，字符位置降低5磅。

C.保存文件。

【操作方法】

①打开doc\24000160.docx文档，选中文档第一段内容，单击“开始”选项卡“字体”组右下角的扩展按钮，打开“字体”对话框，在“字体”选项卡的中文字体中选择“隶书”，字形设为“加粗倾斜”，字号设为“小一”，字体颜色设为标准色“蓝色”，下画线线型设为“双波浪线”，下画线颜色设为标准色“绿色”，设置着重号，效果中勾选“小型大写字母”，单击“确定”按钮，如图4-23所示。

②选中文档第二段内容，单击“字体”对话框的“高级”选项卡，设置字符间距缩放为“150%”，间距为“加宽”，磅值为“3”，位置为“下降”，磅值为“5”，单击“确定”按钮，如图4-24所示。

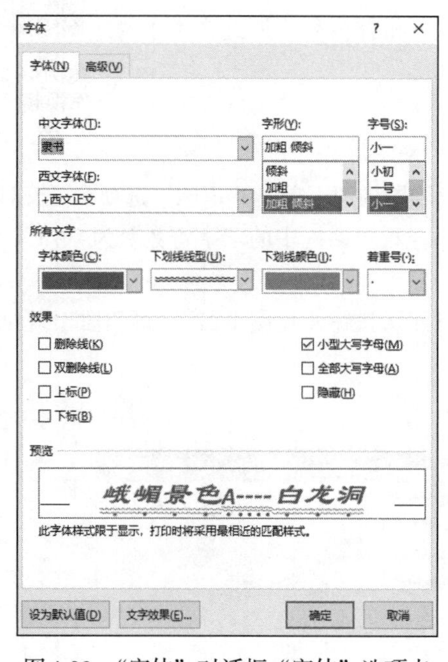

图4-23 “字体”对话框“字体”选项卡

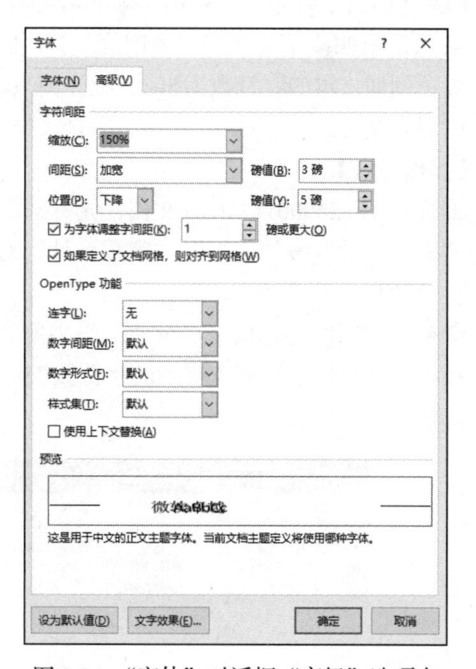

图4-24 “字体”对话框“高级”选项卡

视频

段落格式化

③保存文件。

4.4.2 段落格式化

文稿中的段落编辑在文稿编辑中占有较重要的地位，因为文稿是以页面的形式展示给读者阅读的，段落设置得好坏，对整个页面的设计有较大的影响。段落格式化包括对齐、缩进、行间距和段落间距。段落格式化是通过“开始”选项卡

“段落”组中的按钮或“段落”对话框进行设置的。

视 频

案例4-13操作视频

【案例4-13】使用Word 2016打开doc\24000161.docx文档，完成以下操作：

A.设置第一段文档（含文字“广州长隆乐园”）的段落格式为分散对齐。

B.设置第二段左右侧缩进均为0.7厘米。

C.设置第三段段前间距30磅，3倍行距。

D.设置从第四段开始往后的所有文档格式为首行缩进3字符。

E.保存文件。

【操作方法】

①打开doc\24000161.docx文档，选中文档第一段内容，单击“开始”选项卡“段落”组中的“分散对齐”按钮，如图4-25所示。

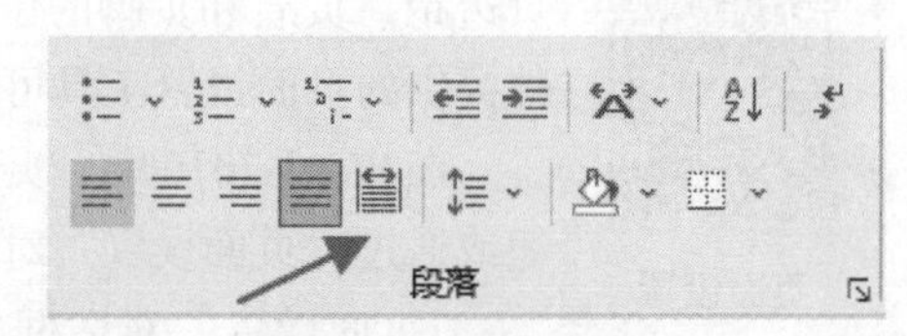

图4-25　“段落”组中的“分散对齐”按钮

②选中文档第二段内容，单击“开始”选项卡“段落”组右下角的扩展按钮，打开“段落”对话框，在“缩进和间距”选项卡的“缩进”中删除左侧和右侧的“0字符”，均输入“0.7厘米”，单击“确定”按钮，如图4-26所示。

③选中文档第三段内容，单击“开始”选项卡的“段落”组右下角的扩展按钮，打开“段落”对话框，在“缩进和间距”选项卡的“间距”中删除段前“0行”，并输入“30磅”，单击“行距”下拉按钮，在弹出的列表中选择“多倍行距”，设置值为“3”，单击“确定”按钮，如图4-27所示。

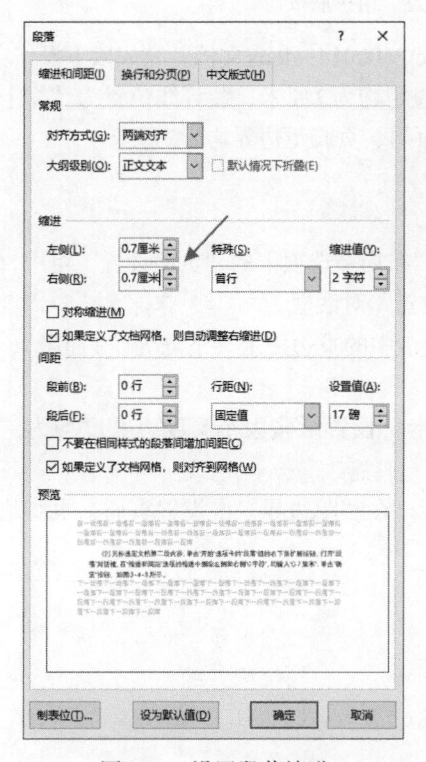

图4-26　设置段落缩进

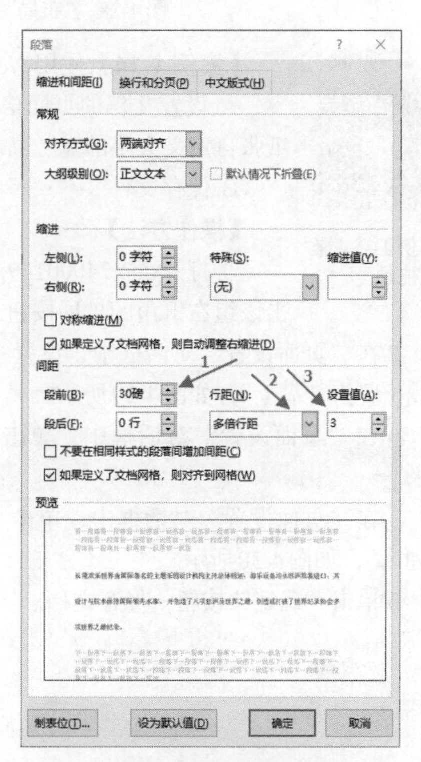

图4-27　设置段落间距

④选中第四段开始往后的段落，单击“开始”选项卡“段落”组右下角的扩展按钮，打开“段落”对话框，在“缩进和间距”选项卡“缩进”中单击“特殊”下拉按钮，在弹出的下拉列表中选择“首行”，缩进值为“3字符”，单击“确定”按钮。

⑤保存文件。

4.4.3 页面设置

视频

页面设置

页面设置决定了文档的打印结果。通常包括：打印用纸的大小及打印方向、页边距、页眉和页脚的位置、每页容纳的行数和每行容纳的字数等。文字处理软件提供的页面设置工具可以帮助用户轻松完成。

在Word 2016中，页面设置通过“布局”选项卡“页面设置”组中的相应按钮或通过“页面设置”对话框来实现。

“页面设置”对话框可以通过单击“布局”选项卡“页面设置”组中右下角的扩展按钮打开，如图4-28所示。

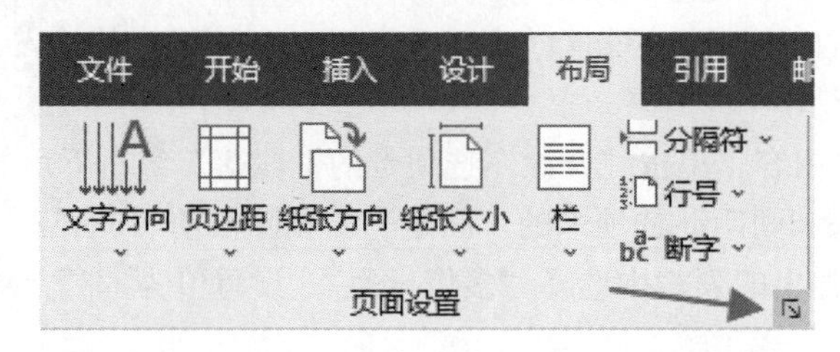

图4-28 “布局”选项卡“页面设置”组扩展按钮

视频

案例4-14操作视频

【案例4-14】使用Word 2016打开doc\24000149.docx文档，完成以下操作：

A.设置文档的页面格式：上、下页边距均为3厘米，装订线位置为“靠上”；纸张自定义大小的宽、高均为20厘米；页眉、页脚距边界均为2厘米。

B.保存文件。

【操作方法】

①打开doc\24000149.docx文档，在“布局”选项卡的“页面设置”组中，单击该组右下角的扩展按钮，打开“页面设置”对话框。

②在“页面设置”对话框中，设置“页边距”选项卡中的页边距上、下均为“3厘米”，装订线位置为“靠上”，如图4-29所示。

③在“页面设置”对话框中，单击“纸张”选项卡，设置纸张大小高度、宽度均为“20厘米”。

④在“页面设置”对话框中，单击“布局”选项卡，在“距边界”中设置页眉、页脚均为“2厘米”，如图4-30所示。

⑤单击“确定”按钮，保存文档。

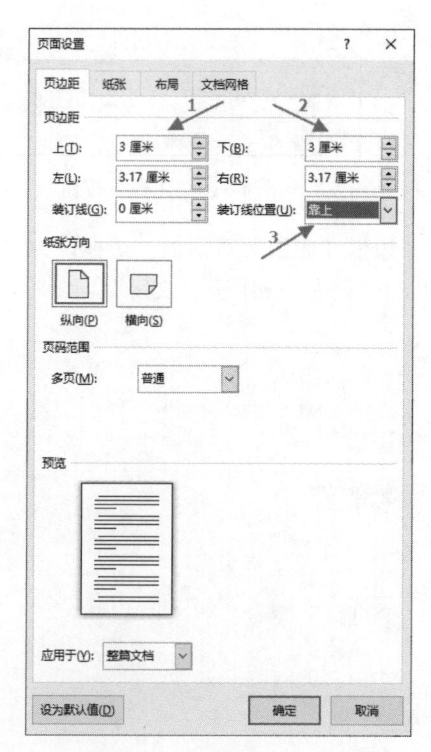

图4-29　“页边距”选项卡

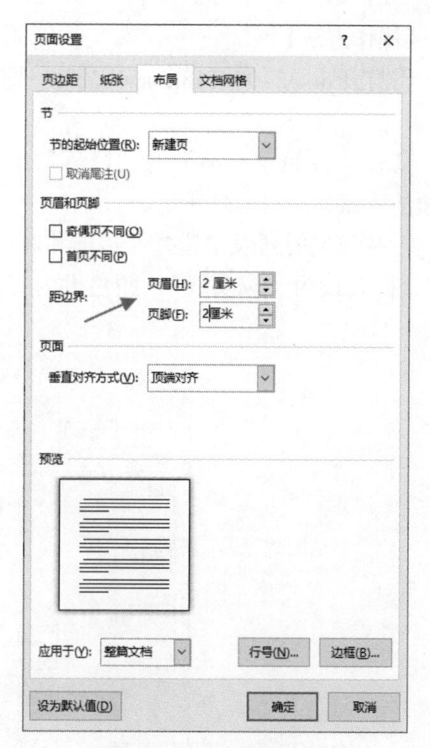

图4-30　“布局”选项卡

4.4.4　底纹与边框设置

给段落添加边框和底纹，可以起到强调和美观的作用。文字处理软件提供了添加边框和底纹的功能。

视　频

边框和底纹

在 Word 2016 中，简单地添加边框和底纹，可以单击“开始”选项卡“段落”组中的“底纹”和“框线”按钮，较复杂的则通过“边框和底纹”对话框来完成。选定段落，单击“开始”选项卡“段落”组下框线 的下拉按钮，在下拉列表中选择“边框和底纹”命令，打开“边框和底纹”对话框，其中有“边框”“页面边框”“底纹”3个选项卡。

①“边框”：用于对选定的段落或文字加边框。可以选择边框的类别、线型、颜色和线条宽度等。如果需要对某些边设置边框线，如只对段落的上、下边框设置边框线，可以单击预览窗口正文的左、右边框按钮将左、右边框线去掉。

②“页面边框”：用于对页面或整个文档加边框。它的设置与“边框”选项卡类似，但增加了“艺术型”下拉列表框。

③“底纹”：用于对选定的段落或文字加底纹。

注意：在设置段落的边框和底纹时，要在“应用于”下拉列表框中选择“段落”，设置文字的边框和底纹时，要在“应用于”下拉列表框中选择“文字”。

视　频

案例4-15操作视频

【案例4-15】使用Word 2016打开doc\24000118.docx文档，完成以下操作：

A.为文档第一段标题“黄山”设置边框和底纹，设置边框宽度为1.5磅、标准色绿色的双实线方框，应用于文字；底纹填充为标准色绿色，应用于文字。

B.保存文件。

【操作方法】

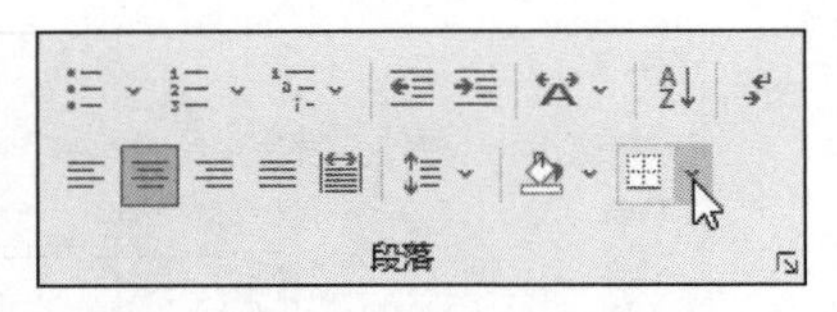

图4-31 “边框”按钮

①打开doc\24000118.docx文档，选择文档第一段标题“黄山”。

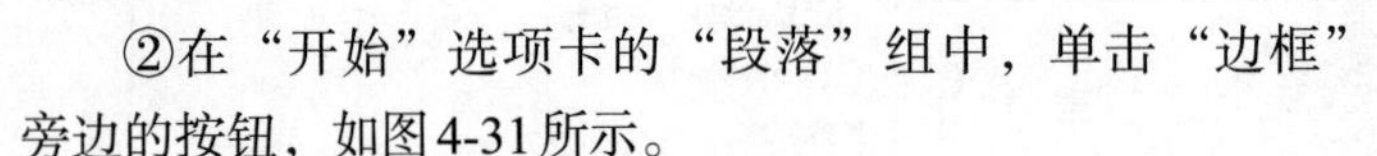

②在“开始”选项卡的“段落”组中，单击“边框”旁边的按钮，如图4-31所示。

③在弹出的列表中选择“边框和底纹”命令，打开“边框和底纹”对话框。边框设为“方框”，样式设为“双实线”，颜色设为“绿色”，宽度为“1.5磅”，应用于“文字”，如图4-32所示。

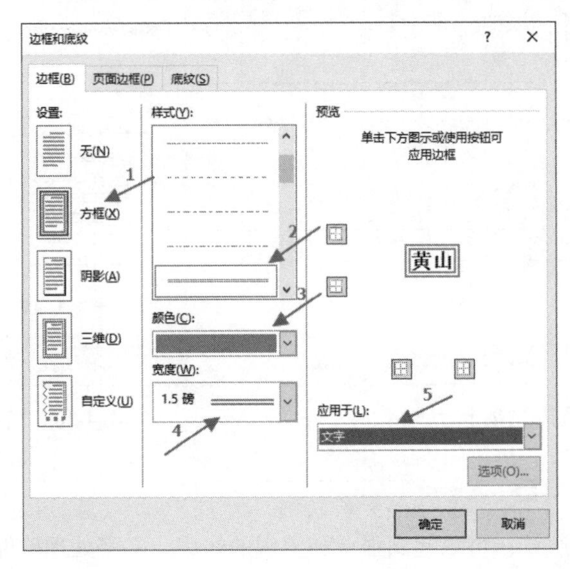

图4-32 “边框”选项卡

④选择“底纹”选项卡，单击“填充”下拉按钮，在颜色列表中选择“绿色”，应用于“文字”，如图4-33所示。

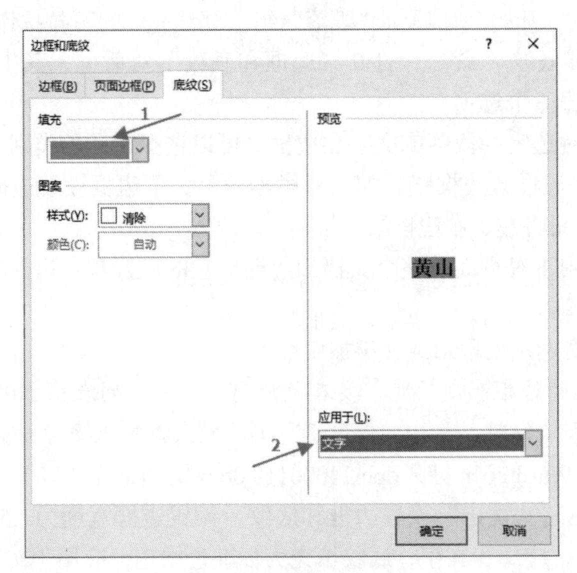

图4-33 “底纹”选项卡

⑤单击“确定”按钮，并保存文档。

视 频

案例4-16操作视频

【案例4-16】使用Word 2016打开doc\24000164.docx文档，完成以下操作：

A.为文档第二段（内容含“西汉南越王博物馆耸立于……”）设置边框为1.5磅、标准浅蓝色、双实线边框，底纹为自定义颜色（红色255，绿色255，蓝色153）。边框和底纹应用于段落。

B.保存文件。

【操作方法】

①打开doc\24000164.docx文档，选择文档第二段“西汉南越王博物馆耸立于……”。

②在“开始”选项卡的“段落”组中，单击“边框”下拉按钮（见图4-31）。

③在下拉列表中选择“边框和底纹”命令，打开“边框和底纹”对话框。边框设为“方框”，样式设为“双实线”，颜色设为“浅蓝色”，宽度设为“1.5磅”，应用于“段落”，如图4-34所示。

④选择“底纹”选项卡，单击“填充”框，在颜色列表中选择“其他颜色”，在打开的“颜色”对话框中选择“自定义”选项卡，在“红色”框中输入255，在“绿色”框中输入255，在“蓝色”框中输入153，如图4-35所示。

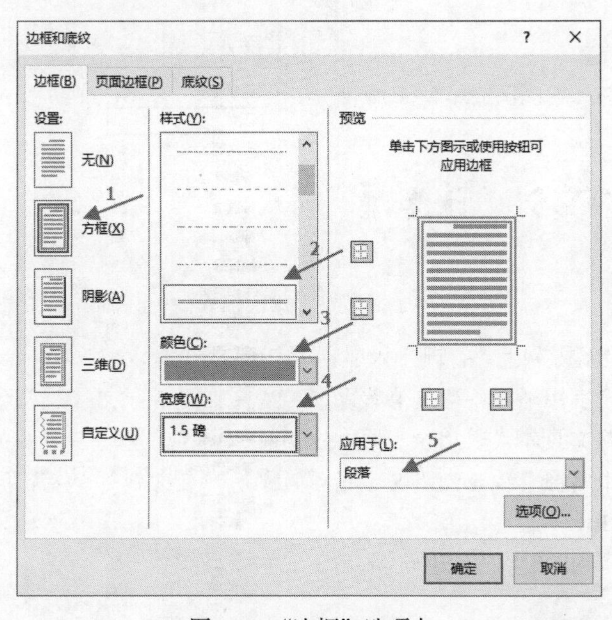

图4-34　“边框”选项卡

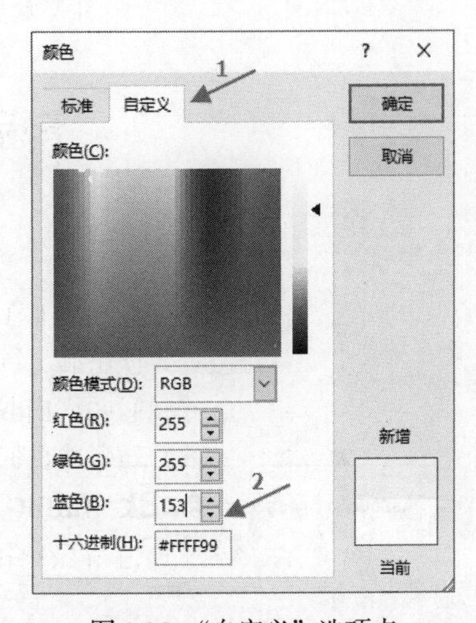

图4-35　“自定义”选项卡

⑤单击“确定”按钮回到“边框和底纹”对话框，选择应用于“段落”。

⑥单击“确定”按钮，并保存文档。

4.4.5　应用样式

样式是一组命名的字符和段落排版格式的组合。例如，一篇文档有各级标题、正文、页眉和页脚等，它们分别有各自的字符格式和段落格式，并各以其样式名存储以便使用。

视 频

应用样式

使用样式有两个好处：

① 可以轻松快捷地编排具有统一格式的段落，使文档格式严格保持一致，而

且，样式便于修改，如果文档中多个段落使用了同一样式，只要修改样式，就可以修改文档中带有此样式的所有段落。

② 样式有助于长文档构造大纲和创建目录。

文字处理软件不仅预定义了很多标准样式，还允许用户根据自己的需要修改标准样式或自己新建样式。

视 频

案例4–17操作视频

样式的应用和设置在“开始”选项卡的“样式”组进行。

【案例4-17】 使用Word 2016打开doc\24000162.docx文档，完成以下操作：

A. 建立一个名称为白云山的新样式。新建的样式类型段落，样式基于正文，其格式为：标准色浅蓝色、华文楷体、二号字体、加粗，字符间距加宽2磅；对齐方式居中，1.5倍行距。

B. 将该样式应用到文档第一段。

C. 保存文档。

【操作方法】

①打开doc\24000162.docx文档，选中文档第一段，单击“开始”选项卡“样式”组右下角的扩展按钮，如图4-36所示；在弹出的“样式”窗格中单击“新建样式”按钮，如图4-37所示。

图4-36 “样式”组扩展按钮

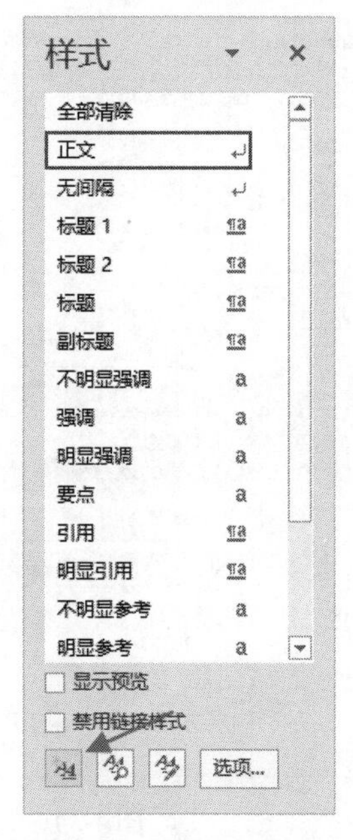

图4-37 “样式”窗格

②在打开的“根据格式化创建新样式”对话框中设置属性：名称输入“白云山”，样式类型为“段落”，样式基准为“正文”，在该对话框中单击“格式”按钮，在展开的列表中选择“字体”，如图4-38所示。

③在打开的“字体”对话框的“字体”选项卡中设置：中文字体为“华文楷体”，字号为“二号”，字形为“加粗”，颜色为标准色“浅蓝色”。切换到“字体”对话框的“高级”选项卡，在字符间距中设置间距为“加宽”，磅值为“2磅”。单击“确定”按钮，返回到“根据格式化创建新样式”对话框。

④再次单击“格式”按钮，在弹出的列表中选择“段落”，打开“段落”对话框，在该对话

框的“缩进和间距”选项卡中设置：对齐方式为“居中”，行距为“1.5倍行距”，单击“确定”按钮返回到“根据格式化创建新样式”对话框，再次单击“确定”按钮。

⑤保存文件。

图4-38　“根据格式化创建新样式”对话框

4.4.6　邮件合并应用

视 频

邮件合并应用

在实际工作中，经常要处理大量日常报表和信件，如打印信封、工资条、成绩单、录取通知书，发送信函、邀请函给客户和合作伙伴等。这些报表和信件的主要内容基本相同，只是数据有变化，为了减少重复工作，提高效率，可以使用Word 2016提供的邮件合并功能。

邮件合并就是将两个相关文件的内容合并在一起，用于解决批量分发文件或邮寄相似内容信件时的大量重复性问题。邮件合并是在两个电子文档之间进行的：一个是“主文档”，包括报表或信件共有的文字和图形内容；另一个是数据源，包括需要变化的信息，多为通信资料，以表格形式存储，一行（又称一条记录）为一个完整的信息，一列对应一个信息类别即数据域（如姓名、地址等），第一行为域名记录。在“数据源”文档中只允许包含一个表格，表格的第一行必须用于存放标题，可以在合并文档时仅使用表格的部分数据域，但不允许包含表格之外的其他任何文字和对象。

【案例4-18】使用Word 2016打开doc\24000181.docx作为主文档，完成以下操作：（注：文本中每一个回车符作为一个段落，没有要求操作的项目不要更改，下面操作的文档均保存在c:\winks目录下）

视 频

案例4-18操作视频

A.24000181.xlsx有一表格，利用该表格作为数据源进行邮件合并。

B.主文档采用信封类型，信封尺寸为“普通1（102 mm × 165 mm）”，打印选项选择默认信封处理方法（左起第5种方式）；参照24000181.jpg文件中的图例上半部分把电子表格（数据源）中域的内容插入到主文档相应位置，发件人内容设置段落格式为向右对齐，收件人内容设置段落格式为左对齐，保存主文档24000181.docx（注：文档中的标点符号必须为全角标点符号，使用【Tab】键调整文字对齐位置）。

C.最后合并全部记录并保存为新文档24000181_a.docx，合并后的新文档如图4-39下半部分所示。

【操作方法】

①打开doc\24000181.docx文档，单击“邮件”选项卡“开始邮件合并”组中的“开始邮件合并”按钮，在弹出的下拉列表中选择“信封”命令（见图4-40），打开“信封选项”对话框，在“信封选项”选项卡中设置信封尺寸为“普通1（102×165毫米）”，“打印选项”选项卡中设置送纸方式为默认信封处理方法（左起第5种方式），单击“确定”按钮。

②在文档的信封内容编辑区域中，参照图片24000181.jpg，编辑信封内容如图4-41所示。

③单击“邮件”选项卡“开始邮件合并”组中的“选择收件人”按钮，在弹出的下拉列表中选择“使用现有列表”命令打开“选取数据源”对话框，在左边的目录管理界面浏览选择到doc目录下，选择24000181.xlsx文件，单击“打开”按钮，打开“选择表格”对话框，选择Sheet1，单击“确定”按钮。

④将光标定位到信封需要插入合并域的位置，单击“邮件”选项卡“编写和插入域”组中的“插入合并域”按钮（见图4-42），选择相应的合并域插入主文档中，保存主文档为24000181.docx，完成效果如24000181.jpg文件中的图例上半部分。

⑤单击“邮件”选项卡“完成”组中的“完成并合并”按钮，在弹出的下拉列表中选择“编辑单个文档”命令，打开“合并到新文档”对话框，选择合并记录为“全部”，单击“确定”按钮，生成“信封1”文档，把该文档另存为到doc目录下，命名为24000181_a.docx。

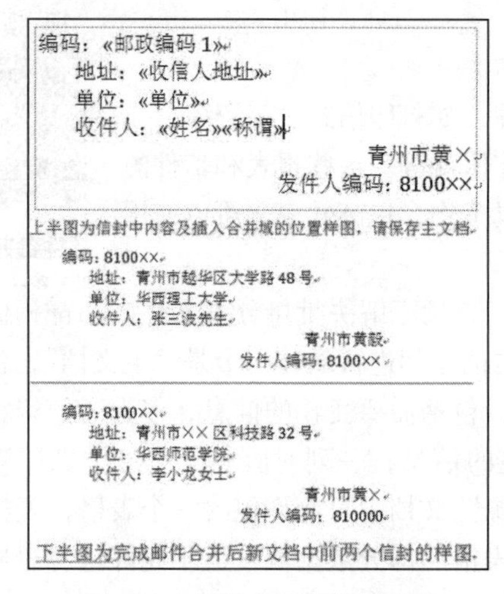

图4-39　邮件合并案例示意图

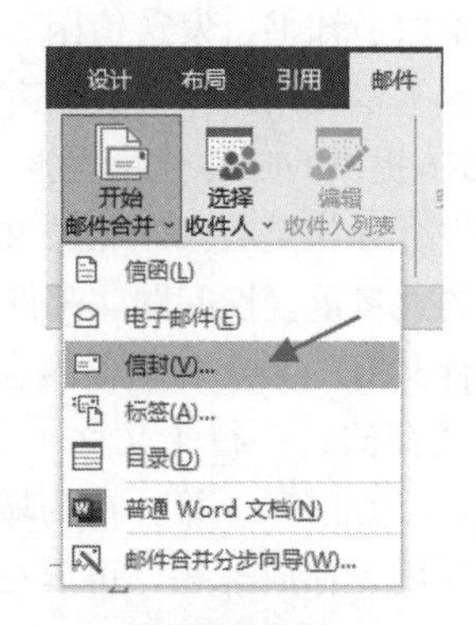

图4-40　“开始邮件合并”组

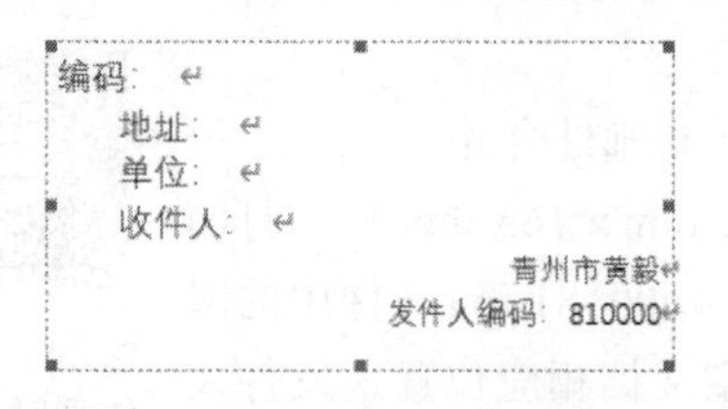

图4-41　文档信封内容编辑效果图

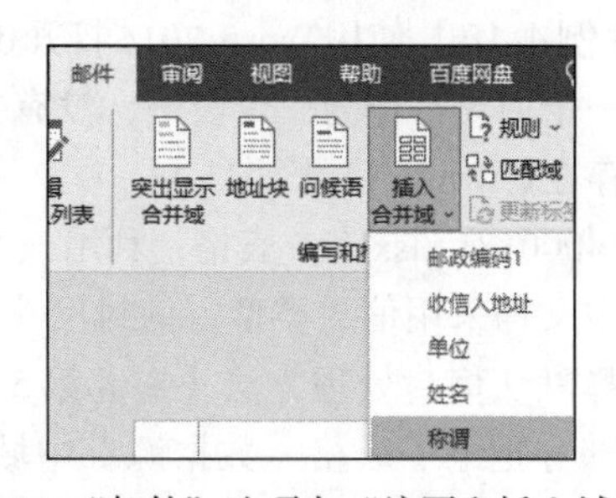

图4-42　“邮件”选项卡“编写和插入域”组

4.5　在文档中插入元素

4.5.1　插入图片

视 频

插入图片

Word不但具有强大的文字处理功能，还可在文档中插入图片、艺术字、文本框等，甚至还提供了一个绘图工具让用户绘制自己喜欢的图形，使文档图文并茂，美观有趣。图片的来源可以是本机存放的图片或联机图片。单击“插入”选项卡“插图”组中的“图片”按钮，可插入图片，然后可以在新出现的“图片工具–格式”选项卡中修改图片的效果设置。

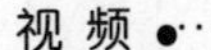

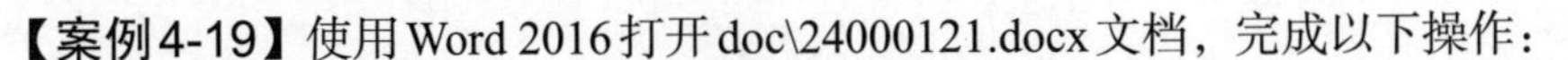

【案例4-19】使用Word 2016打开doc\24000121.docx文档，完成以下操作：

A.在文本第四段（含文字“熹园坐落于江西省婺源县紫阳镇汤村街边”）开头处前插入一幅名为24000121.jpg的图片。

视 频

案例4-19操作视频

B.设置图片对象布局的位置：水平位置相对于页边距、水平对齐方式为居中，垂直位置为绝对于段落下侧1厘米；上下型文字环绕方式；图片大小为：高度绝对值5厘米、宽度绝对值7厘米（去掉“锁定纵横比”项）。

C.保存文件。

【操作方法】

①打开doc\24000121.docx文档，将光标定位到第四段前，单击“插入”选项卡“插图”组中的“图片”下拉按钮，在弹出的下拉列表中选择“图片”命令（见图4-43），打开“插入图片”对话框，通过浏览资源管理界面，找到试题doc目录下的24000121.jpg图片，单击“插入”按钮插入图片。

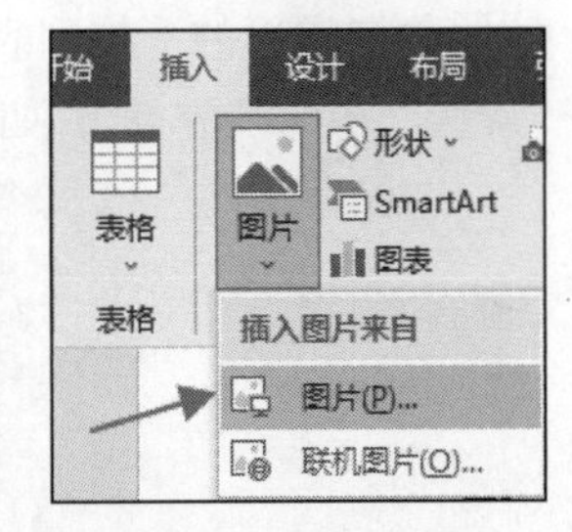

图4-43　“插入”图片

②选择图片，出现“图片工具–格式”选项卡，单击“排列”组中的“位置”按钮，在弹出的下拉列表中选择“其他布局选项”命令，打开“布局”对话框，在“文字环绕”选项卡的环绕方式中选择“上下型”，如图4-44所示。

③切换到“位置”选项卡，在水平对齐方式中选择“居中”，相对于选择“页边距”，在垂直绝对位置中输入“1厘米”，下侧选择“段落”，如图4-45所示。

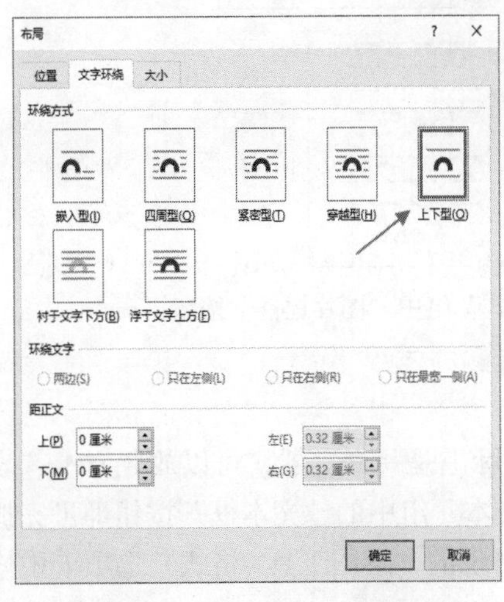

图4-44　“文字环绕”选项卡

图4-45　“位置”选项卡

视频
案例4-20操作视频

④切换到“大小”选项卡，取消选择“锁定纵横比”复选框，设置高度绝对值为“5厘米”，宽度绝对值“7厘米”，单击“确定”按钮。

⑤保存文件。

【案例4-20】使用Word 2016打开doc\24000167.docx文档，完成以下操作：

A.在文本第四段（含文字“南华寺最珍贵的文物”）前插入一幅名为24000167.jpg的图片。

B.设置图片边框的线型宽度为4.5磅，线型类型为虚线方点，线条颜色为标准色红色。

C.保存文件。

【操作方法】

①打开doc\24000167.docx文档，将光标定位到第四段前，单击“插入”选项卡“插图”组中的“图片”下拉按钮，在弹出的下拉列表中选择“此设备”命令，在打开的“插入图片”对话框中，通过浏览资源管理界面，找到试题doc目录下的24000167.jpg图片，单击“插入”按钮插入图片。

②选择图片，出现“图片工具-格式”选项卡，单击“图片样式”组中的“图片边框”下拉按钮，在弹出的下拉列表中选择“粗细”为“4.5磅”，再次展开“图片边框”下拉列表，选择“虚线”中的“方点”，如图4-46所示。再次展开“图片边框”列表，颜色选择标准色“红色”。

③保存文件。

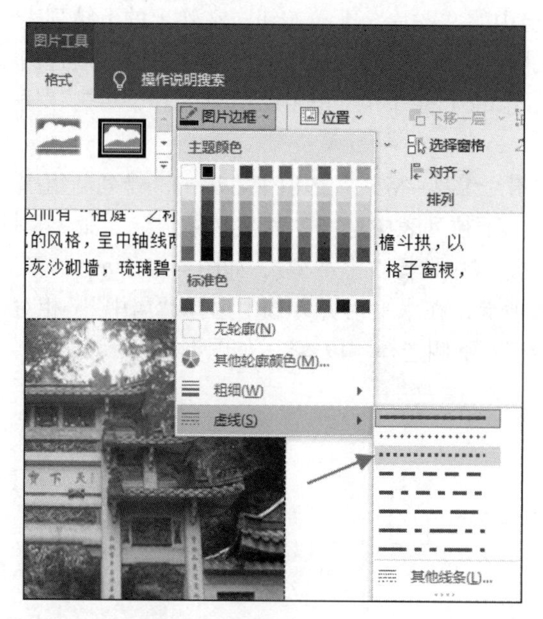

图4-46 “图片工具-格式”选项卡“图片样式”组中“图片边框”按钮

视频
插入文本框

4.5.2 插入文本框

“文本框”属于一种图形对象，它实际上是一个容器，可以放置文本、表格和图形等内容。单击“插入”选项卡“文本”组中的“文本框”按钮即可完成文本框的插入。插入文本框后，可以在新出现的“绘图工具-格式”选项卡中修改文本框的效果设置。

【案例4-21】使用Word 2016打开doc\24000166.docx文档，完成以下操作：

视 频

案例4–21操作视频

A.在文本的任意位置绘制一个竖排文本框，文字内容为“世界丹霞地貌”，文字字体格式为隶书，标准色为红色、四号字。

B.保存文件。

【操作方法】

①打开doc\24000166.docx文档，单击“插入”选项卡“文本”组中的“文本框”按钮，在展开的列表中选择“绘制竖排文本框”命令，如图4-47所示。在文档空白处绘制文本框，在文本框内部输入文字“世界丹霞地貌”，选中文字，在“开始”选项卡的“字体”组中，设置字体为“隶书”，字号为“四号”，颜色为标准色“红色”。

②保存文件。

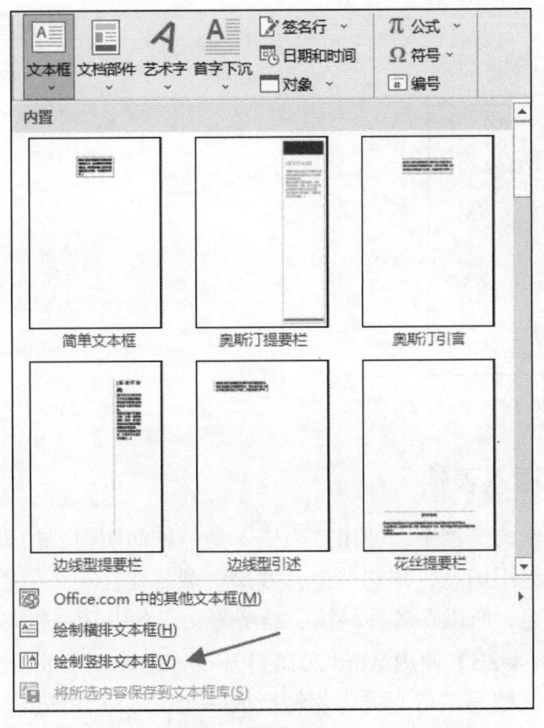

图4-47　选择“绘制竖排文本框”命令

4.5.3　插入艺术字

视 频

插入艺术字

艺术字是以普通文字为基础，通过添加阴影、改变文字的大小和颜色、把文字变成多种预定义的形状等来突出和美化文字，它的使用会使文档产生艺术美的效果，常用来创建旗帜鲜明的标志或标题。

在Word 2016中，插入艺术字可以通过“插入”选项卡“文本”组中的“艺术字”按钮来实现。生成艺术字后，会出现“绘图工具–格式”选项卡，在其中的“艺术字样式”组中进行操作可改变艺术字样式、增加艺术字效果等。如果要删除艺术字，只需选中艺术字，按【Delete】键即可。

【案例4-22】使用Word 2016打开doc\24000170.docx文档，完成以下操作：

A.在文档第一段中插入艺术字“登乐游原”，样式为第1行第4列。

B.设置艺术字对象位置为：嵌入文本行中，字体格式为华文彩云。

C.保存文件。

【操作方法】

①打开doc24000170.docx文档，将光标定位到文档的第一段，单击“插入”选项卡“文本”组中的“艺术字”按钮，在弹出的下拉列表中选择第1行第4列的样式，如图4-48所示。在出现的艺术字文本框中输入文字“登乐游原”。

②选中艺术文字，单击“绘图工具–格式”选项卡“排列”组中的“位置”按钮，在展开的列表中选择“嵌入文本行中”，如图4-49所示。

③选择文字“登乐游原”，在“开始”选项卡的“字体”组中设置字体格式为华文彩云。

④保存文件。

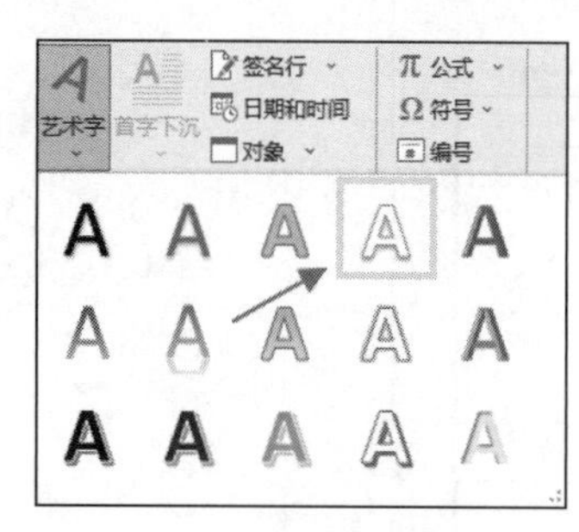

图4-48　选择艺术字

图4-49　“位置”下拉列表

4.5.4　插入表格

在编辑的文档中，使用“表格”是一种简明扼要的表达方式。它以行和列的二维形式组织信息，结构严谨，效果直观。往往一张简单的表格就可以代替大篇的文字叙述，所以在各种科技、经济等文章和书刊中越来越多地使用表格。

【案例4-23】使用Word 2016打开doc\24000127.docx文档，完成以下操作：

A.将文档第二行起的内容转换成一个5列5行的表格（见图4-50），表格宽度15厘米，平均分布各列，表格居中对齐；其中，外边框线宽度为1.5磅，颜色为标准色浅蓝、内边框线宽度为1磅；表格内所有项目格式为水平及垂直居中对齐。

成绩表

姓名	英语	高数	计算机	平均分
刘庆辉	88	86	97	90.33
刘庆昕	87	73	86	82
王言辉	66	78	68	70.67
张和静	78	93	82	84.33

图4-50　表格内容

B.利用表格计算功能，计算出表格中各人的平均分。（注：平均公式使用LEFT关键字，不使用公式不得分）

C.保存文件。

【操作方法】

视 频

案例4-23操作视频

①打开doc\24000127.docx文档，选择文档第二行起的内容，单击“插入”选项卡“表格”组中的“表格”按钮，在弹出的下拉列表中选择“文本转换成表格”命令，如图4-51所示。在打开的“将文字转换为表格”对话框中保持默认设置，单击“确定”按钮。

②选中表格，右击，在弹出的快捷菜单中选择“表格属性”命令，在弹出的“表格属性”对话框“表格”选项卡中，设置尺寸指定宽度为“15厘米”，对齐方式为“居中”，单击“确定”按钮，如图4-52所示。

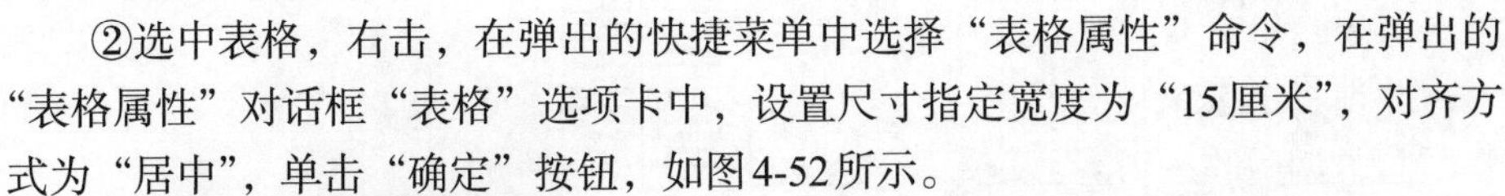

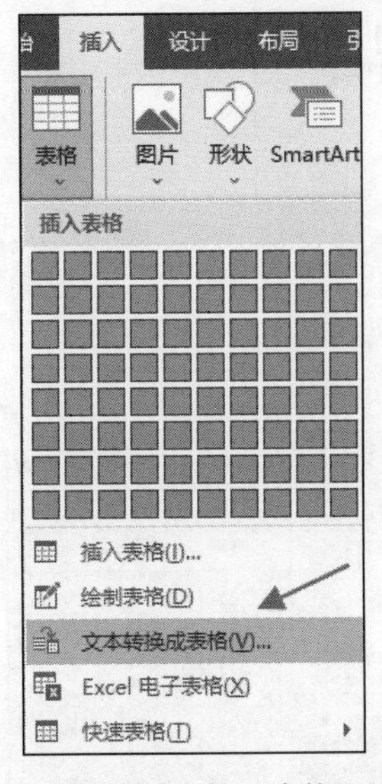

图4-51　“表格”组中的“表格”下拉列表

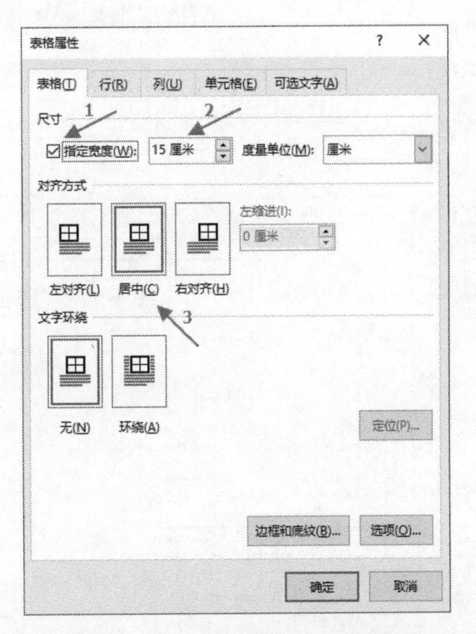

图4-52　“表格属性”对话框

③选中表格，右击，在弹出的快捷菜单中选择“平均分布各列”命令。

④选中表格，单击“表格工具-设计”选项卡“边框”组中的“边框”按钮（见图4-53），在弹出的下拉列表中选择“边框和底纹”命令。在打开的“边框和底纹”对话框中设置边框为“自定义”，宽度为“1.5磅”，颜色为标准色浅蓝，在预览中单击上、下、左、右边框线按钮，如图4-54所示。然后宽度改为“0.5磅”，颜色为自动（黑色），在预览中选择两根内框线，单击“确定”按钮。

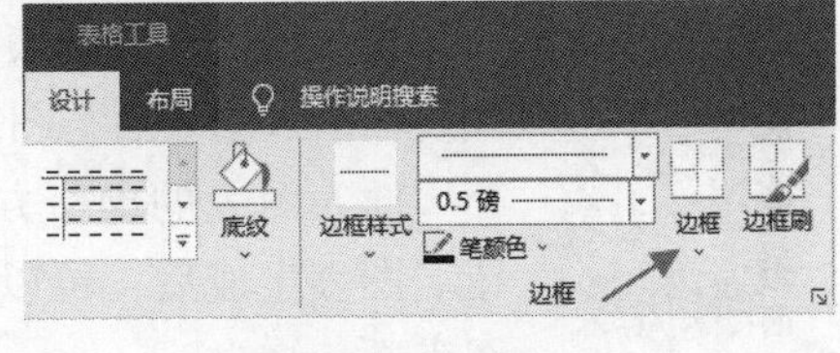

图4-53　“边框”组

⑤选中表格，单击“表格工具-布局”选项卡“对齐方式”组中的“水平居中”按钮，则完成表格内所有项目格式为水平及垂直居中对齐设置，如图4-55所示。

⑥将光标定位到要计算的刘庆辉的平均分结果单元格中，单击“表格工具-布局”选项卡“数据”组中的“公式”按钮，打开“公式”对话框，公式中输入“=AVERAGE(LEFT)”，单击“确定”按钮，如图4-56所示。同理，在其他需要计算平均分的单元格输入公式完成计算。

⑦保存文件。

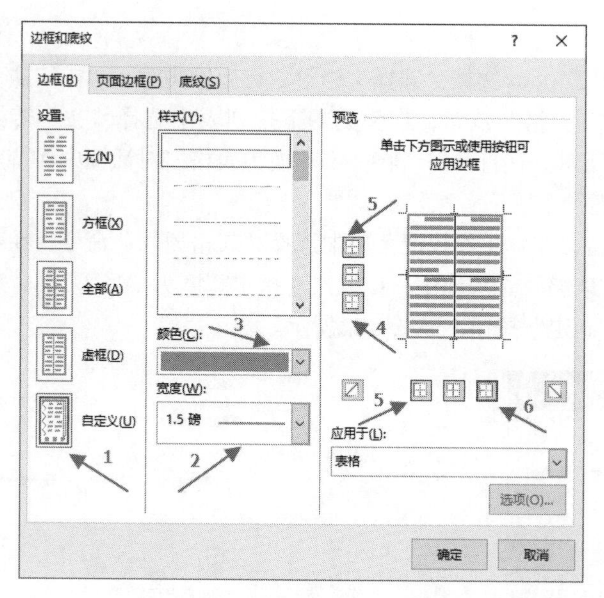

图4-54 “边框和底纹”“对话框

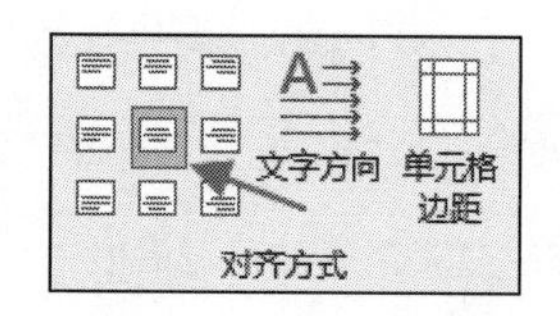

图4-55 “对齐方式”组

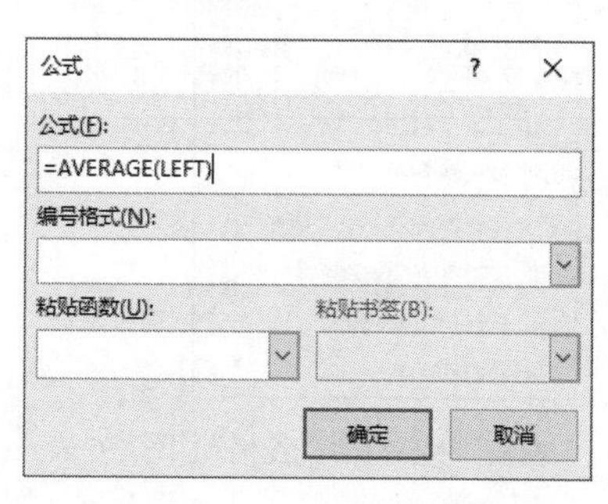

图4-56 “公式”对话框

4.5.5 插入图表

视 频

插入图表

在文档中插入图表可以更直观地以图形的方式来观察数据，提高浏览数据的速度，插入图表后与图表关联的数据会用 Excel 的简易窗口来显示。

插入图表的操作方法为：单击“插入”选项卡“插图”组中的“图表”按钮。图表生成后，可以利用“图表工具–设计”或“图表工具–格式”选项卡对图表进行修改。

【案例4-24】使用Word 2016打开doc\24000174.docx文档，完成以下操作：（注：文本中每一回车符作为一个段落，没有要求操作的项目不要更改）

视 频

案例4-24操作视频

A. 在文档第二行按照样图（见图4-57）的Excel表格数据插入一个饼图图表。

B. 图表标题为“大家电类月销售额（万元）百分比图”（文字内容为双引号里的内容，内容中的标点符号使用全角符号），图表的数据标签格式包括：值、百分比、显示引导线等选项，数据标签显示在数据标签外。

C. 保存文件。

	A	B
1		月销售额（万元）
2	电视机	200
3	冰箱	240
4	洗衣机	300
5	空调	120

图4-57 插入图表表格数据

【操作方法】

①打开 doc\24000174.docx 文档，将光标定位到文档第二行，单击“插入”选项卡“插图”组中的“图表”按钮，打开“插入图表”对话框，在左侧列表中选择“饼图”，单击“确定”按钮，如图 4-58 所示。在文档中插入饼图的同时，打开“Microsoft Word 中的图表”窗口，在其中按照样图输入数据，然后关闭 Excel 表格。

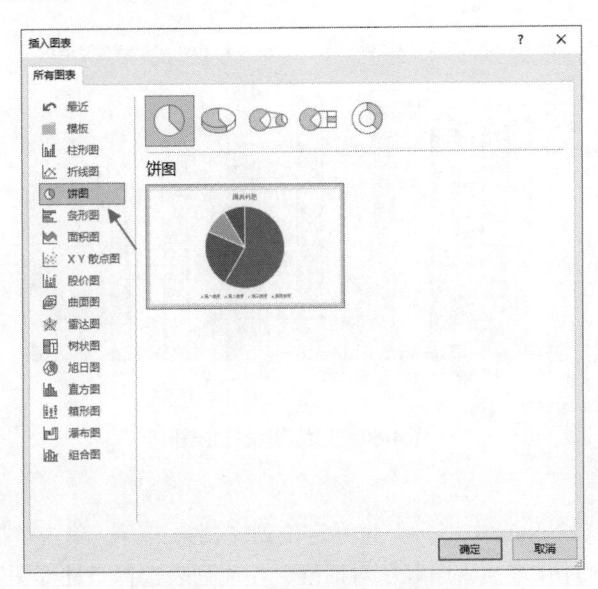

图 4-58　“插入图表”对话框

②在文档的饼图标题中输入“大家电类月销售额（万元）百分比图”。单击“图表工具-设计”选项卡“图表布局”组中的“添加图表元素”按钮，在弹出的下拉列表中选择“数据标签”→“其他数据标签选项”命令，在窗口右边打开“设置数据标签格式”任务窗格，单击“标签选项”按钮，选中“值”“百分比”“显示引导线”复选框，标签位置选择“数据标签外”，如图 4-59 所示。

③保存文件。

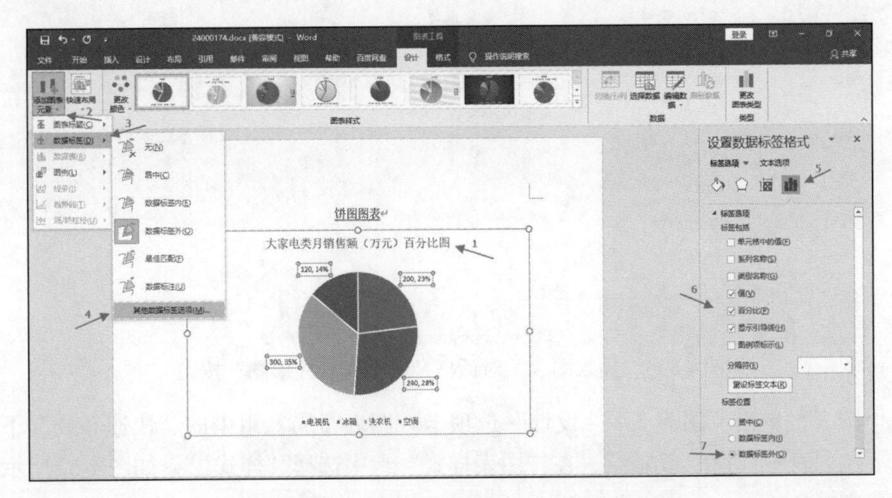

图 4-59　“图表工具-设计”选项卡

● 视 频

案例4-25操作视频

【案例4-25】使用Word 2016打开doc\24000128.docx文档，完成以下操作：（注：文本中每一个回车符作为一个段落，没有要求操作的项目不要更改）

A.在文档第二行插入一个三维簇状柱形图表，图表布局为布局4，图表样式为样式2，并按照样图4-60编辑图表的数据。

B.保存文件。

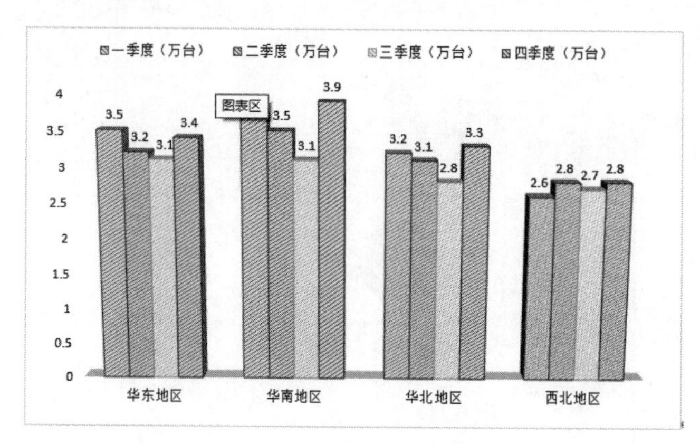

图4-60 三维簇状柱形图

【操作方法】

①打开doc\24000128.docx文档，将光标定位到文档第二行，单击“插入”选项卡“插图”组中的“图表”按钮，打开“插入图表”对话框，左侧列表选择“柱形图”，然后选择“三维簇状柱形图”，单击“确定”按钮，如图4-61所示。在文档中插入三维簇状柱形图的同时，打开“Microsoft Word中的图表”窗口，复制文档数据粘贴在其中，然后关闭Excel表格。

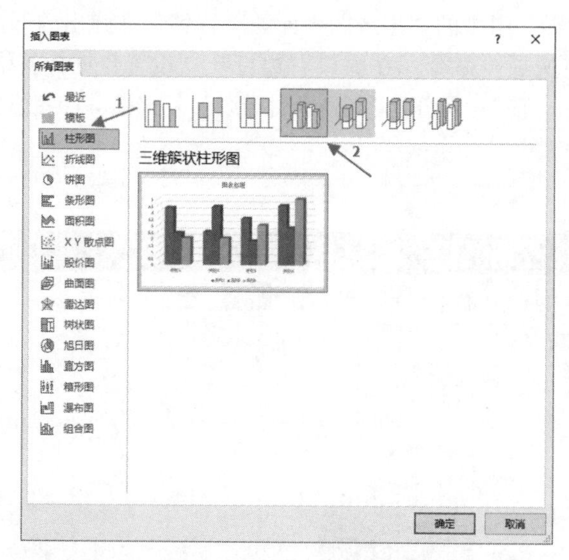

图4-61 “插入图表”对话框“三维簇状柱形图”按钮

②选择图表，单击“图表工具–设计”选项卡“图表布局”组中的“快速布局”下拉按钮，在弹出的下拉列表中选择“布局4”，在“图表样式”组中选择“样式2”，如图4-62所示。

③保存文档。

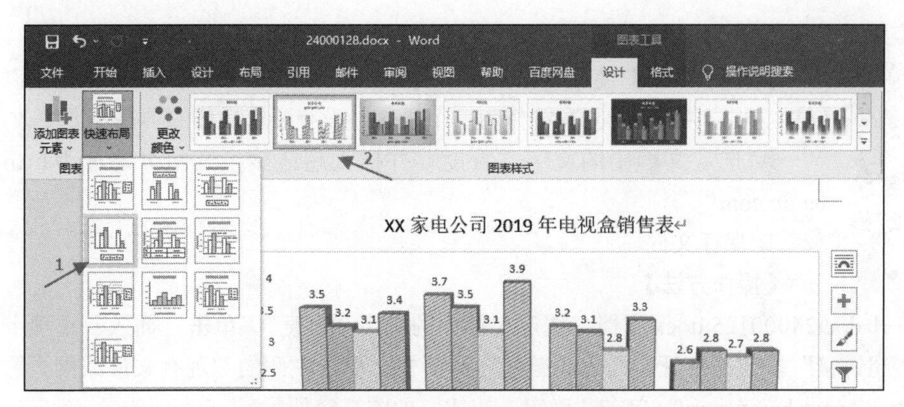

图4-62　“图表工具–设计”选项卡

4.5.6　插入超链接

视 频

插入超链接

超链接是将文档中的文字或图形与其他位置的相关信息链接起来。建立超链接后，单击文稿的超链接，就可跳转并打开相关信息。它既可跳转至当前文档或Web页的某个位置，亦可跳转至其他Word文档或Web页，或者其他项目中创建的文件，甚至可用超链接跳转至声音和图像等多媒体文件。

插入超链接的操作方法为：单击“插入”选项卡“链接”组中的“链接”按钮。

视 频

案例4–26操作视频

【案例4-26】使用Word 2016打开doc\24000171.docx文档，完成以下操作：

A. 选定文档中的文字“李白”并插入超链接，链接到本文档中的位置为文档顶端。

B. 保存文件。

【操作方法】

①打开doc\24000171.docx文档，选定文档中的文字“李白”，单击“插入”选项卡“链接”组中的“链接”按钮，打开“插入超链接”对话框，单击左侧的“本文档中的位置”，选择文档中的位置为“文档顶端”，单击“确定”按钮，如图4-63所示。

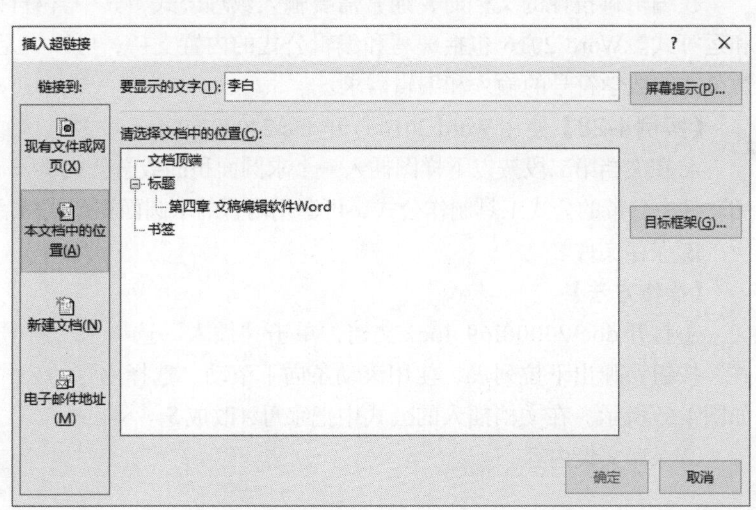

图4-63　选择“本文档中的位置”选项

视 频

案例4-27操作视频

②保存文档。

【案例4-27】使用Word 2016打开doc\24000125.docx文档，完成以下操作：（注：文本中每一个回车符作为一个段落，没有要求操作的项目不要更改）

A.选定文档中的文字“百度”并插入超链接，其网页地址为http://www.baidu.com/。

B.保存文件。

【操作方法】

①打开doc\24000125.docx文档，选定文档中的文字“百度”，单击“插入”选项卡“链接”组中的“超链接”按钮，打开“插入超链接”对话框，单击左侧的“现有文件或网页”，在地址栏输入http://www.baidu.com/，单击“确定”按钮，如图4-64所示。

②保存文档。

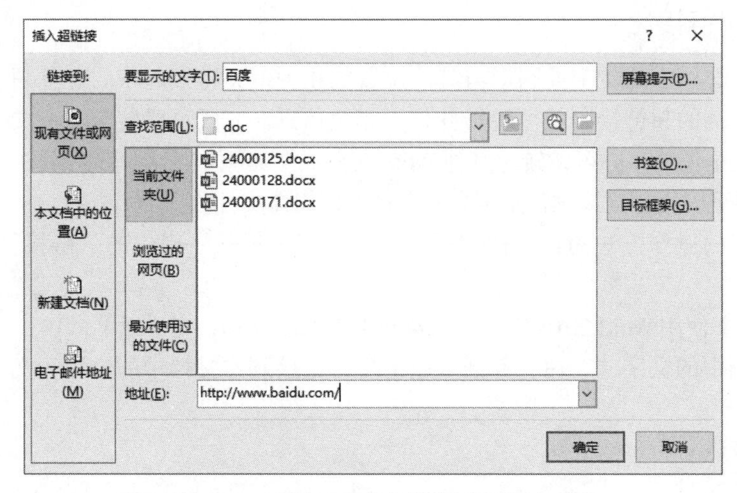

图4-64　选择“现有文件或网页”选项

4.5.7　插入公式

视 频

插入公式

在编辑科技性的文档时，通常需要输入数理公式，其中含有许多的数学符号和运算式。Word 2016 包括编写和编辑公式的内置支持，可以满足人们日常大多数公式和数学符号的输入和编辑需求。

【案例4-28】使用Word 2016打开doc\24000169.docx文档，完成以下操作：

A.在文档第二段按以下样图插入一个求圆面积的数学公式$S=\pi r^2$（注：必须使用软件中自带的公式工具制作公式，可套用内置的求圆面积公式然后进行编辑）。

B.保存文件。

视 频

案例4-28操作视频

【操作方法】

①打开doc\24000169.docx文档，单击“插入”选项卡“符号”组中的“公式”按钮，弹出下拉列表，使用滚动条向下滚动，选择内置的公式“圆的面积”，如图4-65所示。在文档插入的公式中把字母*A*改成*S*。

②保存文档内容。

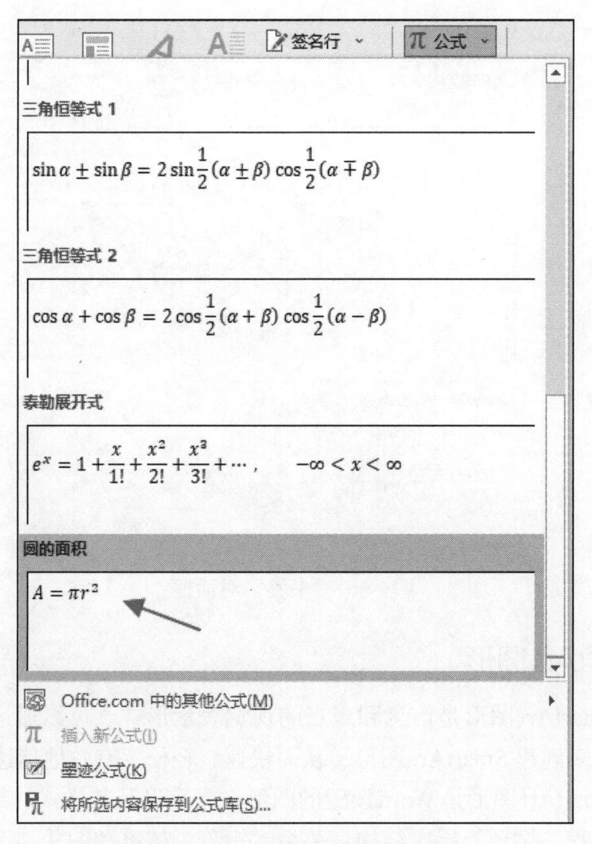

图4-65　“公式”下拉列表

4.5.8　插入书签

Word 2016提供的“书签”功能，主要用于标记文档中的某个范围或插入点位置，为以后在文档中引用指定范围中的内容或定位位置提供方便。

视　频

插入书签

【案例4-29】使用Word 2016打开doc\24000172.docx文档，完成以下操作：

A.选定文档第二段文字中的“爱好饮酒作诗”，添加一个名为“后人又称其为酒仙”的书签（不含标点符号）。

B.保存文件。

【操作方法】

①打开doc\24000172.docx文档，选中文档第二段文字中的“爱好饮酒作诗”，单击“插入”选项卡“链接”组中的“书签”按钮，打开“书签”对话框，在书签名中输入“后人又称其为酒仙”，单击“添加”按钮，如图4-66所示。

②保存文件。

视　频

案例4-29操作视频

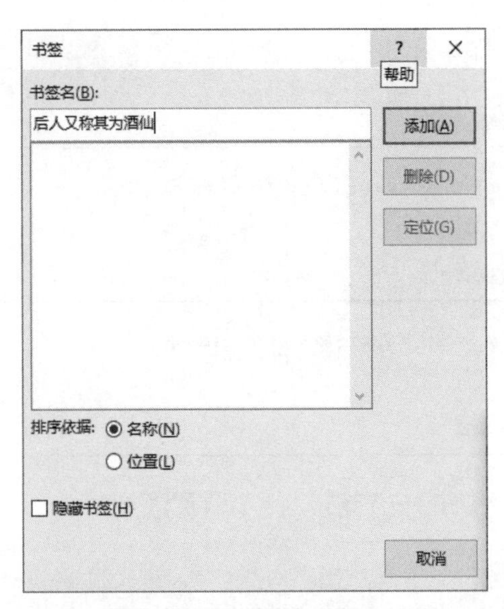

图4-66 “书签”对话框

4.5.9 插入SmartArt图形

视 频

插入SmartArt图形

SmartArt图形是信息和观点的视觉表示形式。可以通过从多种不同布局中进行选择来创建SmartArt图形，从而快速、轻松、有效地传达信息。

SmartArt图形是Word设置的图形、文字以及其样式的集合，图形类型包括列表、流程、循环、层次结构、关系、矩阵、棱锥和图片，不同类型的SmartArt图形表示了不同的关系。

【案例4-30】使用Word 2016打开doc\24000168.docx文档，完成以下操作：

A.在文档第三段（空行）按样图插入一个SmartArt图形中流程的基本流程图（见图4-67），并输入相应文字内容；设计更改颜色为“彩色一个性化”。

B.保存文件。

图4-67 插入SmartArt图形基本流程图

视 频

案例4-30操作视频

【操作方法】

①打开doc\24000168.docx文档，将光标定位到第三段（空行），单击“插入”选项卡“插图”组中的SmartArt按钮，打开“选择SmartArt图形”对话框，选择左列的“流程”，单击第一个“基本流程”按钮，单击“确定”按钮，如图4-68所示。

②选择SmartArt图形，激活“SmartArt工具-设计”选项卡，单击“创建图形”组中的“添加形状”下拉按钮，在弹出的下拉列表中选择“在后面添加形状”命令，重复操作以插入两个文本框，按照样图输入文字。单击“SmartArt样式”组中的“更改颜色”下拉按钮（见图4-69），在弹出的下拉列表中选择彩色中的“彩色-个性色”。

③保存文件。

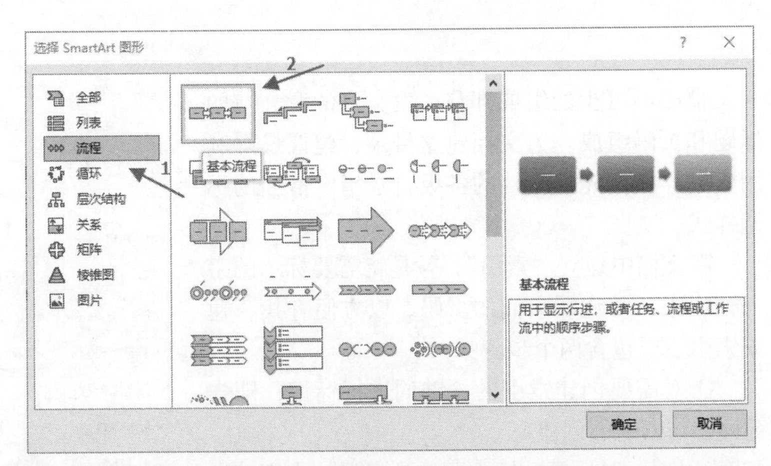

图 4-68　“选择SmartArt图形”对话框

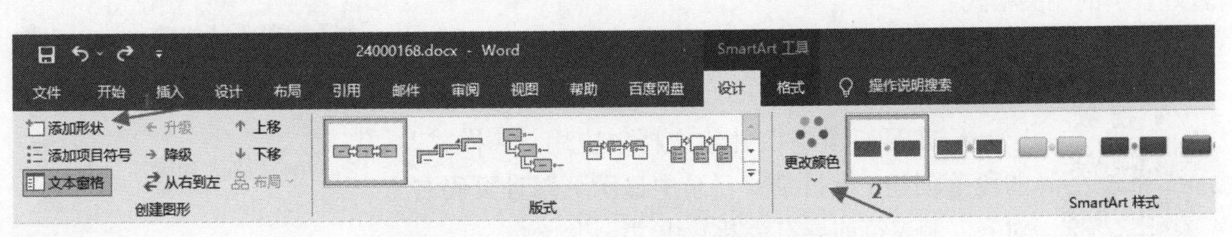

图 4-69　“SmartArt工具-设计”选项卡

4.6　长文档编辑

4.6.1　脚注与尾注设置

很多学术性的文稿都需要加入“脚注”和“尾注”，它们虽不是文档正文，但仍然是文档的组成部分。这两者在文档中的作用完全相同，都是对文本进行补充说明。脚注一般位于页面的底部，可以作为本页文档某处内容的注释，如术语解释或背景说明等；尾注一般位于文档的末尾，通常用来列出书籍或文章的参考文献等。

脚注和尾注均由两个关联的部分组成，包括注释引用标记和它对应的注释文本。

【案例4-31】使用Word 2016打开doc\24000178.docx文档，完成以下操作：

A.在标题“六榕寺”后插入脚注，内容为“广州佛教五大丛林之一”，脚注位置设为页面底端，编号格式设为“1,2,3,...”。

B.保存文件。

【操作方法】

①打开doc\24000178.docx文档，将光标定位到标题“六榕寺”后，单击“引用”选项卡“脚注”组右下角的扩展按钮，打开“脚注和尾注”对话框，“位置”选择“脚注”的“页面底端”，“格式”选择编号格式为“1,2,3,...”，单击“插入”按钮，如图4-70所示。在页面的底部脚注位置输入文字“广州佛教五大丛林之一”。

②保存文件。

4.6.2 目录与索引

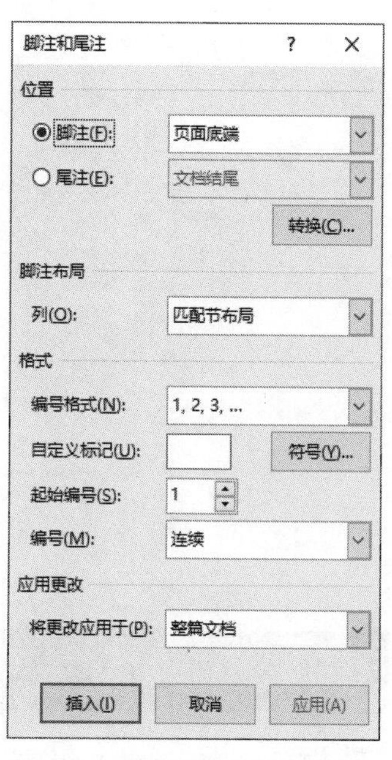

图4-70 “脚注和尾注”对话框

“目录”是长文稿必不可少的组成部分，由文章的章、节的标题和页码组成。为文档建立目录，建议最好利用标题样式，先给文档的各级目录指定恰当的标题样式。

视频

目录与索引

在文档中建立“索引”，就是将需要标示的字词列出来，并注明它们的页码，以方便查找。建立索引主要包含两个步骤：

①对需要创建索引的关键词进行标记，即告诉Word哪些关键词参与索引的创建。

②打开“标记索引项”对话框，输入要作为索引的内容并设置好索引的相关格式。

【案例4-32】使用Word 2016打开doc\24000179.docx文档，完成以下操作：

视频

案例4-32操作视频

A. 在第三段空白处给文档中应用“A样式”的段落创建1级目录，目录中显示页码且页码右对齐，制表符前导符为断截线“----”。

B. 保存文件。

【操作方法】

①打开doc\24000179.docx文档，将光标定位到第三段，单击“引用”选项卡“目录”组中的“目录”下拉按钮，在弹出的下拉列表中选择“自定义目录”命令打开“目录”对话框，单击“选项”按钮打开“目录选项”对话框，设置A样式的目录级别为“1”，删除其余的目录级别，如图4-71所示。单击“确定”按钮，返回“目录”对话框。

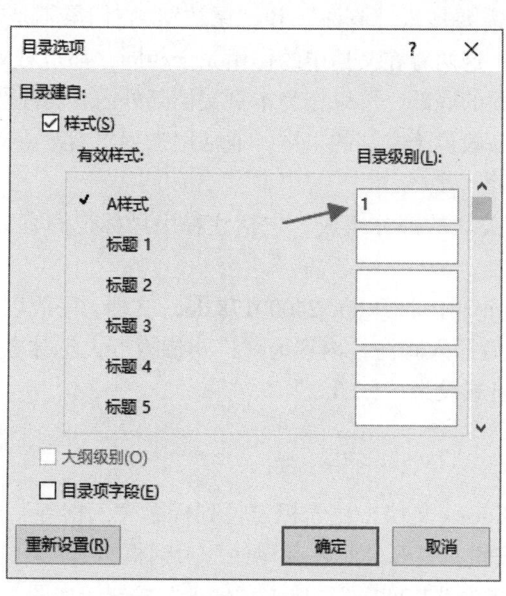

图4-71 “目录选项”对话框

③在“目录”对话框中选中“显示页码”和“页码右对齐”复选框，单击制表符右边的按钮打开列表选择断截线“----”，单击“确定”按钮，如图4-72所示。

④保存文件。

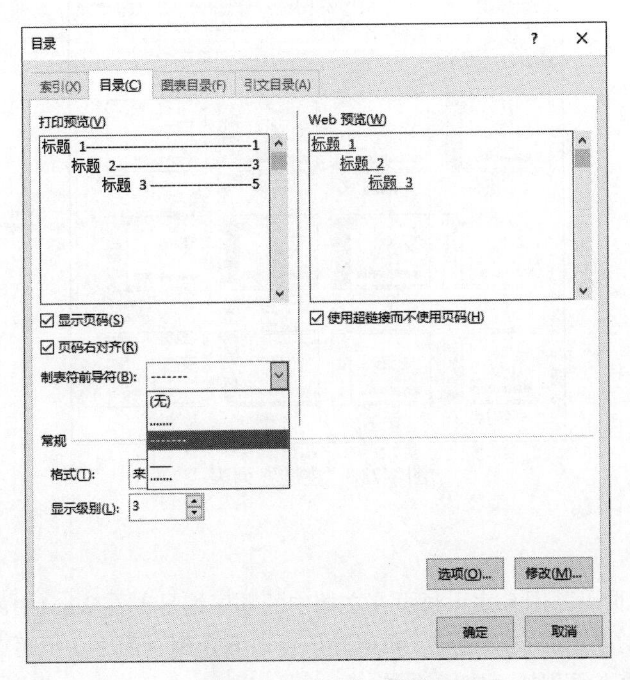

图4-72　“目录”对话框

4.6.3　文档应用主题效果

文档主题是一组格式选项，包括一组主题颜色、一组主题字体（包括标题字体和正文字体）和一组主题效果（包括线条和填充效果）。应用主题可以更改整个文档的总体设计，包括颜色、字体、效果。

视频

应用主题效果

文档主题设置是利用“设计”选项卡“文档格式”组中的“主题”命令进行的。

Word 2016提供了许多内置的文档主题，用户可以直接应用系统提供的内置主题，也可以通过自定义并保存文档主题来创建自己的文档主题。

【案例4-33】使用Word 2016打开doc\24000175.docx文档，完成以下操作：

A.将文档的主题格式设置为“平面”的选项效果。

B.保存文件。

视频

案例4-33操作视频

【操作方法】

①打开doc\24000175.docx文档，单击“设计”选项卡“文档格式”组中的“主题”按钮，在展开的列表中选择“平面”主题，如图4-73所示。

②保存文件。

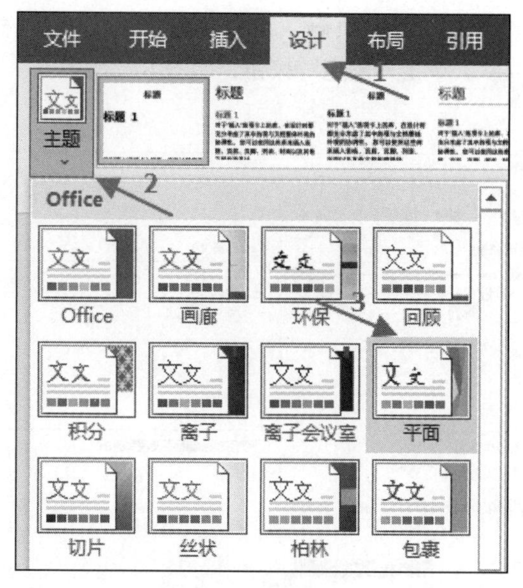

图4-73 “主题”列表

4.6.4 页码设置

视频

页码设置

“页码”用来表示每页在文档中的顺序编号，在Word中添加的页码会随文档内容的增删而自动更新。页码除了可以插入到页面中，也可以作为页眉或页脚的一部分在页眉或页脚中添加。

页码设置可在“插入”选项卡“页眉和页脚”组中的“页码”下拉列表中完成。

【案例4-34】使用Word 2016打开doc\24000176.docx文档，完成以下操作：

A.在文档页面顶端位置插入“普通数字1”的页码。

B.保存文件。

视频

案例4-34操作视频

【操作方法】

①打开doc\24000176.docx文档，单击“插入”选项卡“页眉和页脚”组中的“页码”下拉按钮，在弹出的下拉列表中选择“页面顶端”（见图4-74），继续展开下一级列表，选择“普通数字1”。

②保存文件。

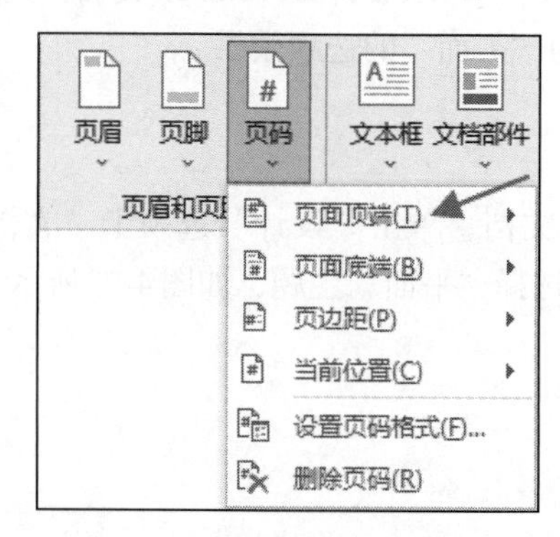

图4-74 “页码”下拉列表

4.6.5 页眉和页脚设置

视 频

页眉和页脚

页眉和页脚是指在文档每页的顶部或者底部所做的标记。一本完美的书刊都会有一些特定的信息在页眉和页脚，特别是页眉上的文字，可以让读者了解当前阅读的内容是哪篇文章或哪一章节。页眉和页脚通常包含公司徽标、书名、章节名、页码、日期等文字或图形。

页眉和页脚在“插入”选项卡“页眉和页脚”组中的“页眉”“页脚”下拉列表中进行设置。

视 频

案例4-35操作视频

【案例4-35】使用Word 2016打开doc\24000177.docx文档，完成以下操作：

A.设置文档的页眉格式为“空白”，并输入文字内容为“美丽的越秀山”。

B.设置文档的页脚格式为积分型，作者位置内容为“GD”。

C.保存文件。

【操作方法】

①打开doc\24000177.docx文档，单击“插入”选项卡“页眉和页脚”组中的“页眉”下拉按钮，在弹出的下拉列表中选择内置的“空白”格式，如图4-75所示。在文档页眉位置输入文字“美丽的越秀山”。

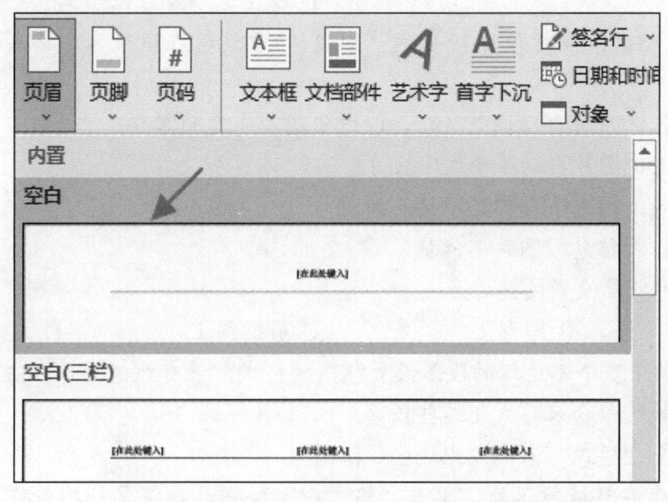

图4-75 “页眉”下拉列表

②单击“插入”选项卡“页眉和页脚”组中的“页脚”下拉按钮展开列表，选择内置的“积分”格式，在页面底端页脚的作者处输入文字GD。

③保存文件。

视 频

案例4-36操作视频

【案例4-36】使用Word 2016打开doc\24000131.docx文档，完成以下操作：

A.设置文档的页眉为“五台山风光”，文字居中对齐。

B.插入页码，页码位置为页面底端，页码套用样式为X/Y中的“加粗显示数字2”，将内容加以编辑，内容为“第X页共Y页”（文字内容中不含有空格），字体颜色设为标准色蓝色，字号为小五。

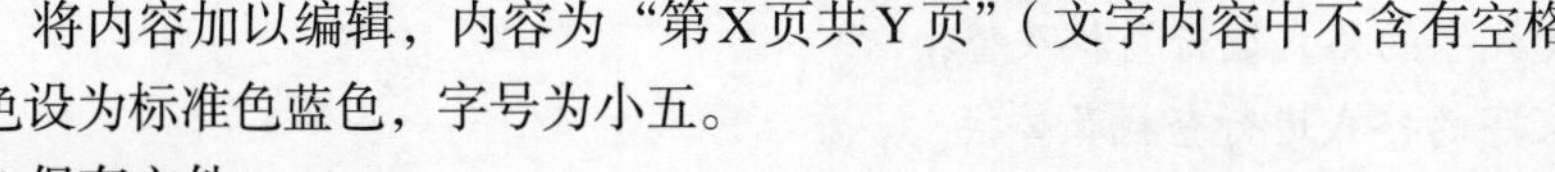

C.保存文件。

【操作方法】

①打开doc\24000131.docx文档，单击“插入”选项卡“页眉和页脚”组中的“页眉”按钮，

在弹出的下拉列表中选择内置的“空白”格式，在文档页眉位置输入文字“五台山风光”。

②单击“插入”选项卡“页眉和页脚”组中的“页码”按钮，在弹出的下拉列表中选择“页面底端”，展开下一级列表选择X/Y样式中的“加粗显示数字2”。

③编辑第一页的页码内容：在数字“1”前面输入文字“第”，删除“/”输入“页共”，在数字“3”后面输入“页”，成为“第1页共3页”的样式（编辑时不能删除页码中的数字，使用键盘输入）。选中页码，在“开始”选项卡“字体”组中将“字号”设为“小五”，颜色为标准色设为“蓝色”，如图4-76所示。

第 1 页共 3 页

图4-76　页码设置完成效果

④保存文件。

习　题

1.SmartArt图形不包含（　　）。

A.循环图　B.图表　C.层次结构图　D.流程图

2.如果Word文档中有一段文字不允许别人修改，可以通过（　　）。

A.格式设置限制　B.设置文件修改密码

C.编辑限制　D.以上选项都可以

3.设置Word文档的某段行距为12磅的“固定值”，这时在该段落中插入一幅高度大于行距的图片，结果为（　　）。

A.图片能插入，系统自动调整行距，以适应图片高度的需要

B.图片能插入，图片自动浮于文字上方

C.图片能插入，但无法全部显示插入的图片

D.系统显示出错信息，图片不能插入

4.下列对象中不可以设置链接的是（　　）。

A.背景上　B.图形上　C.剪贴图上　D.文本上

5.要对一个文档中多个不连续的段落设置相同的格式，最有效的操作方法是（　　）。

A.利用“替换”命令来格式化这些段落

B.选用同一个“样式”来格式化这些段落

C.插入点定位在样板段落处，单击“格式刷”按钮，再将鼠标指针拖过其他多个需格式化的段落

D.手动逐个格式化这些段落

6.要使文档中每段的首行自动缩进2个汉字，可以使用标尺上的（　　）。

A.首行缩进图标　B.悬挂缩进游标　C.右缩进游标　D.左缩进游标

7.Word的查找、替换功能非常强大，下面的叙述中正确的是________。

A.不可以指查找文字的格式，只可以指定替换文字的格式

B.可以指定查找文字的格式，但不可以指定替换文字的格式

C.不可以按指定文字的格式进行查找及替换

D.可以按指定文字的格式进行查找及替换

8.在Word新建段落样式时，可以设置字体、段落、编号等多项样式属性，以下不属于样式属性的是（　　）。

A.语言　B.快捷键　C.文本框　D.制表位

9. 在 Word 中，可以通过（　　）功能区中的“翻译”将文档内容翻译成其他语言。

A. 开始　　B. 页面布局　　C. 引用　　D. 审阅

10. 在“替换”对话框中，如果在“查找”文本框中输入文本后，不在“替换为”文本框中输入任何内容，则在单击“全部替换”按钮后（　　）。

A. 对查找到的内容不作任何改动　　B. 将查找到的内容全部删去

C. 将查找到的内容全部替换为空格　　D. 出现错误

11. 在 Word 窗口中，对已输入内容的文档进行排版，若未进行选择而设置行间距，则（　　）。

A. 只影响插入点所在行　　B. 只影响插入点所在段落

C. 只影响当前页　　D. 影响整个文档

12. 小华利用 Word 编辑一份书稿，要求目录和正文的页码分别采用不同的格式，且均从第 1 页开始，最优的操作方法是（　　）。

A. 将目录和正文分别存在两个文档中，分别设置页码

B. 在目录与正文之间插入分节符，在不同的节中设置不同的页码

C. 在目录与正文之间插入分页符，在分页符前后设置不同的页码

D. 在 Word 中不设置页码，将其转换为 PDF 格式时再增加页码

第5章 数据统计和分析软件Excel

Excel是进行数据处理的常用软件，它在Office办公软件中的功能是进行数据信息的统计和分析。利用Excel可以方便快捷地输入和修改数据，既可以存储信息，也可以进行数据的计算、排序、数据图形化显示等。

通过本章的学习，读者应掌握Excel的表格制作方法、Excel的常用数据处理方法、Excel图表的制作方法等内容。

5.1 Excel 2016基础

5.1.1 Excel 2016的用户界面

启动Excel2016后，可以看到如图5-1所示的界面。

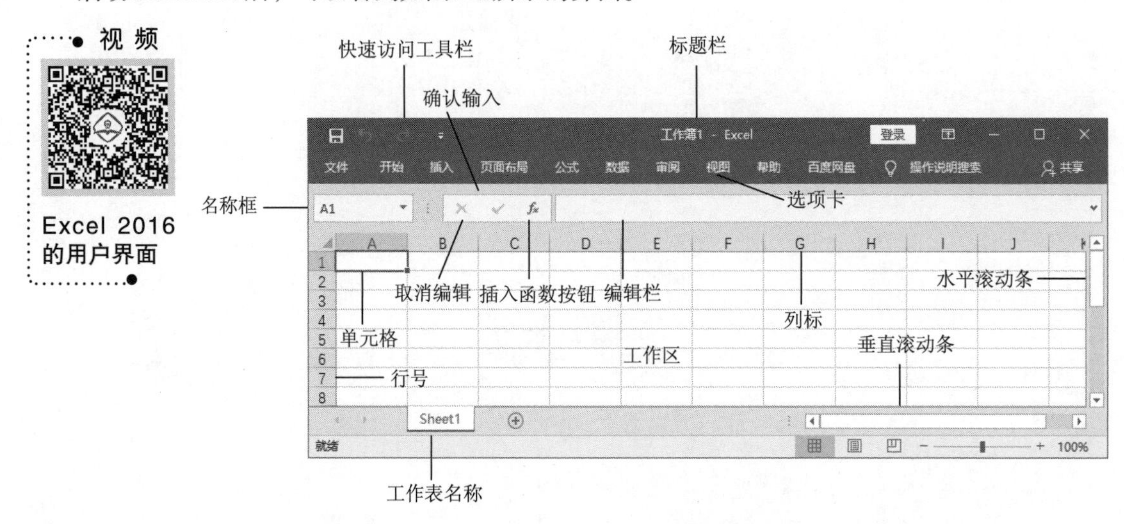

图5-1　Excel 2016用户界面

5.1.2 Excel 2016工作表

Excel 2016以工作簿来保存文件，其扩展名为.xlsx。与Word 2016不同，Excel 2016工作区显示的是二维表格，称为工作表。工作表由很多行和列组成，每行和每列都有唯一的编号，其中行号用数字表示，列标用字母表示。工作表中的每个单元称为单元格，其中有一个单元格边框加粗，称为活动单元格或当前单元格。单击某个单元格，可将其设置为当前单元格。默认情况下，以单元格的列标和行号作为单元格的标识，称为单元格地址，显示在名称框中。

视 频

Excel 2016工作表

可以同时选中多个连续的单元格，称为单元格区域。用第一个单元格地址和最后一个单元格地址间加冒号来命名表示，如A1：C3表示A1至C3共9个单元格的区域。按【Ctrl】键的同时，可单击选择不连续的多个单元格区域。

可以直接在名称框中输入新名称，然后按【Enter】键确认，从而修改活动单元格或单元格区域的名称。一个工作簿可以包含多张工作表，在工作表标签位置显示了工作表的名称。工作表名称默认为Sheet1、Sheet2等。不管工作簿有多少张工作表，只能有一张工作表是处于活动状态，称为活动工作表或当前工作表。默认情况下，当前工作表的标签背景颜色为白色，其他工作表标签背景颜色为灰色。单击工作表的标签，可将对应的工作表设置为当前活动工作表。

视 频

5.1.3　Excel 2016基本操作

Excel的基本操作主要包括：工作簿的操作、工作表的操作、单元格及单元格区域的操作，以及工作表的保护和共享操作。

Excel 2016基本操作

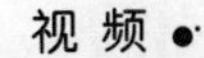

视 频

案例5–1操作视频

【案例5-1】创建一个包含4张工作表的工作簿25000001.xlsx，保存到kaoshi\xls文件夹中。各工作表的名称依次为工作表1、工作表2、工作表3和工作表4。

【操作方法】

①打开Microsoft Excel 2016，右击工作表名称Sheet1，选择“重命名”命令，如图5-2所示（第1步）。此时工作表名称Sheet1变成浅灰色底纹，修改名称为“工作表1”。

②单击工作表名称旁的加号按钮，如图5-2所示（第2步），即添加一个新的工作表Sheet2，修改其名称为“工作表2”，同理插入“工作表3”和“工作表4”。

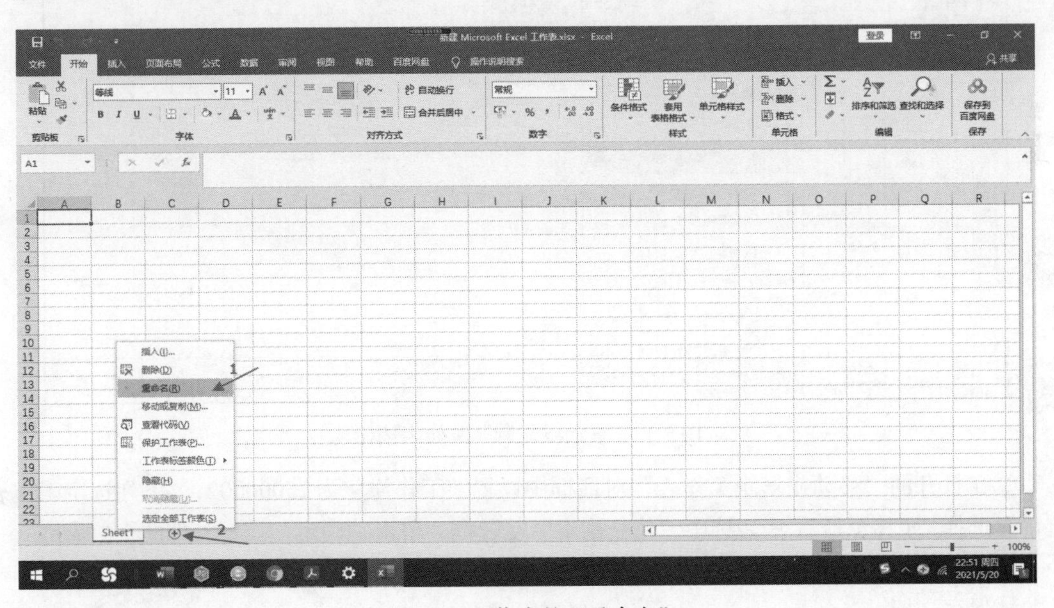

图5-2　工作表的“重命名”

视 频

案例5-2操作视频

③选择“文件”→“保存”命令，在展开的列表中单击“浏览”，打开“另存为”对话框，选择存储目录kaoshi\xls，修改“文件名”为25000001，单击“保存”按钮。

【案例5-2】使用Excel 2016打开xls\25000002_1.xlsx和xls\25000002.xlsx文件，并按指定要求完成有关的操作。(注：没有要求操作的项目不要更改，不用指定函数或公式不得分)

A. 把25000002_1.xlsx中的Sheet1工作表复制到工作簿25000002.xlsx的第2张工作表(Sheet2)后，复制后的工作表名称为工作表。

B. 保存文件。

【操作方法】

①同时打开xls\25000002_1.xlsx和xls\25000002.xlsx文件，选择25000002_1.xlsx中的工作表名称Sheet1，右击，选择“移动或复制”命令，如图5-3所示。

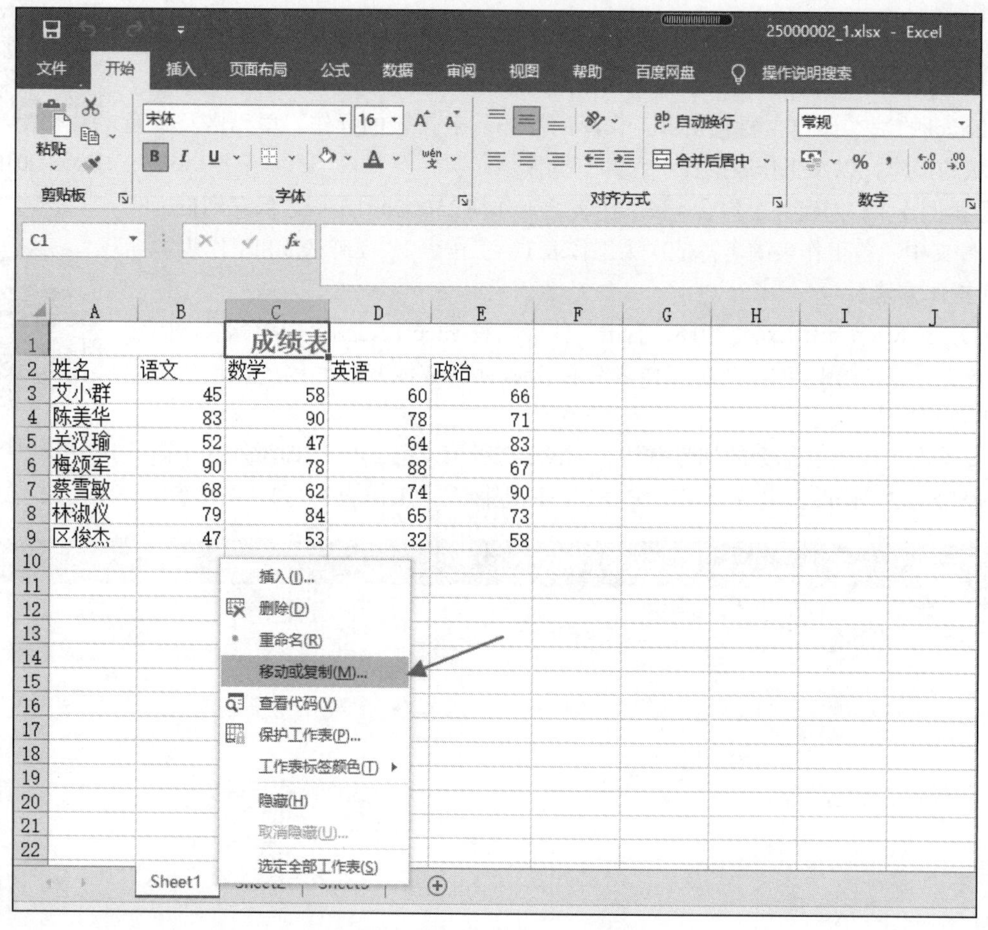

图5-3 “移动或复制”工作表按钮

②在打开的“移动或复制工作表”对话框中设置“工作簿”为25000002，“下列选定工作表之前”选择“(移至最后)”，选中“建立副本”复选框，单击“确定”按钮，如图5-4所示。

③修改Sheet1工作表的名称为“工作表”。

④保存文档。

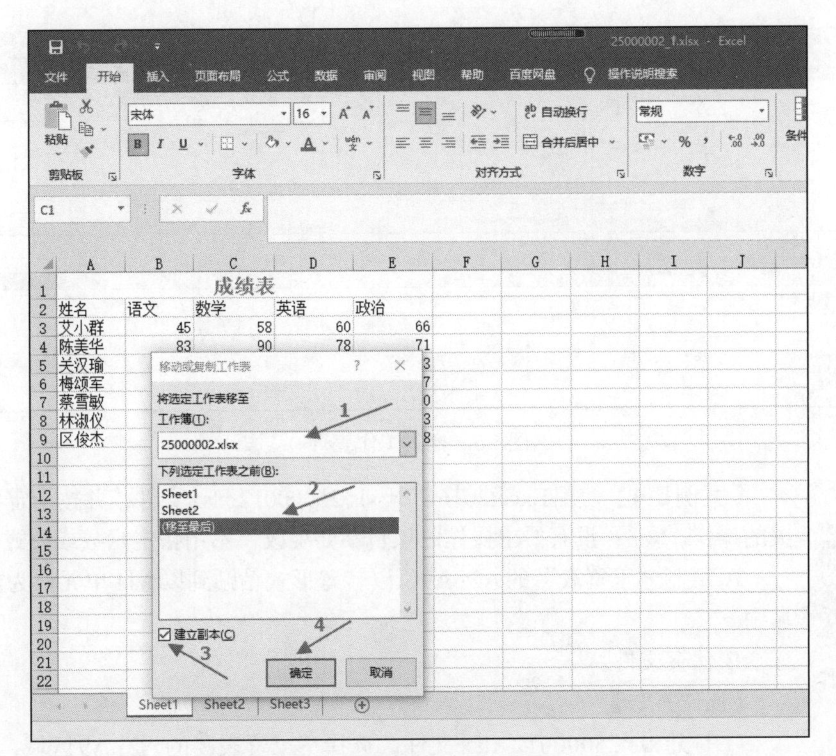

图 5-4　“移动或复制”对话框

5.2　工作表数据输入

5.2.1　工作表数据输入基础

视 频

工作表数据输入基础

数据处理的基础是准备好数据，首先需要将数据输入 Excel 工作表中。向 Excel工作表输入数据有多种方法，常用的方法有利用已有数据、获取外部数据、直接输入等。

【案例5-3】使用Excel 2016打开xls\25000010.xlsx，并按指定要求完成以下操作。（注：没有要求操作的项目请不要更改）

A.在“成绩表”的第三行前插入1行记录“陈大平，67，51，79，80”；原B列前插入一列内容，B2:B10区域的值分别为“物理，61，62，63，64，65，66，67，68”。

B.保存文件。

视 频

案例5-3操作视频

【操作方法】

①打开xls\220010.xlsx文件，选择第三行，在“开始”选项卡的“单元格”组中，单击“插入”下拉按钮，在弹出的下拉列表中选择“插入工作表行”命令，如图5-5所示。然后在第三行输入“陈大平，67，51，79，80”。

②同理，选择B列，在“开始”选项卡的“单元格”组中，单击“插入”下拉按钮，在弹出的下拉列表中选择“插入工作表列”命令，在B2:B10区域分别输入“物理，61，62，63，64，65，66，67，68”，完成后保存文件。

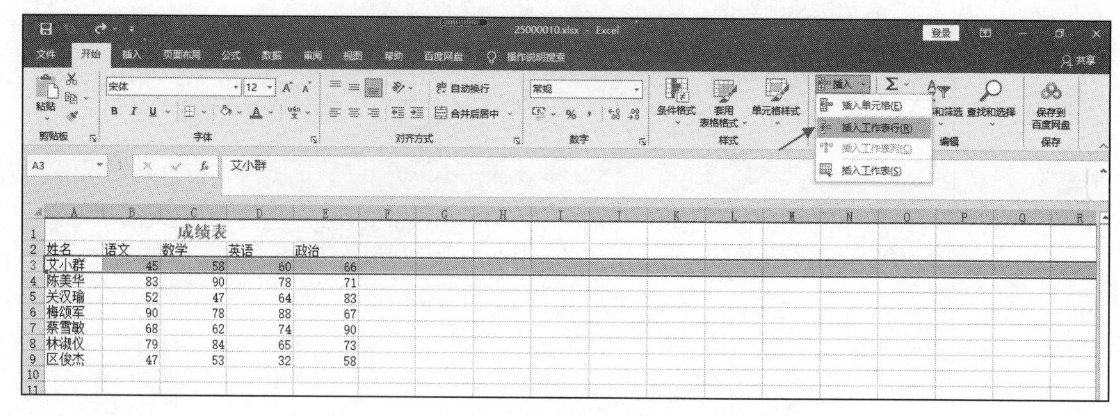

图5-5　插入工作表行

视频

案例5-4操作视频

【案例5-4】使用Excel2016打开xls\25000012.xlsx文件，并按指定要求完成有关的操作。（注：没有要求操作的项目不要更改，不用指定函数或公式不得分）

A.复制“工资表”的A2:A9，以转置形式粘贴到以A11单元格为左上角的区域中。

B.保存文件。

【操作方法】

①打开xls\25000012.xlsx文件，选择“工资表”的A2:A9区域，在“开始”选项卡的“剪贴板”组中，单击“复制”按钮。

②选择A11单元格，在“开始”选项卡的“剪贴板”组中，单击“粘贴”下拉按钮，在弹出的下拉列表中选择“转置”（见图5-6），完成后保存文件。

图5-6　转置粘贴

视频

案例5-5操作视频

【案例5-5】使用Excel 2016打开kaoshi\xls，并按指定要求完成有关的操作。（注：没有要求操作的项目不要更改）

A.新建一个Excel文件，并使用“样本模板”中的“账单”模板。

B.把汇款单客户名称设为“张三”。

C.保存文件，命名格式25000100.xlsx。

【操作方法】

①打开Microsoft Excel 2016，选择“文件”→“新建”命令，在搜索框中输入“账单”，单击“搜索”按钮“，如图5-7所示。

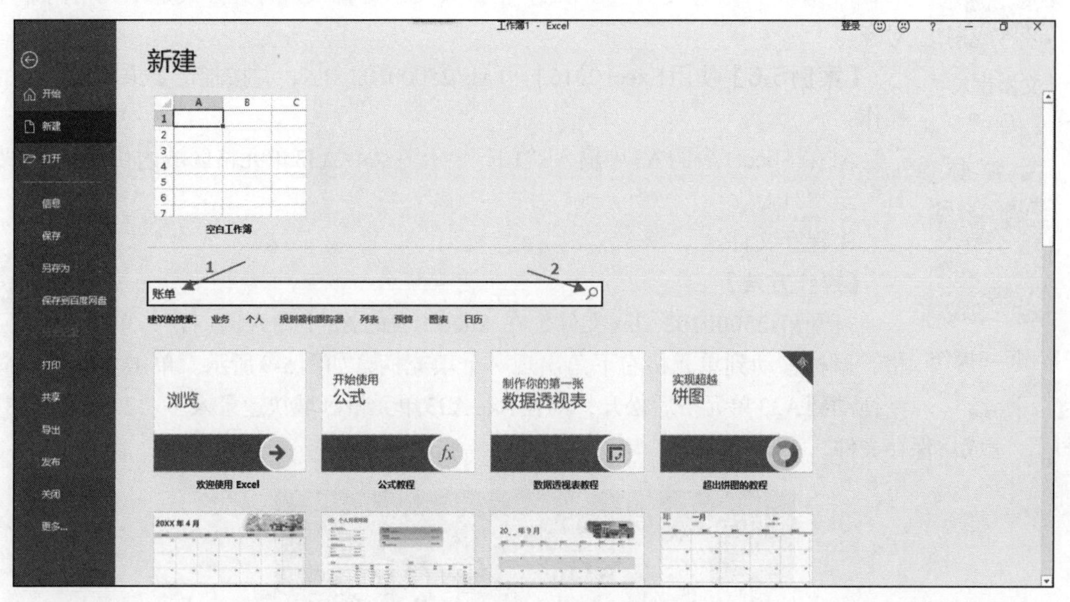

图5-7　搜索“账单”模板

②在搜索结果中选择“账单”模板，在打开的对话框中单击“创建”按钮。

③在打开的文件中把汇款单客户名称设为“张三”，如图5-8所示。完成后保存文件，命名为25000100.xlsx。

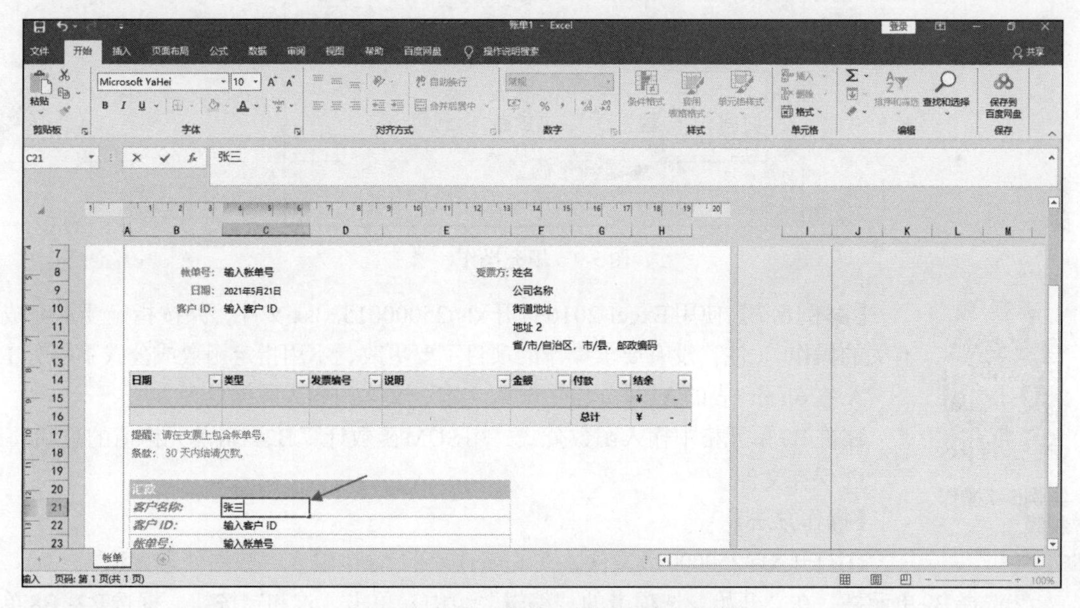

图5-8　使用“账单”模板创建的文件

5.2.2 文本输入

视 频

文本输入

Excel 2016中的文本通常是指字符或者任何数字和字符的组合。任何输入到单元格内的字符集，只要不被系统识别成数字、公式、日期、时间、逻辑值，则Excel一律将其视为文本。在Excel中输入文本时，默认对齐方式是单元格内靠左对齐。

【案例5-6】 使用Excel 2016打开xls\25000102.xlsx，并按指定要求完成有关的操作：

视 频

案例5–6操作视频

A. 在 Sheet1表的A3中输入“1日”，并在A4:A33单元格区域内快速录入“2日”至“31日”。

B. 保存文件。

【操作方法】

打开xls25000102.xlsx文件，在Sheet1表的A3中输入“1日”，单击A3单元格，鼠标移动到单元格右下角出现一个填充柄，如图5-9所示。单击填充柄并向下拖动到A33单元格后松开，则在A4:A33单元格区域快速录入了“2日”至“31日”，完成后保存文件。

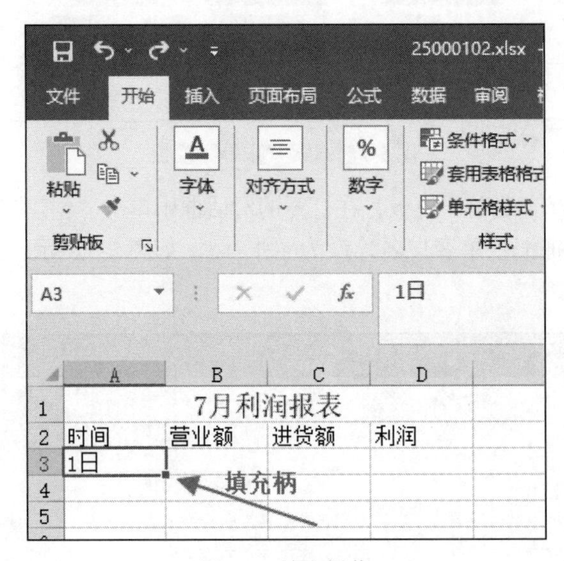

图5-9 填充操作

视 频

案例5–7操作视频

【案例5-7】 使用Excel 2016打开xls\25000015.xlsx文件，并按指定要求完成有关的操作。（注：没有要求操作的项目不要更改，不用指定函数或公式不得分）

A. 在Sheet1表的A1单元格中输入文本，文本内容为数据处理方法。

B. 在B9单元格中输入函数公式，用SUM函数计算B2:B8单元格值的总和。

C. 保存文件。

【操作方法】

①打开xls\25000015文件，在Sheet1表的A1中输入“数据处理方法”。

②选择B9单元格，在“开始”选项卡的“编辑”组中，单击“求和”按钮，框选B2:B8单元格，单击编辑栏中的“√”或者按【Enter】键确认输入，如图5-10所示。

③保存文件。

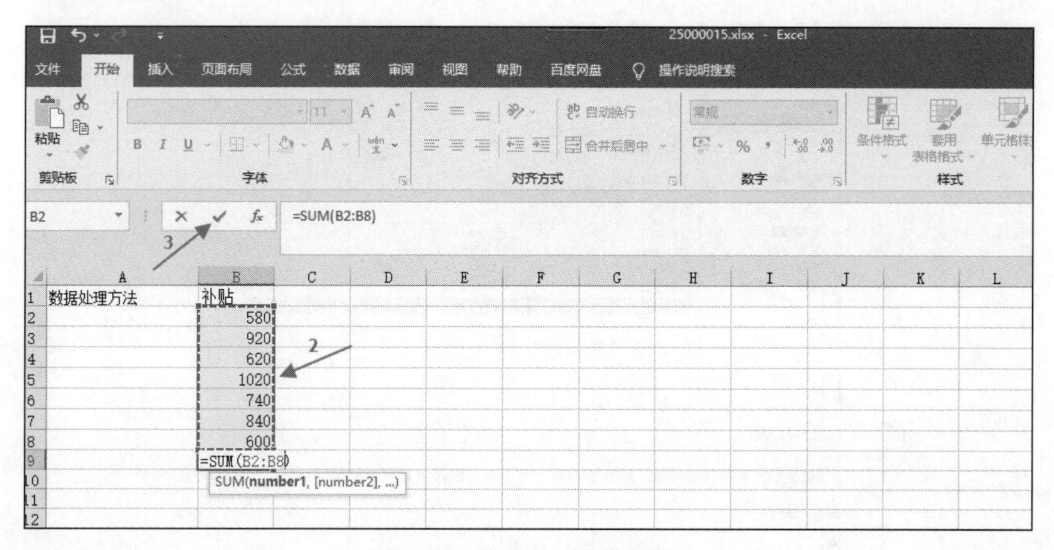

图5-10　使用SUM函数计算

5.2.3　数字输入

在Excel 2016中，当建立新的工作表时，所有单元格都采用默认的通用数字格式。通用格式一般采用整数、小数、负数格式，而当数字的长度超过单元格的宽度时，Excel将自动使用科学记数法来表示输入的数字。

在Excel中，输入单元格中的数字或日期时间按常量处理。输入数字时，自动将其单元格右对齐。

【案例5-8】使用Excel 2016打开xls\25000201.xlsx，并按指定要求完成有关的操作：

A. 在名为Sheet1的工作表中，将F2：F16单元格区域的数字格式设置为货币（美元$）并设置不保留小数位、将G2：G16单元格区域的数字格式设置为科学记数并保留一位小数，将H2：H16单元格区域的数字格式设置为文本格式。

B. 保存文件。

【操作方法】

①打开xls\25000201.xlsx文件，选择F2：F16单元格区域，选择“开始”选项卡，单击“数字”组右下角的按钮，打开“设置单元格格式”对话框，在“数字”选项卡分类中选择“货币”，设置为货币符号为“$”并设置小数位数为0，如图5-11所示。完成后单击“确定”按钮，关闭对话框。

②同理，选择G2：G16单元格区域，打开“设置单元格格式”对话框，在“数字”选项卡分类中选择“科学记数”，设置小数位数为1，完成后单击“确定”按钮。

③选择H2：H16单元格区域，打开“设置单元格格式”对话框，在“数字”选项卡分类中选择“文本”，单击“确定”按钮，保存文件。

图5-11 “设置单元格格式”对话框

5.2.4 公式输入

视 频

公式输入

视 频

案例5–9操作视频

公式的输入是Excel为完成表格中相关数据的运算（计算）而在某个单元格中按运算要求写出的数学表达式。

输入的公式类似于数学中的数学表达式，它表示本单元格的这个数学表达式（公式）运行的结果存放于这个单元格中。也就是说，“公式”只在编辑时出现在编辑栏中，这个单元格只显示这个公式编辑后运行的结果。

在Excel工作表的单元格输入公式时，必须以一个等号“=”作为开头，等号“=”后面的公式中可以包含各种运算符号、常量、变量、函数以及单元格引用等。

【案例5-9】使用Excel 2016打开xls\25000231.xlsx，并按指定要求完成有关的操作：

A. 在Sheet1工作表中G2:G9区域中计算每个学生的总评成绩（总评=期中成绩*40%+期末成绩*60%），不使用公式计算将不得分。

B. 保存文件。

【操作方法】

①打开xls\25000231.xlsx文件，在G2单元格中输入公式“=E2*40%+F2*60%”（见图5-12），单击编辑栏中的“√”或者【Enter】键确认输入。

②选中G2单元格，将光标置于该单元格的右下角出现填充柄，单击填充柄并向下拖动到G9单元格，则把公式填充到了G3:G9单元格区域。

③保存文件。

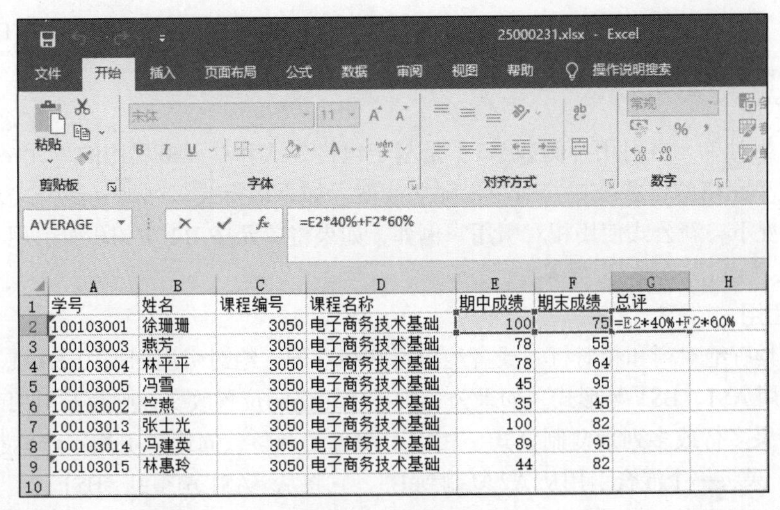

	A	B	C	D	E	F	G	H
1	学号	姓名	课程编号	课程名称	期中成绩	期末成绩	总评	
2	100103001	徐珊珊	3050	电子商务技术基础	100	75	=E2*40%+F2*60%	
3	100103003	燕芳	3050	电子商务技术基础	78	55		
4	100103004	林平平	3050	电子商务技术基础	78	64		
5	100103005	冯雪	3050	电子商务技术基础	45	95		
6	100103002	竺燕	3050	电子商务技术基础	35	45		
7	100103013	张士光	3050	电子商务技术基础	100	82		
8	100103014	冯建英	3050	电子商务技术基础	89	95		
9	100103015	林惠玲	3050	电子商务技术基础	44	82		
10								

图5-12　公式输入

5.2.5　序列填充

视频

序列填充

单元格右下角有一个小方块，称为填充柄。当光标移到填充柄上时，会显示为实心的十字形，拖动填充柄可快速输入数据。填充柄可向上、下、左、右4个方向拖动。

【案例5-10】使用Excel 2016打开xls\25000249.xlsx，并按指定要求完成有关的操作。（注：没有要求操作的项目不要更改）

视频

案例5–10操作视频

A. 在Sheet1工作表中A2:B8使用自动填充功能按图5-13所示输入数据。

B. 保存文件。

【操作方法】

①打开xls\25000249.xlsx文件，在 Sheet1表中A2输入T-3017A，单击A2单元格，将光标移动到单元格右下角出现填充柄，单击填充柄并向下拖动到A8单元格后松开，则使用自动填充功能完成在A2:A8单元格区域输入。

A	B
产品代码	品名
T-3017A	液晶电视
T-3018A	液晶电视
T-3019A	液晶电视
T-3020A	液晶电视
T-3021A	液晶电视
T-3022A	液晶电视
T-3023A	液晶电视

图5-13　“序列填充”案例

②同理，在 Sheet1表中B2输入“液晶电视”，单击B2单元格，将光标移动到单元格右下角出现填充柄，单击填充柄并向下拖动到B8单元格后松开，则使用自动填充功能完成在B2:B8单元格区域输入。

③保存文件。

5.2.6　单元格引用

视频

单元格引用

Excel单元格的引用包括绝对引用、相对引用和混合引用三种。

1. 绝对引用

单元格中的绝对单元格引用（例如 F6）总是在指定位置引用单元格F6。如果公式所在单元格的位置改变，绝对引用的单元格始终保持不变。如果多行或多列地复制公式，绝对引用将不作调整。默认情况下，新公式使用相对引用，需

要将它们转换为绝对引用。例如，如果将单元格 B2 中的绝对引用复制到单元格 B3，则在两个单元格中一样，都是 F6。

2. 相对引用

公式中的相对单元格引用（例如 A1）是基于包含公式和单元格引用的单元格的相对位置。如果公式所在单元格的位置改变，引用也随之改变。如果多行或多列地复制公式，引用会自动调整。默认情况下，新公式使用相对引用。例如，如果将单元格 B2 中的相对引用复制到单元格 B3，将自动从“=A1”调整到“=A2”。

3. 混合引用

混合引用具有绝对列和相对行，或者绝对行和相对列。绝对引用列采用 $A1、$B1 等形式；绝对引用行采用 A$1、B$1 等形式。如果公式所在单元格的位置改变，则相对引用改变，而绝对引用不变。如果多行或多列地复制公式，相对引用自动调整，而绝对引用不作调整。例如，如果将一个混合引用从 A2 复制到 B3，它将从 =A$1 调整到 =B$1。

视 频

案例5-11操作视频

【案例5-11】使用Excel 2016打开xls\25000204.xlsx，并按指定要求完成有关的操作。（注：没有要求操作的项目不要更改）

A. 在Sheet1工作表中将区域H3：H11统计每位员工的实发工资，其中实发工资＝基本工资＋津贴＋奖金－扣款额，引用单元格值进行公式计算，不可使用函数。

B. 保存文件。

【操作方法】

①打开xls\25000204.xlsx文件，在 Sheet1表中H3单元格输入公式“=D3+E3+F3-G3”（见图5-14），单击编辑栏中的“√”或者按【Enter】键确认输入。

②单击H3单元格，将光标移动到单元格右下角出现填充柄，单击填充柄并向下拖动到H11单元格后松开，则使用自动填充功能完成在H3：H11单元格区域输入。

③保存文件。

G3　=D3+E3+F3-G3

某公司员工工资表

序号	姓名	职务	基本工资	津贴	奖金	扣款额	实发工资
1	钟凝	业务员	1500	450	1200	98	=D3+E3+F3-G3
2	李陵	业务员	400	260	890	86.5	
3	薛海仓	业务员	1000	320	780	66.5	
4	胡梅	业务员	840	270	830	58	
5	周明明	会计	1000	350	400	48.5	
6	张和平	出纳	450	230	290	78	
7	郑裕同	技术员	380	210	540	69	
8	郭丽明	技术员	900	280	350	45.5	
9	赵海	工程师	1600	540	650	66	
10	郑黎明	技术员	880	270	420	56	
11	潘越明	会计	950	290	350	53.5	
12	王海涛	业务员	1300	400	1000	88	
13	罗晶晶	业务员	930	300	650	65	

图5-14　单元格引用

5.2.7　创建迷你图

视 频

创建迷你图

迷你图是工作表单元格中的一个微型图表（不是对象），可提供数据的直观表示。使用迷你图可以显示一系列数值的趋势（如季节性增加或减少、经济周期），或者可以突出显示最大值和最小值。在数据旁边放置迷你图可达到最佳效果。

【案例5-12】使用Excel2016打开xls\25000260.xlsx，并按指定要求完成有关的操作：

A.使用Sheet1工作表中B3：E7的区域数据，在F3：F7区域创建各风景区夏季4个月旅游人数的折线迷你图，选择显示标记。

B.保存文件。

【操作方法】

①打开xls\25000260.xlsx文件，选择F3单元格，在“插入”选项卡的“迷你图”组中，单击“折线”按钮。

②在打开的“创建迷你图”对话框中，单击数据范围文本框右边的按钮，如图5-15所示，随即打开一个新的对话框，用鼠标拖动选择B3：E3单元格区域，然后单击新对话框中文本框右边的按钮，又返回到图5-15所示的对话框中。同理，在位置范围文本框中单击F3单元格，单击“确定”按钮。

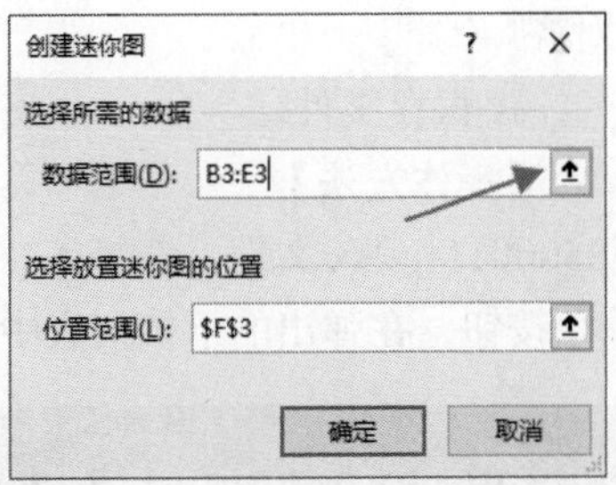

图5-15　“创建迷你图”对话框

视 频

案例5-12操作视频

③选中F3单元格，在“迷你工具图-设计”选项卡的“显示”组中选中“标记”复选框，如图5-16所示。

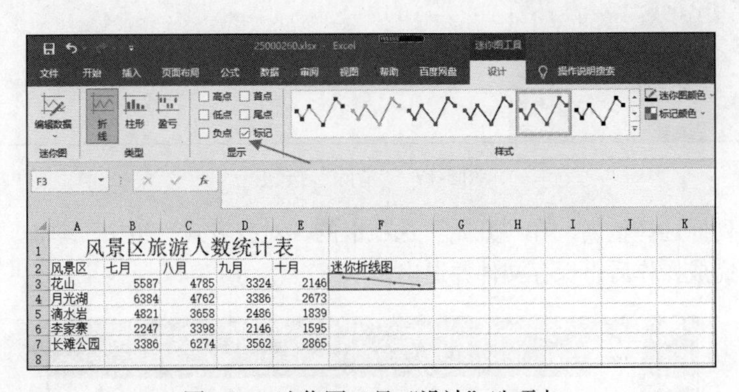

图5-16　迷你图工具“设计”选项卡

④选中F3单元格，将光标置于该单元格的右下角出现填充柄，单击填充柄并向下拖动到F7单元格，完成操作，保存文件并退出。

5.3　工作表的格式化

视 频

单元格字体设置

5.3.1　单元格字体设置

在Excel中，提供了几种设置单元格内容格式的方法：

①单击“开始”选项卡“字体”组右下角的扩展按钮，打开“设置单元格格式”对话框，在其中的“字体”选项卡中可以对单元格内容的字体、字形、字号、下画线、特殊效果和颜色等进行设置。

②单击“开始”选项卡“字体”组中的按钮进行设置。

③右击，在弹出的快捷菜单中选择“设置单元格格式”命令，打开“设置单元格格式”对话框，在其中的“字体”选项卡完成相应的字体设置。

视频

案例5-13操作视频

【案例5-13】使用Excel 2016打开xls\25000111.xlsx文件，并按指定要求完成有关的操作：

A.清除单元格区域A2：D2的字体格式，将A列的水平对齐方式设置为靠左对齐。

B.保存文件。

【操作方法】

①打开xls\25000111.xlsx文件，选择A2：D2单元格区域，在“开始”选项卡的“编辑”组中，单击“清除”按钮，在弹出的下拉列表中选择“清除格式”命令，如图5-17所示。

图5-17 “清除”按钮

②单击A列列标选择整列，在“开始”选项卡的“对齐方式”组中，单击“左对齐”按钮，如图5-18所示。完成操作后，保存文件并退出。

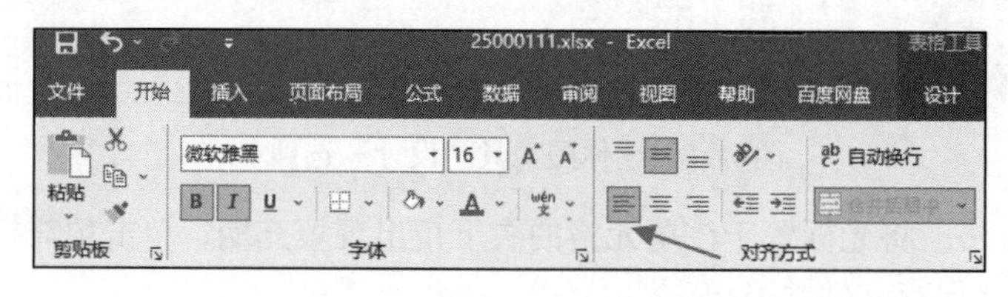

图5-18 “文本左对齐”按钮

视频

单元格样式的设置

5.3.2 单元格样式的设置

样式是一组定义并保存的格式集合，例如，数字格式、字体、字号、边框、对齐方式和底纹等。要想一次应用多种格式，并且要保证单元格的格式一致，可以使用样式。

单击“开始”选项卡“样式”组中的“单元格样式”按钮，在弹出的下拉列表中选择相关选项可以进行单元格样式的设置。应用样式也可以使用“剪贴板”组中的“格式刷”按钮。

【案例5-14】使用Excel 2016打开xls\25000119.xlsx文件，并按指定要求完成有关的操作：

A. 在Sheet1表中设置A2：F2单元格样式为“标题3”。

B. 保存文件。

视 频

案例5-14操作视频

【操作方法】

①打开xls\25000119.xlsx文件，选择A2：F2单元格区域，单击“开始”选项卡“样式”组中的“单元格样式”按钮。

②在弹出的列表中选择“标题3”，如图5-19所示。

③保存文件。

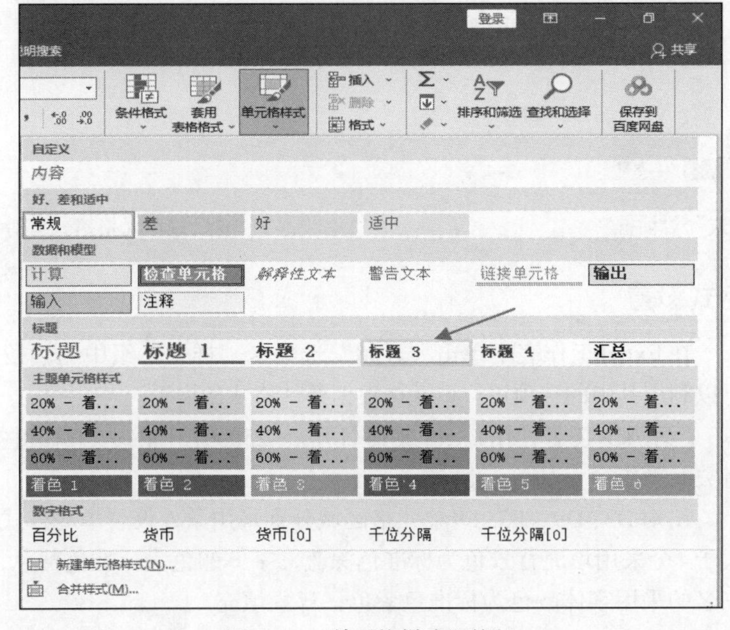

图5-19　“单元格样式”按钮

【案例5-15】使用Excel 2016打开xls\25000120.xlsx文件，并按指定要求完成有关的操作：

A. 创建一个名称为内容的新样式，该样式字体格式为黑体，字号12，倾斜，标准红色，设置A3：F10单元格区域套用该样式。

B. 保存文件。

视 频

案例5-15操作视频

【操作方法】

①打开xls\25000120.xlsx文件，单击“开始”选项卡“样式”组中的“单元格样式”按钮，在弹出的下拉列表中选择“新建单元格样式”命令。

②在打开的“样式”对话框的“样式名”文本框中输入“内容”，如图5-20所示。

③单击“样式”对话框中“格式”按钮，打开“设置单元格格式”对话框，在“字体”选项卡中设置字体格式为黑体，字号12，倾斜，标准红色，如图5-21所示。单击“确定”按钮返回“样式”对话框，继续单击“确定”按钮退出。

④选择A3：F10单元格区域，单击“单元格样式”按钮，在弹出的下拉列表中选择“内容”。完成操作后，保存文档。

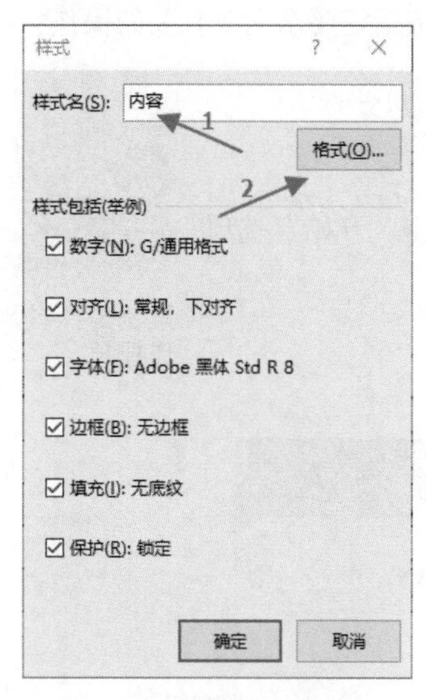

图5-20 “样式”对话框

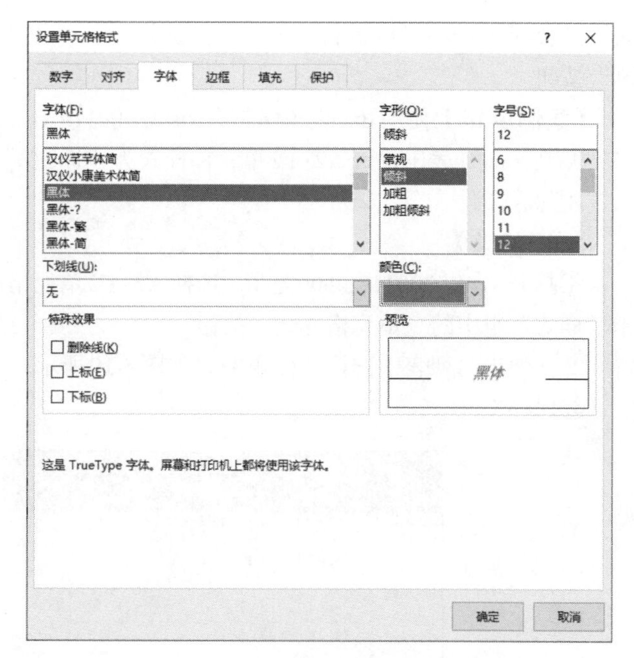

图5-21 “设置单元格格式”对话框

5.3.3 条件格式设置

视频

条件格式设置

在Excel工作表中单击“开始”选项卡“样式”组中的“条件格式”按钮，可以利用其中的选项进行单元格数据条件格式的设置。

【案例5-16】使用Excel 2016打开xls\25000121.xlsx文件，并按指定要求完成有关的操作：

A. 对D3：D9、F3：F9单元格区域分别采用条件设置填充样式，其中“谈吐”大于4分采用填充背景色为标准色深蓝，字体颜色为标准色黄色，对“总分”前三名的采用字体颜色为标准色紫色，背景填充效果为双色，颜色1为标准色浅绿色，颜色2为标准色绿色，底纹样式斜上。

B. 保存文件。

视频

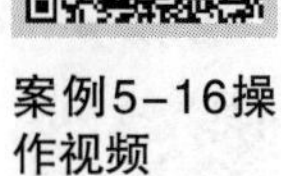

案例5-16操作视频

【操作方法】

①打开xls\25000121.xlsx文件，选择D3：D9单元格区域，单击“开始”选项卡“样式”组中的“条件格式”按钮，在弹出的下拉列表中选择“突出显示单元格规则”命令，出现下一级菜单，选择“大于”，如图5-22所示。

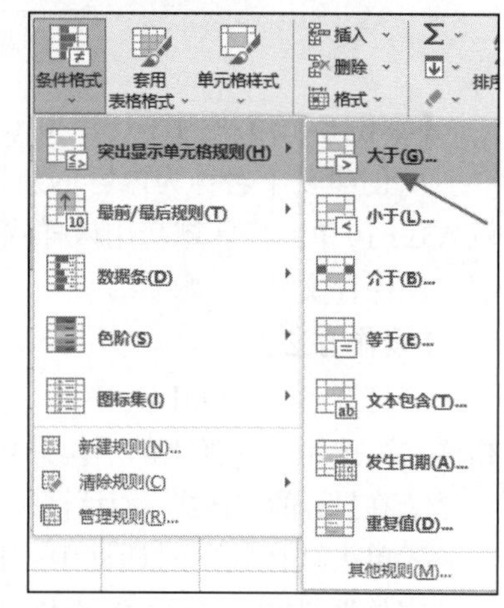

图5-22 “条件格式”按钮

②在打开的“大于”对话框中，在“为大于以下值的单元格设置格式”文本框中输入“4”，在“设置为”下拉列表中选择“自定义格式”，如图5-23所示。

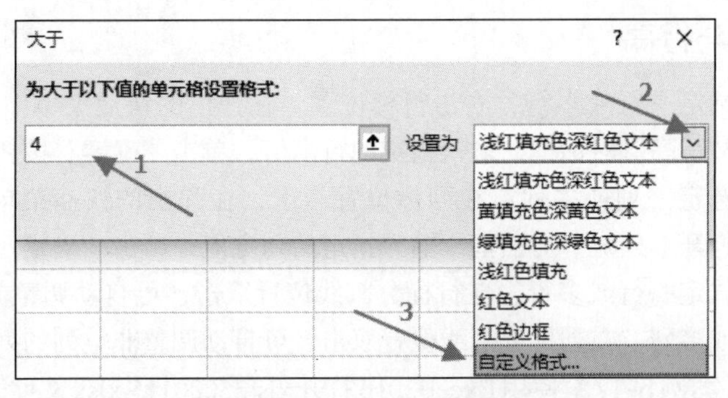

图5-23　“大于”对话框

③在打开的“设置单元格格式”对话框的“填充”选项卡中设置填充背景色为标准色深蓝，在“字体”选项卡中设置字体颜色为标准色黄色。单击“确定”按钮返回“大于”对话框，再次单击“确定”按钮返回工作表。

④选择F3:F9单元格区域，单击“开始”选项卡“样式”组中的“条件格式”按钮，在弹出的下拉列表中选择“最前/最后规则”命令，出现下一级列表，选择“其他规则”。

⑤打开“新建格式规则”对话框，在编辑规则说明的“为以下排列的数值设置格式”中，设为“最高”“3”，如图5-24所示。

⑥单击“新建格式规则”对话框中“格式”按钮，打开“设置单元格格式”对话框，在“字体”选项卡中设置字体颜色为标准色紫色。在“填充”选项卡单击“填充效果”按钮，打开“填充效果”对话框，设置颜色为双色，颜色1为标准色浅绿色，颜色2为标准色绿色，底纹样式斜上，如图5-25所示。

⑦单击“确定”返回“设置单元格格式”对话框，继续单击“确定”返回“新建格式规则”对话框，再次单击“确定”按钮返回工作表，保存文件。

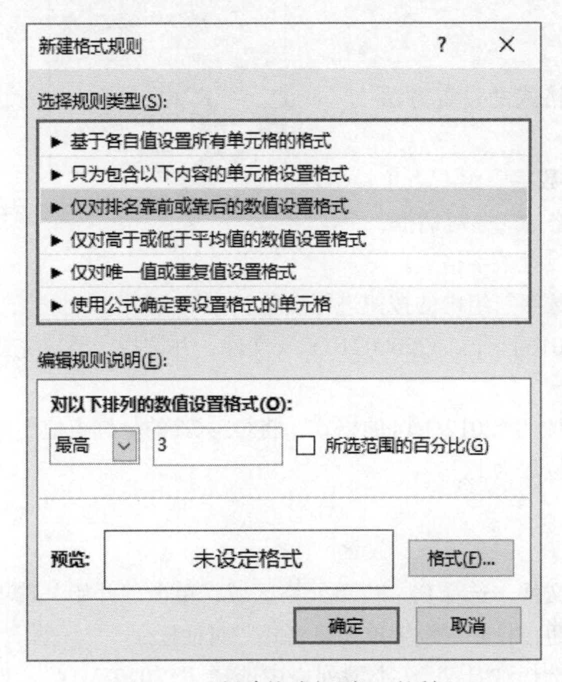

图5-24　“新建格式规则”对话框

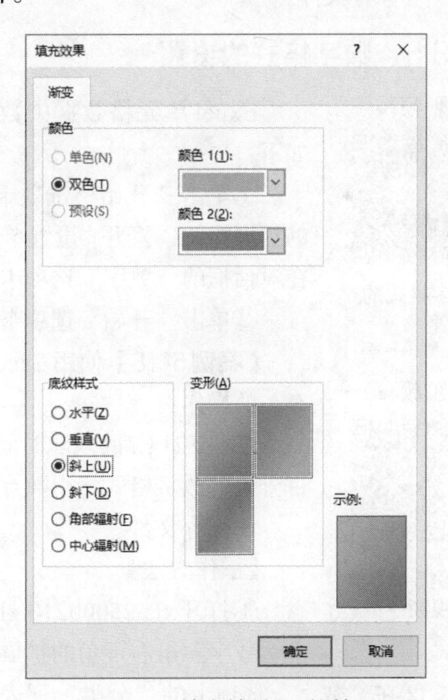

图5-25　“填充效果”对话框

5.3.4 设置列宽与行高

视 频

设置列宽与行高

选定一行或多行，右击行标位置，在弹出的快捷菜单中选择“行高”命令，打开“行高”对话框，输入指定的行高值，单击“确定”按钮。

选定一列或多列，在列标位置右击，在弹出的快捷菜单中选择“列宽”命令，打开“列宽”对话框，输入指定的列宽值，单击“确定”按钮。

选定一行或多行，在行标分割线位置双击，可自动调整非空行的行高。选定一列或多列，在列标分割线位置双击，可自动调整非空列的列宽。

视 频

案例5-17操作视频

【案例5-17】使用Excel 2016打开xls\25000115.xlsx文件，并按指定要求完成有关的操作。（注：没有要求操作的项目不要更改，不用指定函数或公式不得分）

A.为A2:D11单元区域形成的表格行高设置为22，将A列列宽设为自动调整列宽。

B.保存文件。

【操作方法】

①打开xls\25000115.xlsx文件，选择A2:D11单元格区域，单击“开始”选项卡“单元格”组中的“格式”按钮，在弹出的下拉列表中选择“行高”命令，如图5-26所示。在打开的“行高”对话框中输入行高为22，单击“确定”按钮返回工作表。

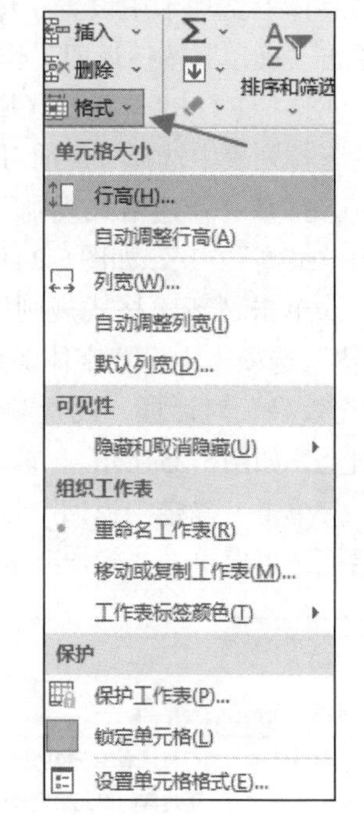

图5-26 “单元格”组“格式”按钮

②选择A列，单击“开始”选项卡“单元格”组中的“格式”按钮，在弹出的下拉列表中选择“自动调整列宽”命令。

③保存文件。

5.3.5 数字格式的设置

视 频

数字格式的设置

Excel单元格数据中数字格式的设置方法如下：

①单击“开始”选项卡“数字”组右下角的扩展按钮，打开“设置单元格格式”对话框，在对话框的“数字”选项卡中设置数字格式。

②单击“开始”选项卡“数字”组中的按钮进行设置。

视 频

案例5-18操作视频

【案例5-18】使用Excel 2016打开xls\25000210.xlsx文件，并按指定要求完成有关的操作：

A.将F2:F7的入职时间更改为*2012/3/14的格式，将G2:G7的分红点值使用百分比的数字格式，小数点的位数为1。

B.保存文件。

【操作方法】

①打开xls\25000210.xlsx文件，选择F2:F7单元格区域，单击“开始”选项卡“数字”组右下角的扩展按钮，打开“设置单元格格式”对话框。

②在“数字”选项卡的“分类”列表中选择“日期”，类型列表中选择“*2012/3/14”，如图5-27所示。

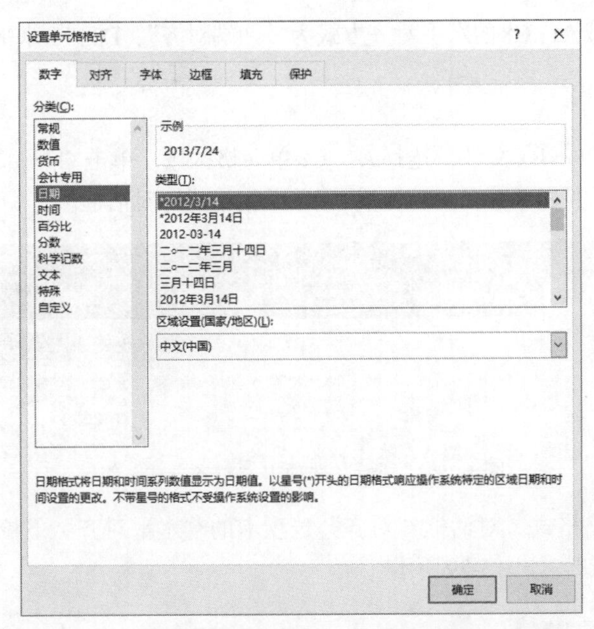

图 5-27　“设置单元格格式”对话框“数字”选项卡

③同理，选择G2:G7，在“设置单元格格式”对话框的“分类”列表中选择“百分比”，小数位数设为1。

④单击“确定”按钮，并保存文档。

5.3.6　表格格式设置

1.对齐方式设置

视 频

表格格式设置

在“开始”选项卡“对齐方式”组中，可单击其中的按钮快速设置对齐方式、自动换行等。其中，有一个Excel中比较特殊的对齐方式，即合并后居中，其中有多个子选项：合并后居中，将选择的多个单元格合并成一个较大的单元格，并将新单元格的内容居中，可对多行单元格进行合并；跨越合并，将相同行所选单元格合并到一个较大单元格中；合并单元格，将所选的单元格合并为一个单元格，对多行的单元格进行合并；取消单元格合并，将当前单元格拆分为多个单元格。

2.边框设置

单击“开始”选项卡“对齐方式”组右下角的扩展按钮，打开“设置单元格格式”对话框，单击“边框”选项卡，可以设置不同样式、颜色的边框，然后在边框区，单击不同按钮，设置对应的边框线。

删除边框线的方法：在“设置单元格格式”对话框，单击“边框”选项卡“样式”列表中选择“无”，然后，在边框设置区单击各边框按钮，取消边框线设置。

3.表格其他设置

视 频

案例5-19操作视频

选定指定单元格区域后，打开“设置单元格格式”对话框，单击“填充”选项卡，可设置背景颜色、填充效果、图案颜色和样式等。单击“无颜色”可取消背景设置。

【案例5-19】 使用Excel 2016打开xls\25000206.xlsx文件，并按指定要求完成有关的操作：

A. 设置单元格区域A1:C8的水平对齐方式为“两端对齐”，D1:F8水平对齐方式为“居中”。

B. 保存文件。

【操作方法】

①打开xls\25000206.xlsx文件，选择A1:C8单元格区域，单击“开始”选项卡“对齐方式”组右下角的扩展按钮（见图5-28），打开“设置单元格格式”对话框。

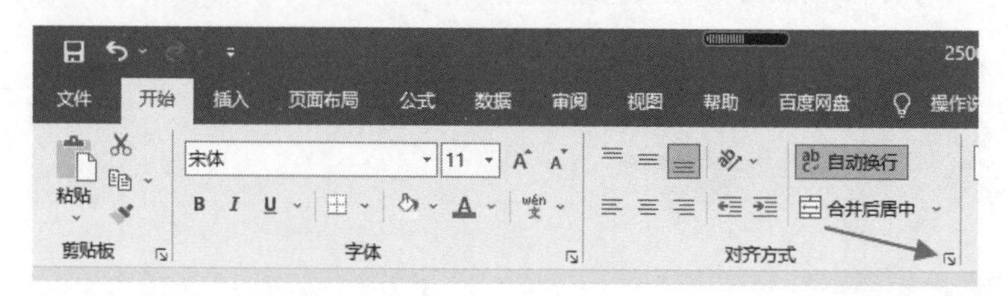

图5-28 “开始”选项卡“对齐方式”组

②在“设置单元格格式”对话框“对齐”选项卡的“水平对齐”下拉列表中选择“两端对齐”，单击“确定”按钮，如图5-29所示。

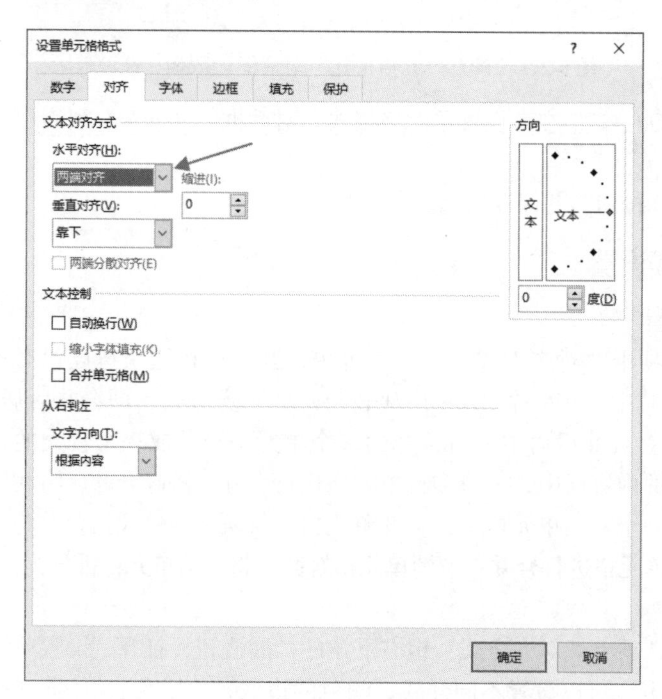

图5-29 “对齐”选项卡

③同理，设置D1:F8水平对齐方式为“居中”，保存文件并退出。

视频

套用表格表式

5.3.7 套用表格格式

在Excel工作表中单击“开始”选项卡“样式”组中的“套用表格格式”按钮，显示系统内置的表格样式列表，可以进行表格格式的套用和新建表格样式的设置。

【案例5-20】使用Excel 2016打开xls\25000213.xlsx文件，并按指定要求完成有关的操作：

A. 利用“套用表格格式”下的“表样式中等深浅 13”对 A2：F11 进行格式化，并选中“表包含标题”复选框。

B. 保存文件。

【操作方法】

①打开 xls\25000213.xlsx 文件，选择 A2：F11 单元格区域，在“开始”选项卡“样式”组中单击“套用表格格式”按钮，在弹出的下拉列表中选择“水绿色，表样式中等深浅 13”，如图 5-30 所示。

②在打开的“创建表”对话框中选中“表包含标题”复选框，如图 5-31 所示。

③单击“确定”按钮，并保存文件。

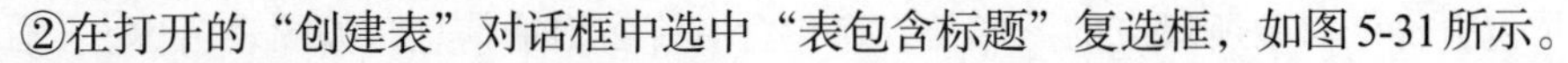

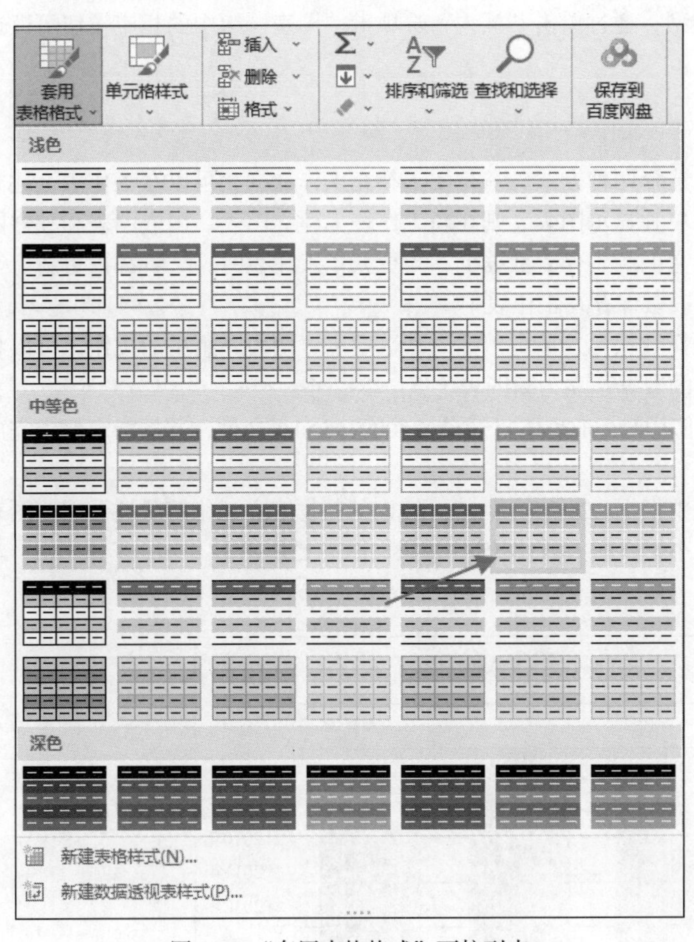

图 5-30　“套用表格格式”下拉列表

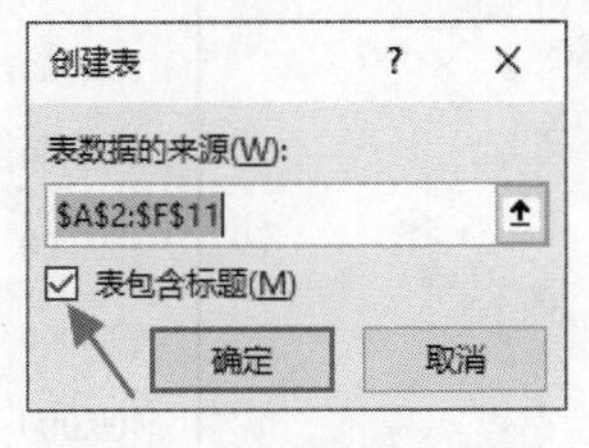

图 5-31　“创建表”对话框

5.4　Excel 图表应用

5.4.1　图表概述

Excel 图表是对 Excel 工作表统计分析结果的进一步形象化说明。建立图表的目的是希望借助阅读图表分析数据，直观地展示数据间的对比关系、趋势，增强

Excel工作表信息的直观阅读力度，加深对工作表统计分析结果的理解和掌握。

图表是用二维坐标系反映的，通常用横坐标x轴表示可区分的所有对象；用纵坐标y轴表示对象所具有的某种或某些属性的数值的大小。因此，常称x轴为分类（类别、对象）轴，y轴为数值轴。

在图表中，每个对象（记录）都对应x轴的一个刻度，它的属性值的大小都对应y轴上的一个高度值，因此可用一个相应的图形（如矩形块、点、线等）形象地反映出来，有利于对象之间属性值大小的直观比较和分析。

图表中除了包含每个对象所对应的图形外，还包含有许多附加信息，如图表名称、x轴和y轴名称、坐标系中的刻度线、对象的属性值标注等。

在Excel中提供了多种图表类型，通过单击“插入”选项卡“图表”组中的相应按钮可以选择所需图表类型。

5.4.2 建立图表

视频

建立图表

建立图表可以选择两种方式：一是用于补充工作数据，可以在工作表上建立内嵌图表；二是要单独显示图表，则在新工作表上建立图表。内嵌图表和独立图表都被链接到建立它们的工作表数据上，当更新了工作表时，二者都被更新。当保存工作簿时，图表被保存在工作表中。

在工作表中选择数据源，单击“插入”选项卡“图表”组中的按钮，可以将工作表中所选区域的数据建立为新图表。

【案例5-21】使用Excel 2016打开xls\25000133.xlsx文件，并按指定要求完成有关的操作。

视频

案例5-21操作视频

A. 在Sheet1表中根据A2:D5单元格区域内的数据建立二维簇状柱形图，图表标题为“广东各市小学入学人数比较”，效果如图5-32所示。

B. 保存文件。

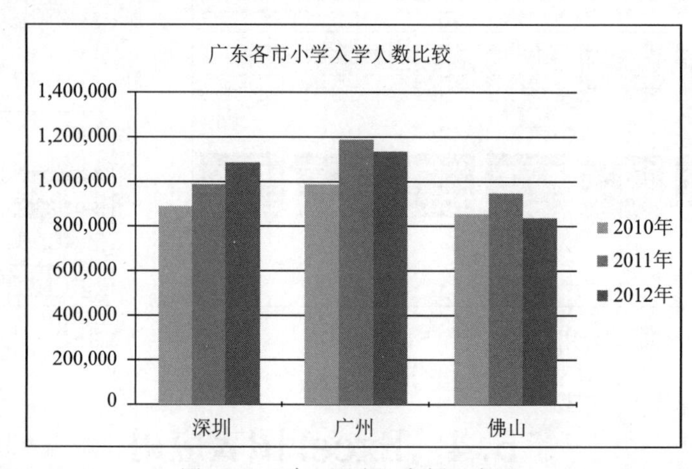

图5-32 “建立图表”案例示意图

【操作方法】

①打开xls\25000133.xlsx文件，选择A2:D5单元格区域，单击“插入”选项卡“图表”组右下角的扩展按钮，打开“插入图表”对话框，选择“所有图表”选项卡中“柱形图”中的“簇状柱形图”，然后选择右侧的图形，单击“确定”按钮，如图5-33所示。

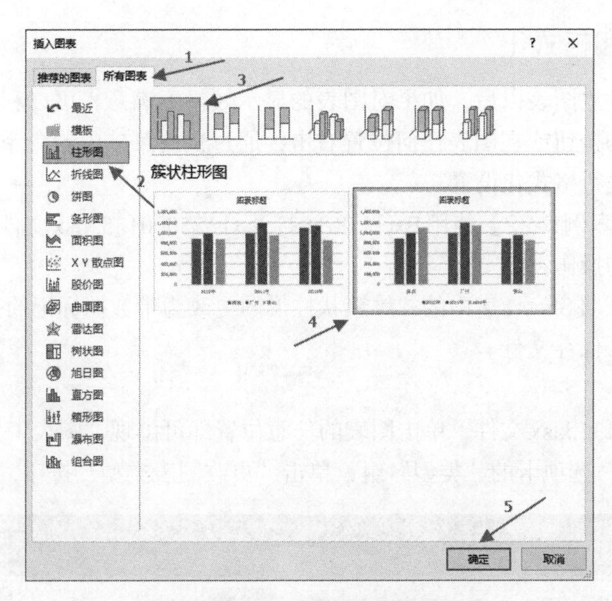

图5-33 “插入图表”对话框

②选择生成的图表，单击图表右上角的“图表元素”按钮，在弹出的列表中单击图例右边三角形按钮，选择“右”，如图5-34所示。

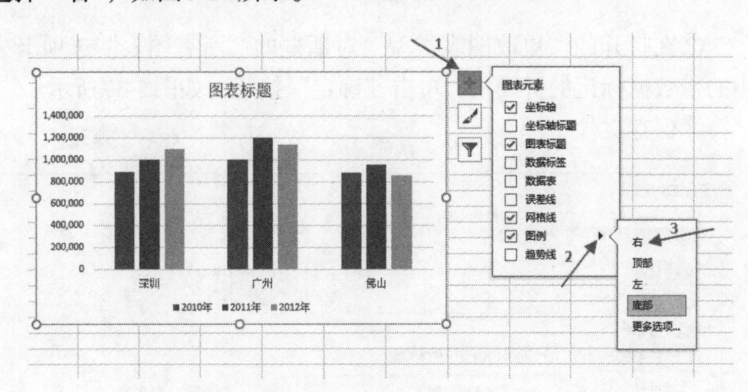

图5-34 图表元素

④在图表上方文本框中输入图表标题“广东各市小学入学人数比较”，如图5-35所示。

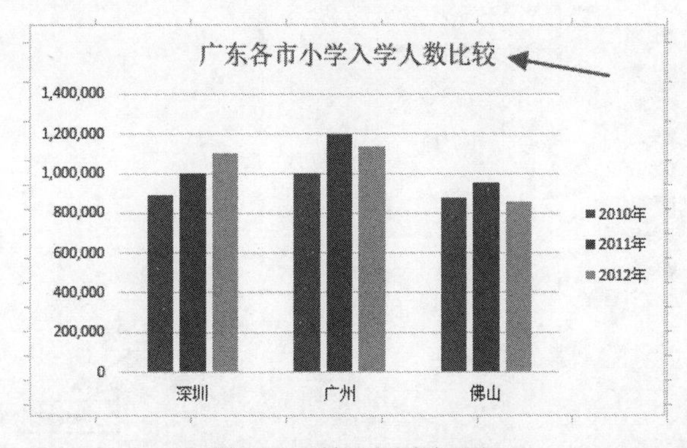

图5-35 输入图表标题

⑤完成操作，保存文件。

5.4.3 图表编辑和格式化

● 视 频

图表编辑和格式化

建立图表以后，如果对图表的显示效果不满意，可以利用“图表工具”选项卡中的按钮或在图表任何位置右击，通过快捷菜单中的命令对图表进行编辑或对图表进行格式化设置。

【案例5-22】使用Excel 2016打开xls\25000135.xlsx文件，并按指定要求完成有关的操作：

A.将Sheet1表中的二维簇状柱形图更改为带数据标记的折线图。

B.保存文件。

【操作方法】

①打开xls\25000135.xlsx文件，单击图表的任意位置即可出现“图表工具”功能区。在其中的“设计”选项卡的“类型”组，单击“更改图表类型”按钮，如图5-36所示。

图5-36 “图表工具–设计”选项卡

● 视 频

案例5-22操作视频

②在打开的“更改图表类型”对话框的“所有图表”选项卡中，选择折线图中的带数据标记的折线图，单击“确定”按钮，如图5-37所示。

③保存文件。

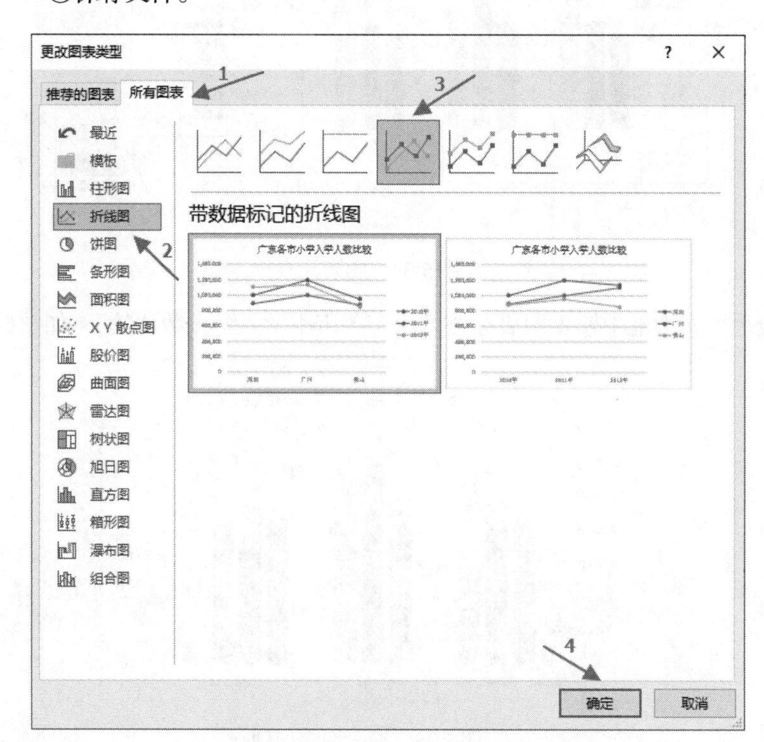

图5-37 “更改图表类型”对话框

5.5 Excel 数据应用与分析

5.5.1　数据有效性

视 频

数据有效性

数据有效性功能使用户可以指定在单元格中允许输入的数据类型，如文本、数字或日期等，以及有效数据的范围，比如小于指定数值的数字或特定数据序列的数值，当超过范围时，会提示用户。

用户可以单击“数据”选项卡“数据工具”组中的“数据验证”按钮来完成。

【案例 5-23】使用 Excel 2016 打开 xls\25000140.xlsx 文件，并按指定要求完成有关的操作。

A. 分别在 E3 : E5 输入“教授”“副教授”“讲师”，设置 C3 : C7 的序列数字有效性，序列的数据来源可引用区域为 E3 : E5 的内容，效果如图 5-38 所示。

学校教师一览表			
姓名	性别	职务	
张红	女		教授
李艾	女		副教授
黄泽	男		讲师
陈丽	女		
李伟	男		

图 5-38　“数据有效性”案例

视 频

案例5-23操作视频

B. 保存文件。

【操作方法】

①打开 xls\25000140.xlsx 文件，在 E3 : E5 单元格区域输入内容“教授”“副教授”“讲师”。

②选择 C3 : C7 单元格区域，单击“数据”选项卡“数据工具”组中的“数据验证”按钮，如图 5-39 所示。

图 5-39　单击“数据验证”按钮

③在打开的“数据验证”对话框中设置验证条件允许“序列”，来源选择 E3 : E5，如图 5-40 所示。

④单击“确定”按钮，保存文件。

视 频

数据筛选

5.5.2　数据筛选

在 Excel 中，进行数据的筛选只显示那些符合条件的记录，而将其他记录从视图中隐藏起来。筛选操作有自动筛选和高级筛选两种。

用户可以使用“数据”→“排序和筛选”组来完成。

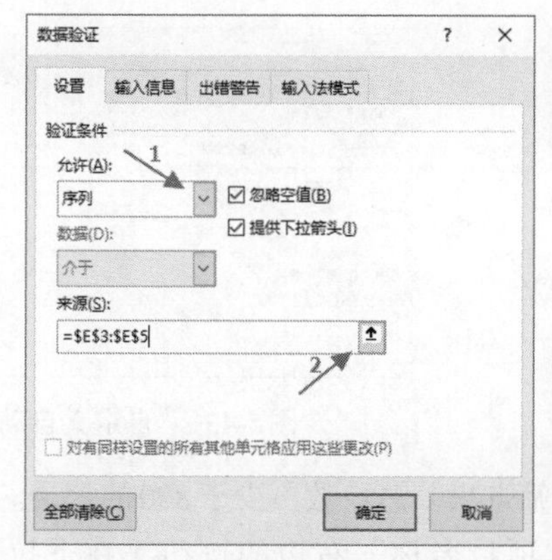

图 5-40　“数据验证”选项卡

视 频

案例5-24操作视频

【案例 5-24】使用 Excel 2016 打开 xls\25000022.xlsx 文件，并按指定要求完成有关

的操作：

A.采用自动筛选的方法，从Sheet1工作表中筛选出销售价高于25 000且总户数少于800，项目名称为“华夏新城”“七零八零”“沙河源”“城市花园”和“翡翠城”的记录。

B.保存文件。

【操作方法】

①打开xls\25000022.xlsx文件，选中A2：G22数据区域的任意一个单元格。

②在“数据”选项卡的“排序和筛选”组中，单击“筛选”按钮，如图5-41所示。

图5-41 “筛选”按钮

③此时每一个字段名的右边都有一个三角按钮，如图5-42所示。单击“销售价（元/平方米）”右边的按钮，在下拉列表中选择“数字筛选”→“大于”。

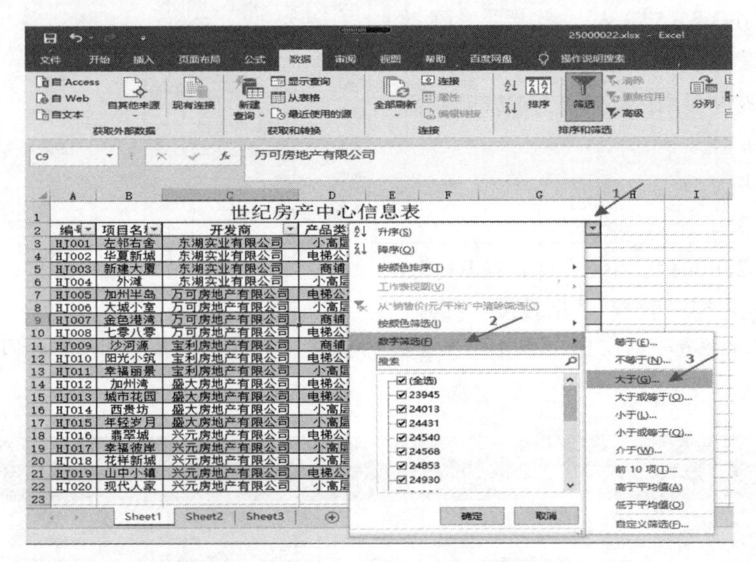

图5-42 自动筛选“销售价（元/平方米）”字段

④在打开的“自定义自动筛选方式”对话框左边的输入框中选择“大于”选项，打开“自定义自动筛选方式”对话框，在右边的输入框中输入25000，单击“确定”按钮，如图5-43所示。

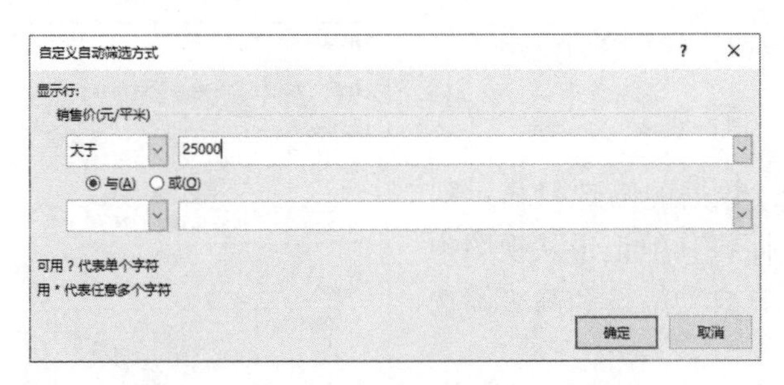

图5-43 “自定义自动筛选方式”对话框

⑤同理，筛选出“总户数”少于800的记录。

⑥单击“项目名称”右边的按钮，在下拉列表中勾选“华夏新城”“七零八零”“沙河源”“城市花园”“翡翠城”，如图5-44所示。

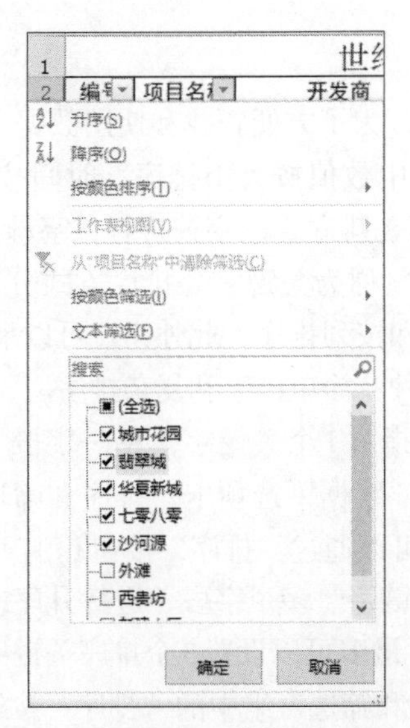

图5-44　自动筛选“项目名称”字段设置

⑦单击“确定”按钮，并保存文件。

【案例5-25】使用Excel 2016打开xls\25000023.xlsx文件，并按指定要求完成有关的操作：

A.采用高级筛选功能，把Sheet1工作表中销售价高于25 000且总户数少于800的记录筛选至A24开始的区域，条件区域从I2为左上角的区域开始。

B.保存文件。

案例5-25操作视频

【操作方法】

①打开xls\25000023.xlsx文件，在以I2为左上角的区域建立条件区域，条件中涉及2个字段：“销售价（元/平方米）”和“总户数”，如图5-45所示。

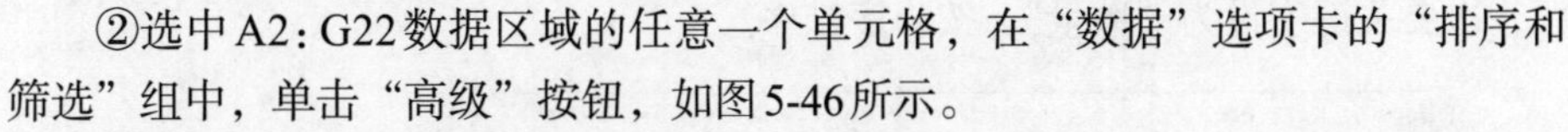

②选中A2:G22数据区域的任意一个单元格，在“数据”选项卡的“排序和筛选”组中，单击“高级”按钮，如图5-46所示。

③在打开的“高级筛选”对话框中，系统会自动给出A2:G22列表区域。

④单击“条件区域”右边的按钮，选择I2:J3条件区域。

⑤选择“方式”中的“将筛选结果复制到其他位置”按钮，单击“复制到”右边的按钮选择筛选结果存放的起始位置A24单元格，如图5-47所示。

⑥单击“确定”按钮，并保存文件。

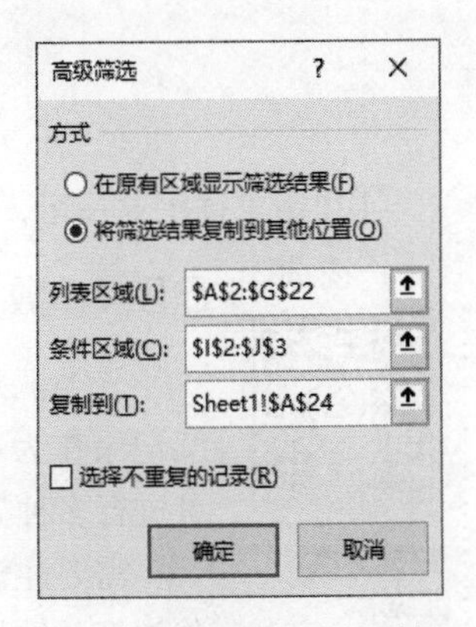

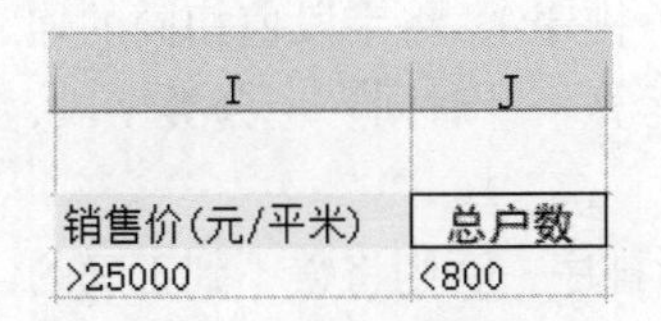

图5-45　高级筛选条件区

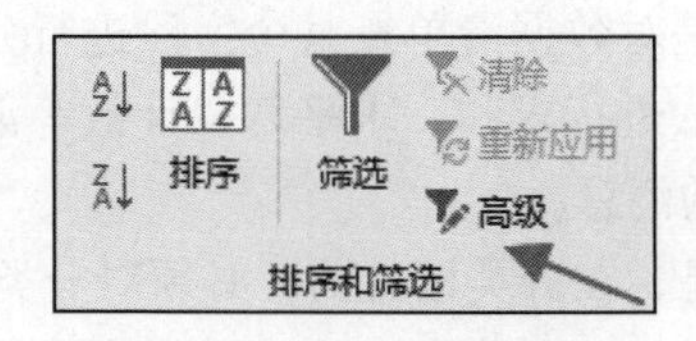

图5-46　“高级”按钮

图5-47　“高级筛选”对话框

5.5.3 数据排序

视 频

数据排序

在实际应用中，为了方便查找和使用数据，用户通常按一定顺序对数据清单进行重新排列。其中数值按大小排序，时间按先后排序，英文字母按字母顺序（默认不区分大小写）排序，汉字按拼音首字母排序或笔画排序。

用来排序的字段称为关键字。排序方式分升序（递增）和降序（递减），排序方向有按行排序和按列排序，此外，还可以采用自定义排序。

数据排序有两种：简单排序和复杂排序。

①简单排序：指对1个关键字（单一字段）进行升序或降序排列。在Excel 2016中，简单排序可以通过单击“数据”选项卡“排序和筛选”组中的“升序排序”按钮、“降序排序”按钮快速实现，也可以通过“排序”按钮打开“排序”对话框进行操作。

②复杂排序：指对1个以上关键字（多个字段）进行升序或降序排列。当排序的字段值相同时，可按另一个关键字继续排序，最多可以设置3个排序关键字。在Excel 2016中，复杂排序必须通过单击“数据”选项卡“排序和筛选”组中的“排序”按钮来实现。

视 频

案例5-26操作视频

【案例5-26】使用Excel 2016打开xls\25000136.xlsx文件，并按指定要求完成有关的操作：

A. 在Sheet1表中对总额由高到低进行排序，总额相同时，对数量进行由高到低排序。

B. 保存文件。

【操作方法】

①打开xls\25000136.xlsx文件，选中A2:D12数据区域的任意一个单元格。

②在“数据”选项卡的“排序和筛选”组中，单击“排序”按钮。

③在打开的“排序”对话框（见图5-48）中，主要关键字设为“总额”，按降序排序；单击“添加条件”按钮，次要关键字设为“数量”，按降序排序。

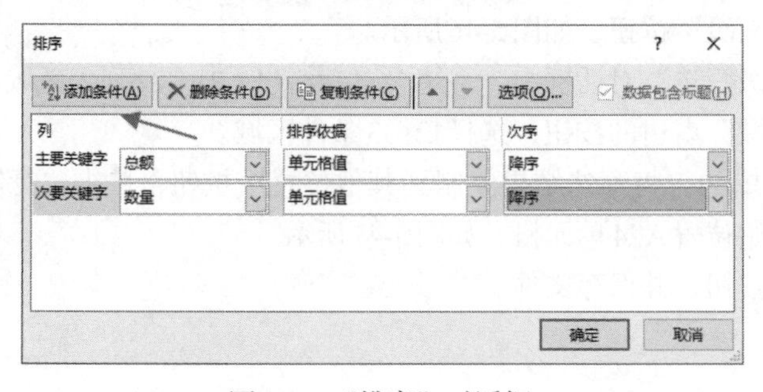

图5-48 “排序”对话框

④单击“确定”按钮，并保存文件。

视 频

数据分类汇总

5.5.4 数据分类汇总

分类汇总就是对数据清单按某个字段进行分类（排序），将字段值相同的连续记录作为一类，进行求和、求平均、计数等汇总运算。针对同一个分类字段，可进行多种方式的汇总。

需要注意的是，在分类汇总前，必须对分类字段排序，否则将得不到正确的分类汇总结果；其次，在分类汇总时要清楚对哪个字段分类、对哪些字段汇总以及汇总的方式，这些都需要在“分类汇总”对话框中逐一设置。

【案例5-27】 使用Excel 2016打开xls\25000226.xlsx文件，并按指定要求完成有关的操作：

A.先把“学生成绩表”中的学生成绩按专业进行降序排序，然后分类汇总：分别统计不同专业计算机成绩的平均值。

B.保存文件。

【操作方法】

①打开xls\25000226.xlsx文件，选中“专业”列的任意一个单元格。

②在“数据”选项卡的“排序和筛选”组中，单击“降序”按钮，如图5-49所示。此时“学生成绩表”中的学生成绩按专业进行了降序排序。

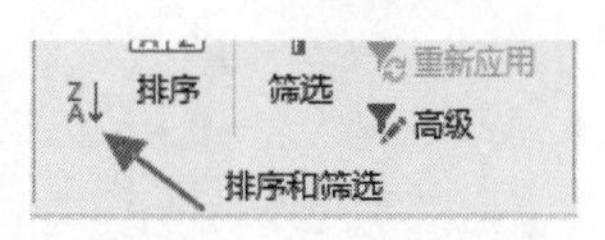

图5-49　“降序”按钮

③在“数据”选项卡的“分级显示”组中，单击“分类汇总”按钮，如图5-50所示。

图5-50　“分类汇总”按钮

④在打开的“分类汇总”对话框中，设置分类字段为“专业”，汇总方式为“平均值”，在“选定汇总项”中选中“计算机”复选框，如图5-51所示。

⑤单击“确定”按钮完成设置，保存文件。

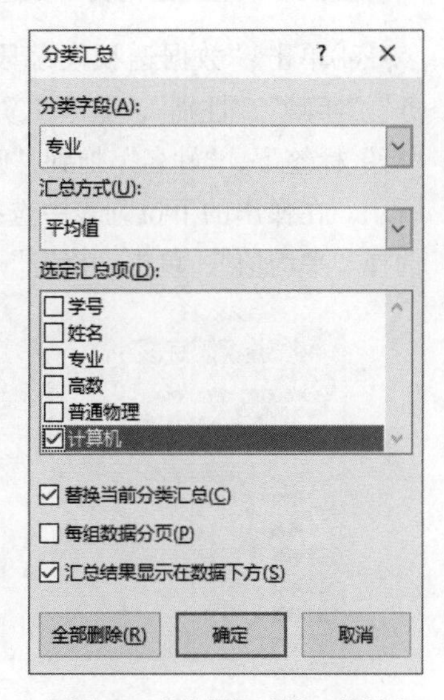

图5-51　“分类汇总”对话框

5.5.5　数据透视表/图

数据透视表是一种对大量数据快速汇总和建立交叉列表的交互式表格。它可以将数据排序、数据筛选和分类汇总3个过程结合在一起，让用户非常便捷地在一个数据库中重新组织和统计数据。统计可以是求和、计数、平均值、最大值、最小值、乘积、数值计数、标准偏差、总体标准偏差、方差、总体方差。用户可以使用“插入”选项卡“表格”组的“数据透视表”命令来完成。

【案例5-28】 使用Excel 2016打开xls\25000025.xlsx文件，并按指定要求完成有关的操作。

A.利用Sheet1工作表单元区域为A2：J16作为数据源创建数据透视表，以反映不同性别、不同职务的平均基本工资情况。

B.分别以性别与年龄作为列标签，职务作为行标签，显示列标题、行标题，姓名为报表筛选；不显示行总计和列总计选项；把所创建的透视表放在Sheet1工作表的A20开始的区域中，整个透视表设置数据透视表样式为“冰蓝，数据透视表中等深浅9”，并将透视表命名为基本工资透视表。

C.保存文件。

【操作方法】

①打开xls\25000025.xlsx文件，选择“工资表”中任意一个单元格。

②在“插入”选项卡的“表格”组中，单击“数据透视表”按钮，如图5-52所示。

③在打开的“创建数据透视表”对话框中，选择单元区域为A2:J16作为数据源，放置数据透视表的位置为现有工作表以A20单元格开始的区域，单击“确定”按钮，如图5-53所示。

图5-52 “数据透视表”按钮

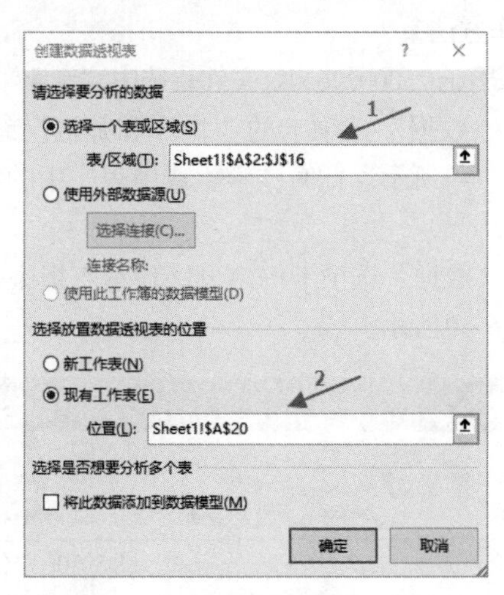

图5-53 “创建数据透视表”对话框

④单击“数据透视表字段”任务窗格，在选择要添加到报表的字段中勾选“姓名”“职务”“年龄”“性别”“基本工资”，将“性别”与“年龄”字段拖到“列”标签下，“职务”拖到“行”标签下，“姓名”拖到“筛选”标签下，单击“求和项：基本工资”旁边的按钮，如图5-54所示。在弹出的下拉列表中选择“值字段设置”，打开“值字段设置”对话框，值字段汇总方式选择“平均值”，单击“确定”按钮，如图5-55所示。

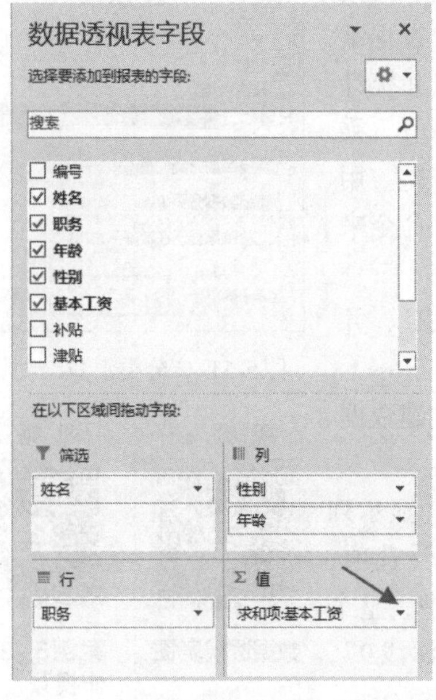

图5-54 “数据透视表字段”任务窗格

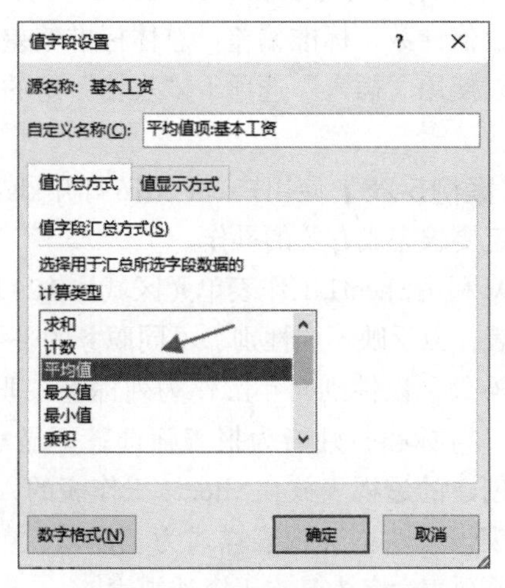

图5-55 “值字段设置”对话框

⑤选择数据透视表，激活“数据透视表工具”“分析”选项卡，在“数据透视表”组中单击“选项”按钮，如图5-56所示。展开列表中选择“选项”命令，打开“数据透视表选项”对话框，在“汇总和筛选”选项卡中取消勾选“显示行总计”和“显示列总计”复选框，并将透视表命名为基本工资透视表，单击“确定”按钮，如图5-57所示。

⑥其余选项均保持默认设置，完成操作，保存文件。

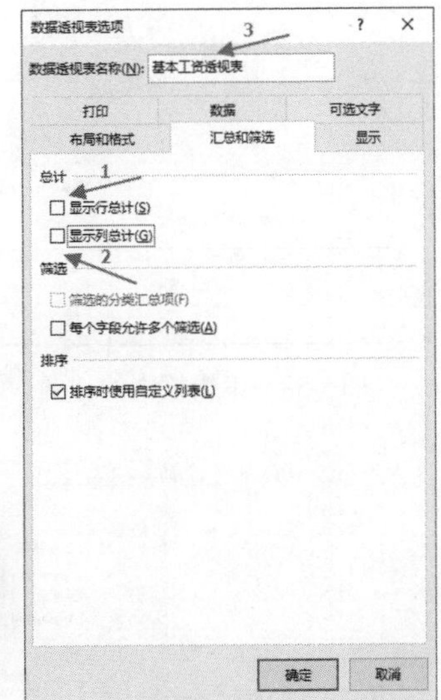

图5-56　“数据透视表工具-分析”选项卡的“数据透视表”组

图5-57　“数据透视表选项”对话框

5.6　基础函数

5.6.1　最大最小值函数MAX/ MIN

MAX/MIN函数属于统计函数，分别用来计算所选单元格区域中数据的最大/最小值。在Excel 2016中，单击“公式”选项卡“函数库”组中的“插入函数”按钮，在打开的“插入函数”对话框的“或选择类别”下拉列表中选择。

视 频

最大最小值函数

【案例5-29】使用Excel 2016打开xls\25000238.xlsx文件，并按指定要求完成有关的操作：

A.在Sheet1表中F3：F15单元格区域用MIN函数计算出最小的销售金额，并把结果放在G16中。

B.保存文件。

【操作方法】

视 频

案例5-29操作视频

①打开xls\25000238.xlsx文件，选中G16单元格，单击编辑栏中的“插入函数”按钮*fx*（见图5-58），打开“插入函数”对话框，选择类别为“统计”，在“选择函数”列表框中，选择MIN函数，如图5-59所示。

②单击“确定”按钮，打开“函数参数”对话框，单击Number1文本框旁边的按钮，如图5-60所示。

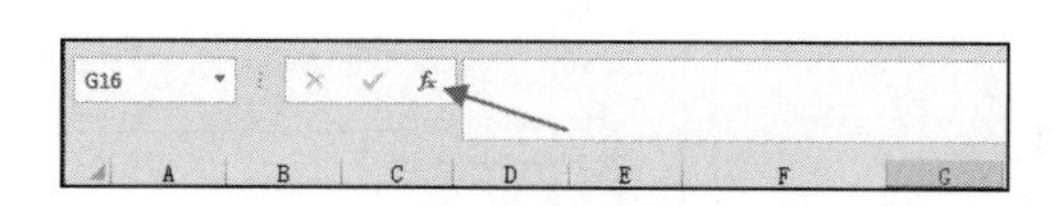

图5-58　编辑栏中的“插入函数”按钮

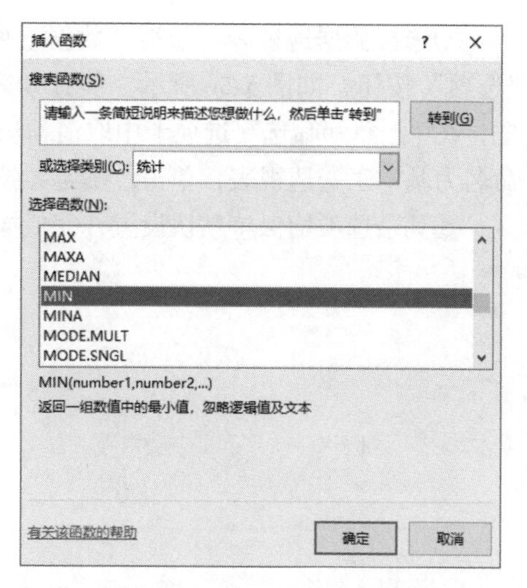

图5-59　“插入函数”对话框

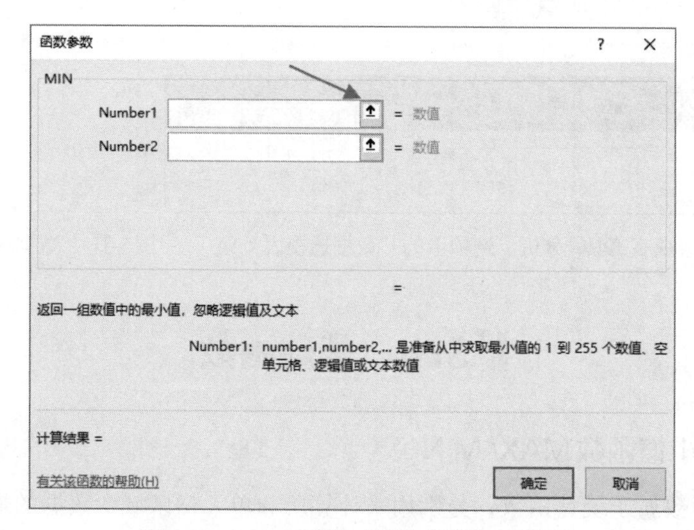

图5-60　MIN函数的“函数参数”对话框

③随即打开新的对话框，选择F3:F15单元格区域，再单击对话框旁边的按钮（见图5-61），返回到“函数参数”对话框，单击“确定”按钮。

④保存文件并退出。

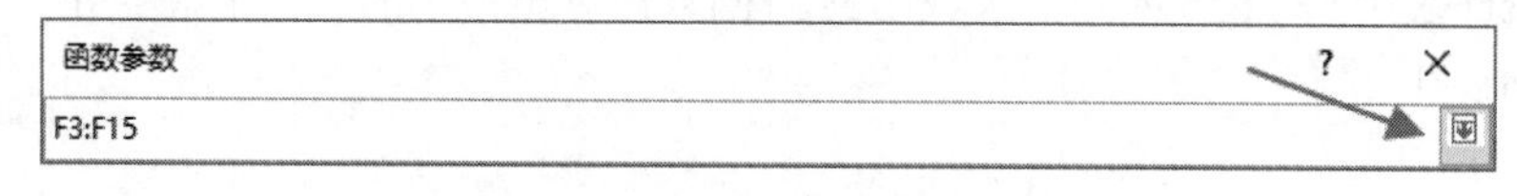

图5-61　“函数参数”对话框

视频

求和函数SUM

5.6.2　求和函数SUM

SUM函数属于数学和三角函数，用来计算单元格区域中所选数值的和。

在Excel 2016中，单击“公式”选项卡“函数库”组中的“插入函数”按钮，在打开的“插入函数”对话框的“或选择类别”下拉列表中选择“数学和三角函数”选项，然后选择函数。

视 频

案例5-30操作视频

【案例5-30】使用Excel 2016打开xls\25000123.xlsx文件，并按指定要求完成有关的操作。

A.对G3：G8单元格区域用SUM函数计算总销量。

B.保存文件。

【操作方法】

①打开xls\25000123.xlsx文件，选中G3单元格，单击编辑栏中的“插入函数”按钮*fx*，打开“插入函数”对话框，在“选择函数”列表框中，选择SUM函数，如图5-62所示。

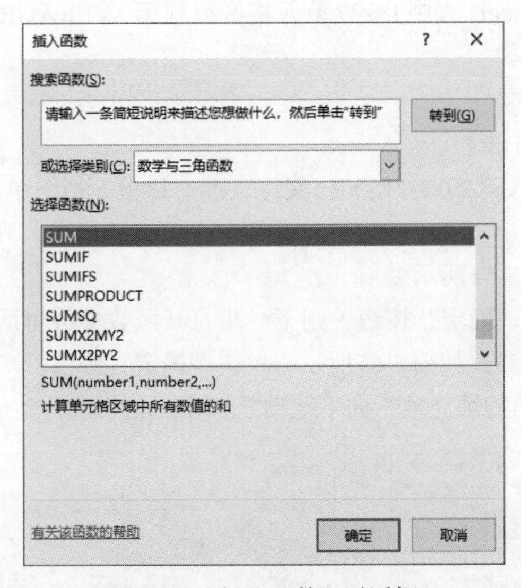

图5-62　“插入函数”对话框

②单击“确定”按钮，则下一步打开函数参数对话框，在Number1的文本框中出现B3：F3，单击“确定”按钮，如图5-63所示。

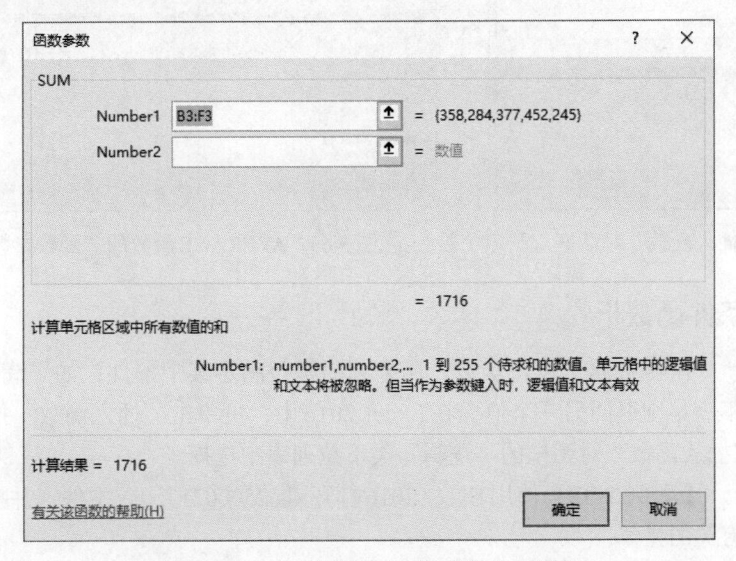

图5-63　SUM函数的“函数参数”对话框

③将光标置于G3单元格的右下角出现填充柄，单击填充柄并向下拖动到G8单元格，则把公式填充到G4：G8单元格区域。保存文件并退出。

5.6.3 平均值函数AVERAGE

平均值函数

AVERAGE函数属于统计函数，用来计算所选单元格区域中数据的算术平均值。

在Excel 2016中，在“插入函数”对话框的“统计”函数类下拉列表中选择。

【案例5-31】使用Excel 2016打开xls\25000215.xlsx文件，并按指定要求完成有关操作：

A.在Sheet1表中I3：I7单元格区域利用AVERAGE函数计算出学生每门课的平均成绩。

B.保存文件。

视频

案例5-31操作视频

【操作方法】

①打开xls\25000215.xlsx文件，选中I3单元格，单击编辑栏中的“插入函数”按钮*fx*，打开“插入函数”对话框，在“选择函数”列表框中，选择AVERAGE函数，如图5-64所示。

②单击“确定”按钮，则下一步打开函数参数对话框，在Number1的文本框中出现E3：H3，如图5-65所示，单击“确定”按钮。

③单击I3单元格右下角的填充柄，向下拖动至I7单元格释放。完成操作，保存文件并退出。

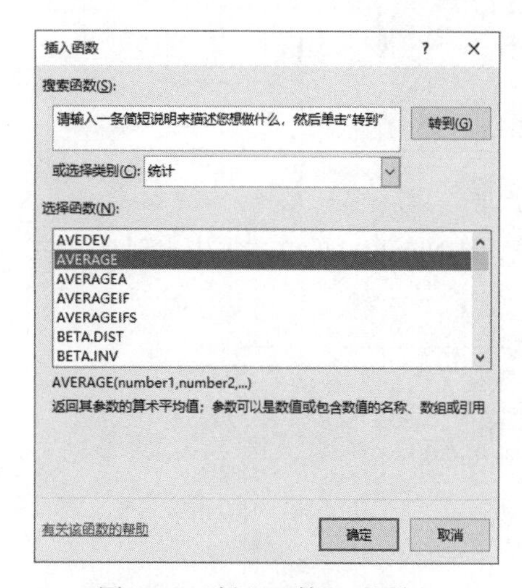

图5-64 “插入函数”对话框

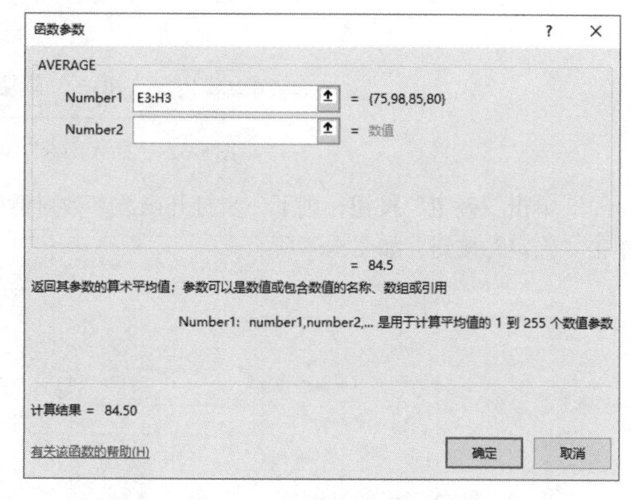

图5-65 AVERAGE函数的“函数参数”对话框

5.6.4 逻辑条件函数IF

逻辑条件函数

IF函数属于逻辑函数，用来判断是否满足某个条件，如果满足返回一个值，不满足则返回另一个值。在Excel 2016中，可单击“插入函数”按钮，在打开的“插入函数”对话框的“逻辑”类下拉列表中选择。

【案例5-32】使用Excel 2016打开xls\25000217.xlsx文件，并按指定要求完成有关的操作：

A.在Sheet1表中使用IF函数在D列根据学生的高数成绩评定等级，其中[0,

60）为不及格，[60，80）为及格，[80，100]为优秀。

B.保存文件。

【操作方法】

①打开xls\25000217.xlsx文件，选中D3单元格。

②方法一：单击编辑栏中的插入函数按钮*fx*，打开“插入函数”对话框，在“选择函数”列表框中，选择IF函数。

③单击“确定”按钮，打开“函数参数”对话框：

Logical_test是一个逻辑表达式，这里为C3>=80。

Value_if_true是当Logical_test参数的计算结果为TRUE时要返回的值，本题中为“优秀”。

Value_if_false是当Logical_test参数的计算结果为FALSE时要返回的值，本题中需要多重嵌套IF函数，输入公式“IF（C3>=60,"及格","不及格"）”，注意公式中所有符号均为半角符号，最后单击“确定”按钮，如图5-66所示。

④方法二：在D3单元格输入“=IF（C3>=80,"优秀",IF（C3>=60,"及格","不及格"））”，如图5-67所示。按键盘【Enter】键确认输入。

⑤单击D3单元格右下角的填充柄，向下拖动至D14单元格释放。完成操作，保存文件。

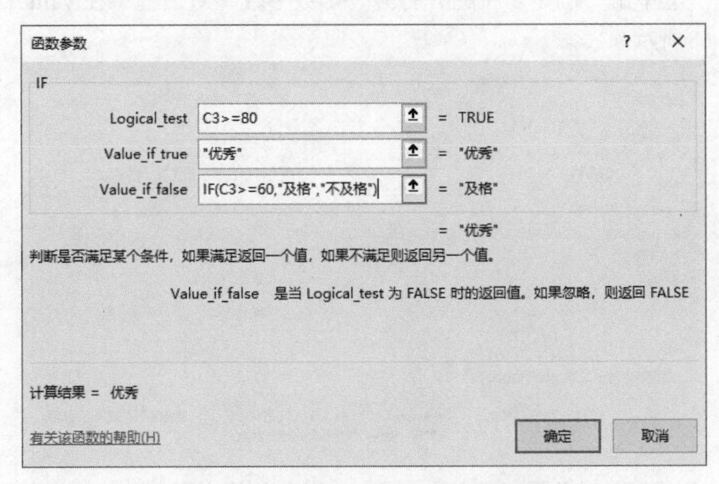

图5-66　IF函数“函数参数”对话框

D3　=IF(C3>=80,"优秀",IF(C3>=60,"及格","不及格"))

	A	B	C	D	E	F	G
1		高数成绩表					
2	学号	姓名	高数	成绩评定			
3	002007101	赵永恒	88	优秀			
4	002007102	王志刚	85				
5	002007103	孙红	89				
6	002007104	钟秀	90				
7	002007105	林小林	73				
8	002007106	黄河	81				
9	002007107	宁中一	86				
10	002007108	陶同明	57				
11	002007109	曹文华	85				
12	002007110	杨青	95				
13	002007111	李立扬	55				
14	002007112	孟晓霜	74				

图5-67　IF函数嵌套应用

5.6.5 统计函数COUNT

视 频

统计函数

COUNT函数属于统计函数，用来计算单元格区域中所选数值的个数。COUNT函数在选择参数时，一定要选择包含数字的单元格区域，否则不能统计。

在Excel 2016中，可单击“插入函数”按钮，在打开的“插入函数”对话框的“统计”类下拉列表进行选择。

视 频

案例5-33操作视频

【案例5-33】 使用Excel 2016打开xls\25000241.xlsx文件，并按指定要求完成有关的操作：

A. 用统计函数COUNT函数在Sheet1表中E12单元格根据“员工号”统计员工的数量。

B. 保存文件。

【操作方法】

①打开xls\25000241.xlsx文件，选中E12单元格，单击编辑栏中的“插入函数”按钮*fx*，打开“插入函数”对话框，选择类别为“统计”，在“选择函数”列表框中，选择COUNT函数。

②单击“确定”按钮，打开“函数参数”对话框，在Value1的文本框中输入A3:D11，如图5-68所示。

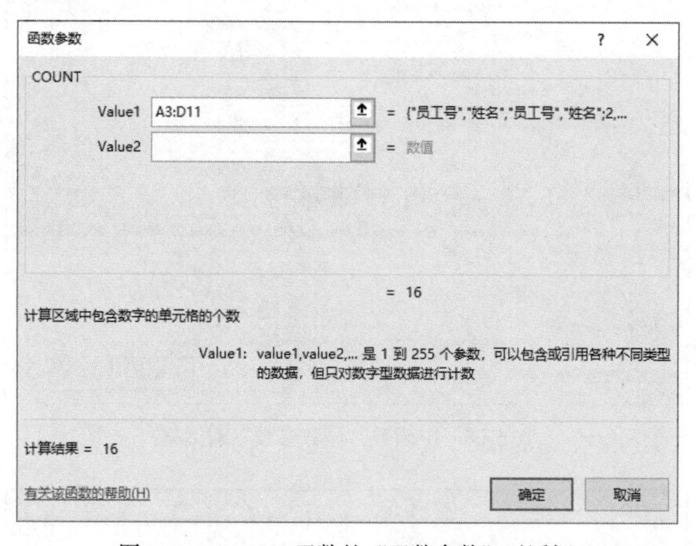

图5-68 COUNT函数的“函数参数”对话框

③单击“确定”按钮，保存文件。

5.6.6 日期时间函数YEAR、NOW

视 频

日期时间函数

YEAR函数的功能是返回日期的年份值，一个1 900～9 999之间的数字。

NOW函数的功能是返回日期时间格式的当前日期和时间，不需要参数。

在Excel 2016中，单击“插入函数”按钮，在打开的“插入函数”对话框的“日期与时间”类下拉列表进行选择。

【案例5-34】 使用Excel 2016打开xls\25000127.xlsx文件，并按指定要求完成有关的操作：

A.在B2：D2区域中使用日期时间函数对应计算A1单元格中相应的年月日值。

B.保存文件。

视 频

案例5-34操作视频

【操作方法】

①打开xls\25000127.xlsx文件，选中B2单元格。

②在B2单元格输入=YEAR（A2），按键盘【Enter】键确认输入，如图5-69所示。

B2　=YEAR(A2)

	A	B	C	D
1		年	月	日
2	2014/3/16	2014		
3				

图5-69　YEAR函数使用

③同理，在C2单元格输入=MONTH（A2），在D2单元格输入=DAY（A2）。

④完成操作，保存文件。

【案例5-35】

视 频

案例5-35操作视频

使用Excel 2016打开xls\25000218.xlsx文件，并按指定要求完成有关操作：

A.请用YEAR函数在Sheet1表中C2：C6计算每个人的工龄，以工作表中的E2单元格显示日期为计算的截止日期。

B.保存文件。

【操作方法】

（1）打开xls\25000218.xlsx文件，选中C2单元格。

②在C2单元格中输入=YEAR（E2）-YEAR（B2），按键盘【Enter】键确认输入，如图5-70所示。

注意：对E2单元格使用绝对地址引用"E2"，以便复制时总是引用E2单元格不变。

③单击C2单元格右下角的填充柄，向下拖动填充至C6单元格释放，如图5-70所示。

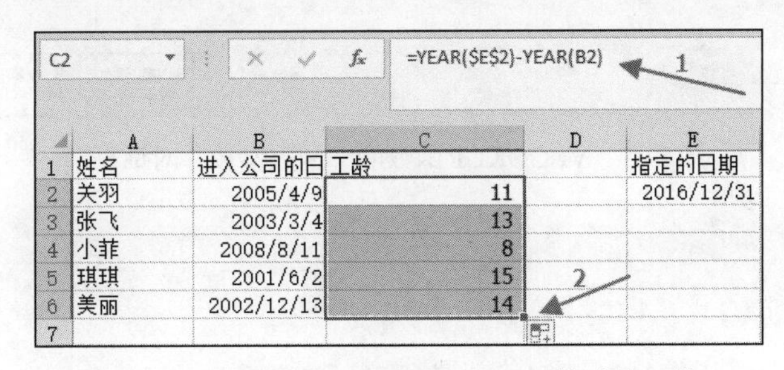

	A	B	C	D	E
1	姓名	进入公司的日	工龄		指定的日期
2	关羽	2005/4/9	11		2016/12/31
3	张飞	2003/3/4	13		
4	小菲	2008/8/11	8		
5	琪琪	2001/6/2	15		
6	美丽	2002/12/13	14		
7					

图5-70　使用YEAR函数、NOW函数计算工龄

④完成操作，保存文件。

5.6.7　搜索元素函数VLOOKUP

视 频

搜索元素函数

VLOOKUP函数属于查找与引用函数，用来搜索工作表区域首列满足条件的元素，确定待检索单元格区域中的行序号，再进一步返回选定单元格的值。默认情况下，表是以升序排序的。

在Excel 2016中，单击“公式”选项卡“函数库”组中的“插入函数”对话框，在打开的“插入函数”对话框中类别选择“查找与引用”类然后选择函数。

视 频

案例5-36操作视频

【案例5-36】 使用Excel 2016打开xls\25000244.xlsx文件，并按指定要求完成有关的操作：

A. 在Sheet1工作表中使用VLOOKUP计算公式，把姓名对应的住房补贴填入J列中。

B. 保存文件。

【操作方法】

①打开xls\25000244.xlsx文件，选中J2单元格，单击编辑栏中的插入函数按钮*fx*，打开“插入函数”对话框，选择类别为“查找与引用”，在“选择函数”列表框中，选择VLOOKUP函数。

②单击“确定”按钮，打开“函数参数”对话框，函数参数设置如图5-71所示。

③单击“确定”按钮。

④单击J2单元格右下角的填充柄，向下拖动填充至J5单元格。完成操作，保存文件。

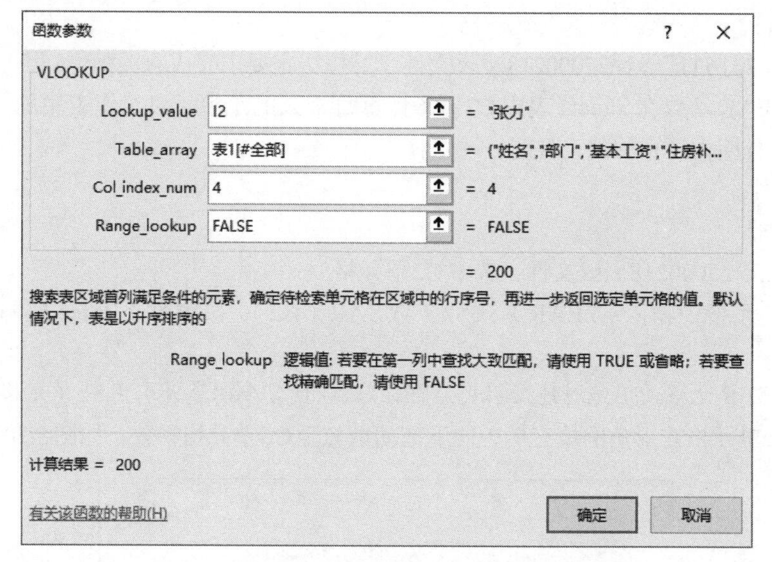

图5-71 VLOOKUP函数的“函数参数”对话框

习 题

1.Excel中的货币格式除了可以在数字前加人民币符号外，还有（　　）格式也可以在数字前加人民币符号。

A.常规　　B.数值　　C.会计专用　　D.特殊

2.如果想要当Excel中表格的列宽变窄时，文字就换到下一行，必须先设置（　　）。

A.垂直对齐　　B.纵向文本　　C.自动换行　　D.合并单元格

3.在Excel工作表中，如果输入到单元格中的数值太长，单元格不能完整显示其内容时，应（　　）。

A. 适当减少列宽　　B. 适当增加列宽　　C. 适当减少行高　　D. 适当增加行高

4. 在Excel中，如果单元格B2中为星期一，那么向下拖动填充柄到B4，则B4中应为（　　）。

A. 星期三　　B. 星期一　　C. 星期四　　D. 星期二

5. 将C1单元中的公式“=A1 + B2”复制到E5单元中之后，E5单元中的公式是（　　）。

A.=C5 + D6　　B.=C3 + A4　　C.=A3 + B4　　D.=C3 + D4

6. 使用Excel新建的文件是（　　）。

A. 工作表　　B. 工作簿　　C. 编辑区域　　D. 所有选项都是

7. 在Excel中定义公式时使用功能键（　　）来对单元格的引用进行切换。

A.F2　　B.F3　　C.F1　　D.F4

8. 在Excel工作簿中，有关移动和复制工作表的说法，正确的是（　　）。

A. 工作表只能在所在工作簿内移动，不能复制

B. 工作表只能在所在工作簿内复制，不能移动

C. 工作表可以移动到其他工作簿内，不能复制到其他工作簿内

D. 工作表可以移动到其他工作簿内，也可以复制到其他工作簿内

9.Excel 工作表的单元格区域A1:C3已全部输入数值10，若在D1单元格内输入公式“=SUM（A1，C3）”，则D1的显示结果为（　　）。

A.20　　B.60　　C.30　　D.90

10. 在Excel中已知B2、B3单元格中的数据分别为1和3，可以使用自动填充的方法使B4: B6单元格中的数据分别为5、7、9，下列操作中可行的是（　　）。

A. 选定B3单元格，拖动填充柄到B6单元格

B. 选定B2:B3单元格，拖动填充柄到B6单元格

C. 以上两种方法都可以

D. 以上两种方法不都可以

11. 在Excel文字处理时，强迫换行的方法是在需要换行的位置按（　　）键。

A.Ctrl+Enter　　B.Ctrl +Tab　　C.Alt+Tab　　D.Alt+Enter

12. 当在Excel 2016中进行操作时，若某单元格中出现“#VALUE!”的信息时，其含义是（　　）。

A. 在公式单元格引用不再有效　　B. 单元格中的数字太大

C. 计算结果太长超过了单元格宽度　　D. 在公式中使用了错误的数据类型

第6章 演示文稿制作软件 PowerPoint

PowerPoint 2016 是微软公司开发的办公自动化软件 Office 2016 的组件之一，通过 Microsoft PowerPoint 2016，可以使用文本、图形、照片、视频、动画和更多手段来设计具有视觉震撼力的演示文稿。创建 PowerPoint 2016 演示文稿后，用户可以亲自放映演示文稿，通过 Web 进行远程发布，或与其他用户共享文件。PowerPoint 2016 功能非常丰富，广泛应用于会议报告、教师授课、产品演示、广告宣传和学术交流等方面。

6.1 PowerPoint 2016 概述

演示文稿是由一系列幻灯片组成的，幻灯片是演示文稿的基本演示单位。在幻灯片中可以插入图形、图像、动画、影片、声音、音乐等多媒体素材。

本节通过对 PowerPoint 2016 的常用术语、窗口的介绍，要求理解常用术语的含义，以便指导操作，了解和掌握 PowerPoint 2016 的新窗口界面、视图方式，尤其要熟练掌握 PowerPoint 2016 新设置的功能，以达到熟练操作的目的。

6.1.1 PowerPoint 2016 常用术语

PowerPoint 2016 的常用术语主要有演示文稿、幻灯片、演讲者备注、讲义、母版、模板、版式、占位符等。

视频

认识PowerPoint 2016

1. 演示文稿

演示文稿由 PowerPoint 创建的文档，一般包括为某一演示目的而制作的所有幻灯片、演讲者备注和旁白等内容。PowerPoint 2016 文件扩展名为 .pptx。

2. 幻灯片

演示文稿中的每一单页称为一张幻灯片，每张幻灯片都是演示文稿中既互相独立又互相联系的内容。制作一个演示文稿的过程就是依次制作一张幻灯片的过程，每张幻灯片中既可以包括常用的文字和图表，又可以包括声音、图像和视频等。

3. 演讲者备注

演讲者备注指在演示时演示者所需要的文章内容、提示注解和备用信息等。演示文稿中每一张幻灯片都有一张备注区，它包含该幻灯片提供的演讲者备注的空间，用户可以在此空间输入备注内容供演讲时参考。PowerPoint 2016 的演示者视图，借助两台监视器，在幻灯片放映演示期间同时可以看到演示者备注，提醒讲演的内容，而这些是观众无法看到的。

4. 讲义

讲义指发给听众的幻灯片复制材料，可把一张幻灯片打印在一张纸上，也可以把多张幻灯片压缩到一张纸上。

5. 母版

PowerPoint 2016为每个演示文稿创建一个母版集合（幻灯片母版、演讲者备注母版和讲义母版等）。母版中的信息一般是共有的信息，改变母版中的信息可统一改变演示文稿的外观。如把公司标记、产品名称及演示者的名字等信息放到幻灯片母版中，使这些信息在每张幻灯片中以背景图片的形式出现。

6. 模板

模板是指预先定义好格式、板块和配色方案的演示文稿，PowerPoint 2016提供了很多种模板。PowerPoint 2016模板是扩展名为.pptx的一张幻灯片或一组幻灯片的图案或蓝图。模板可以包含版式、主题颜色、主题字体、主题效果和背景样式，甚至还可以包含内容等。也可以创建自己的自定义模板，然后存储、重用以及与他人共享。此外，还可以获取多种不同类型的PowerPoint 2016内置免费模板，也可以在http://www.office.com和其他合作伙伴网站上获取更多可以应用于演示文稿的数百种免费模板。应用模板可快速生成统一风格的演示文稿。

7. 版式

幻灯片版式包含要在幻灯片上显示的全部内容的格式设置、位置和占位符。即版式包含幻灯片上标题和副标题文本、列表、图片、表格、图表、形状和视频等元素的排列方法。版式也包含幻灯片的主题颜色、字体、效果和背景。演示文稿中的每张幻灯片都是基于某种自动版式创建的。在新建幻灯片时，可以从PowerPoint 2016提供自动版式中选择一种，每种版式预定义了新建幻灯片的各种占位符的布局情况。

视频

PowerPoint 2016窗口界面

8. 占位符

占位符是版式中的容器，可容纳如文本（包括正文文本、项目符号列表和标题）、表格、图表、SmartArt图形、影片、声音、图片及剪贴画等内容。占位符是指应用版式创建新幻灯片时出现的虚线方框。

6.1.2　PowerPoint 2016窗口界面

PowerPoint 2016工作窗口的界面主要包括标题栏、快速访问工具栏、菜单栏和功能区、工作区域、显示比例、状态栏等，如图6-1所示。

1. 标题栏

标题栏显示程序名及当前操作的文件名。

2. 快速访问工具栏

快速访问工具栏默认情况下有保存、撤销和恢复3个按钮。

3. 菜单栏和功能区

PowerPoint 2016的菜单栏和功能

图6-1　PowerPoint 2016工作窗口

区是融为一体的，菜单栏下面即是功能区。功能区包含以前在PowerPoint 2013及更早版本中的菜单和工具栏上的命令以及其他菜单项。功能区旨在帮助用户快速找到某任务所需的命令。

菜单栏和功能区中常用命令的位置：

（1）“文件”选项卡

使用“文件”选项卡可创建新文件、打开或保存现有文件和打印演示文稿。

（2）“开始”选项卡

使用“开始”选项卡可插入新幻灯片、将对象组合在一起，以及设置幻灯片上的文本的格式。如果单击“新建幻灯片”旁边的下拉按钮，则可从多个幻灯片布局进行选择；“字体”组包括“字体”“加粗”“斜体”“字号”按钮；“段落”组包括“文本右对齐”“文本左对齐”“两端对齐”“居中”按钮；若要查找“组合”命令，可单击“排列”按钮，然后在“组合对象”中选择“组合”。

（3）“插入”选项卡

使用“插入”选项卡可将表、形状、图表、页眉或页脚等插入到演示文稿中。

（4）“设计”选项卡

使用“设计”选项卡可自定义演示文稿的背景、主题设计和颜色或页面设置。

（5）“切换”选项卡

使用“切换”选项卡可对当前幻灯片应用、更改或删除切换。在“切换到此幻灯片”组，单击某切换可将其应用于当前幻灯片，在“声音”列表中，可从多种声音中进行选择以在切换过程中播放，在“换片方式”下，可选择“单击鼠标时”以在单击时进行切换。

（6）“动画”选项卡

使用“动画”选项卡可以对幻灯片使用、更改和删除动画，单击“添加动画”按钮，然后选择应用于选定对象的动画，单击“动画窗格”按钮可启动“动画窗格”任务窗格，“计时”组包括用于设置“开始”和“持续时间”的区域。

（7）“幻灯片放映”选项卡

使用“幻灯片放映”选项卡可以开始幻灯片放映、自定义幻灯片放映设置和隐藏单个幻灯片，“开始幻灯片放映”中包括“从头开始”和“从前幻灯片开始”，单击“设置幻灯片放映”可启动“设置放映方式”对话框，隐藏幻灯片。

（8）“审阅”选项卡

使用“审阅”选项卡可以检查拼写、更改演示文稿中的语言或比较当前演示文稿与其他演示文稿的差异。

（9）“视图”选项卡

使用“视图”选项卡可以查看幻灯片的母版、备注母版、幻灯片浏览，还可以打开或关闭标尺、网格线和参考线。

4. 工作区域

工作区即“普通”视图，旨在使用Microsoft PowerPoint 2016中的功能，可在此区域制作、编辑演示文稿。

5. 显示比例

显示工作区域的大小比例，以适合预览编辑工作。

6. 状态栏

位于窗口底端，显示与当前演示文稿有关的操作信息，如总的幻灯片数、当前正在编辑的幻灯片是第几张等。

6.1.3　PowerPoint 2016视图方式

PowerPoint 2016提供了5种“视图方式”，分别是普通视图、大纲视图、幻灯片浏览视图、阅读视图、备注页视图。图6-2所示为视图方式列表。

在窗口右下方，有3个视图按钮分别对应着上述5种视图中普通视图、幻灯片浏览视图、阅读视图，如下图6-3所示。在“视图”选项卡“演示文稿视图”组中提供这5种视图的命令按钮。

在用户建立演示文稿时，不同的工作过程选择适当的视图模式会为用户提供更大的便利。

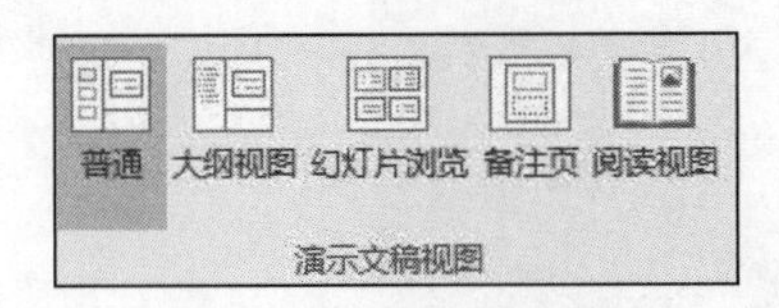

图6-2　视图方式列表

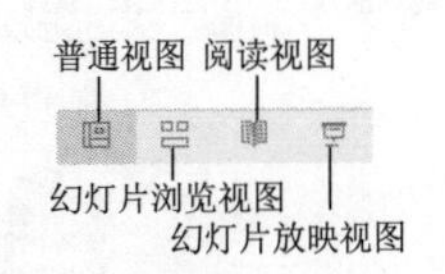

图6-3　视图方式切换按钮

1.普通视图

普通视图是主要的编辑视图，可用于编辑或设计演示文稿。该视图包括幻灯片缩略图窗格，幻灯片窗格和备注窗格，如图6-4所示。通过拖动边框可调整缩略图和窗格大小。

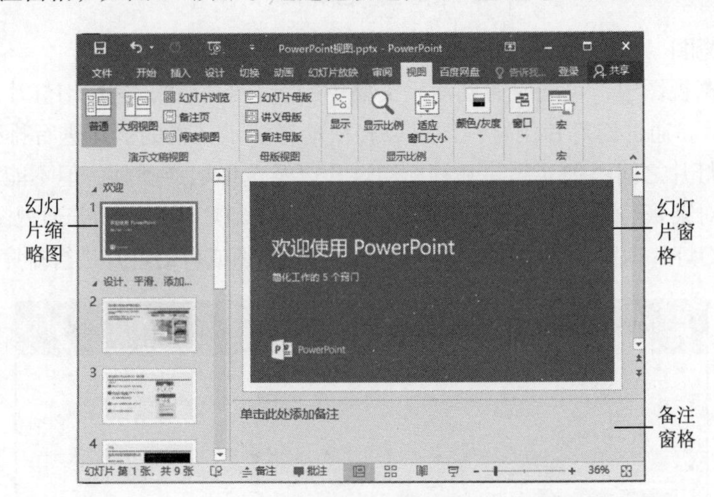

图6-4　幻灯片普通视图

①“幻灯片”缩略图窗格：在左侧工作区域显示幻灯片的缩略图，在编辑时以缩略图大小的图像在演示文稿中观看幻灯片，使用缩略图能方便地遍历演示文稿，并观看任何设计更改的效果，在这里还可以轻松地重新排列、添加或删除幻灯片。

②幻灯片窗格：在Powerpoint窗口右方，“幻灯片”窗格显示当前幻灯片大纲视图，在此视图中显示当前幻灯片时，可以添加文本，插入图片、表格、SmartArt图形、图表、图形对象、文本框、电影、声音、超链接和动画。

③备注窗格：可添加与每个幻灯片的内容相关的备注。这些备注可打印出来，在放映演示时作为参考资料，或者还可以将打印好的备注分发给观众，或者发布在网页上。

2.大纲视图

大纲视图如图6-5所示，在左侧工作区域显示幻灯片的文本大纲，方便组织和开发演示文

稿中的内容，如输入演示文稿中的所有文本，然后重新排列项目符号、段落和幻灯片，此区域是用户开始编写内容的基本，若要打印演示文稿大纲的书面副本，并使其只包含文本而没有图形或动画，可选择“文件”→“打印”命令，单击“设置”下的“整页幻灯片”，选择“大纲”，再单击顶部的“打印”按钮。

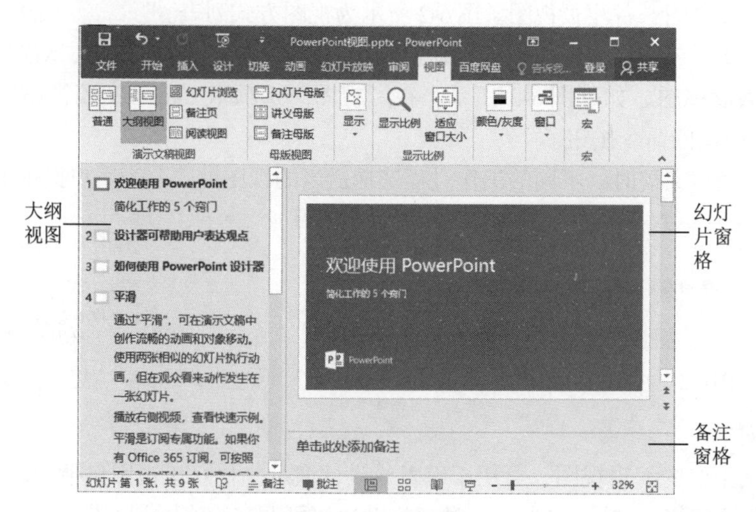

图6-5　大纲视图

3. 幻灯片浏览图

在幻灯片浏览视图中，可同时看到演示文稿中的所有幻灯片，这些幻灯片以缩略图方式显示，如图6-6所示。通过幻灯片浏览视图可以轻松地对演示文稿的顺序进行排列和组织，还可以很方便地在幻灯片之间添加、删除和移动幻灯片以及选择切换动画，但不能对幻灯片内容进行修改。如果要对某张幻灯片内容进行修改，可以双击该幻灯片切换到普通视图，再进行修改。另外，还可以在幻灯片浏览视图中添加节，并按不同的类别或对幻灯片进行排序。

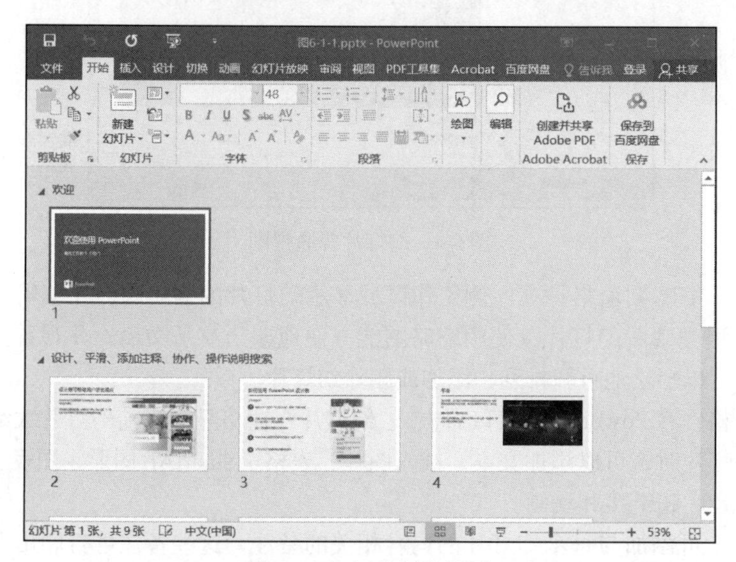

图6-6　幻灯片浏览视图

4. 阅读视图

阅读视图用于查看演示文稿（例如，通过大屏幕）、放映演示文稿。如果希望在一个设有简单控件以方便审阅的窗口中查看演示文稿，而不想使用全屏的幻灯片放映视图，则可以使用阅读视图；如果要更改演示文稿，可随时从阅读视图切换至某个其他视图，如图6-7所示。

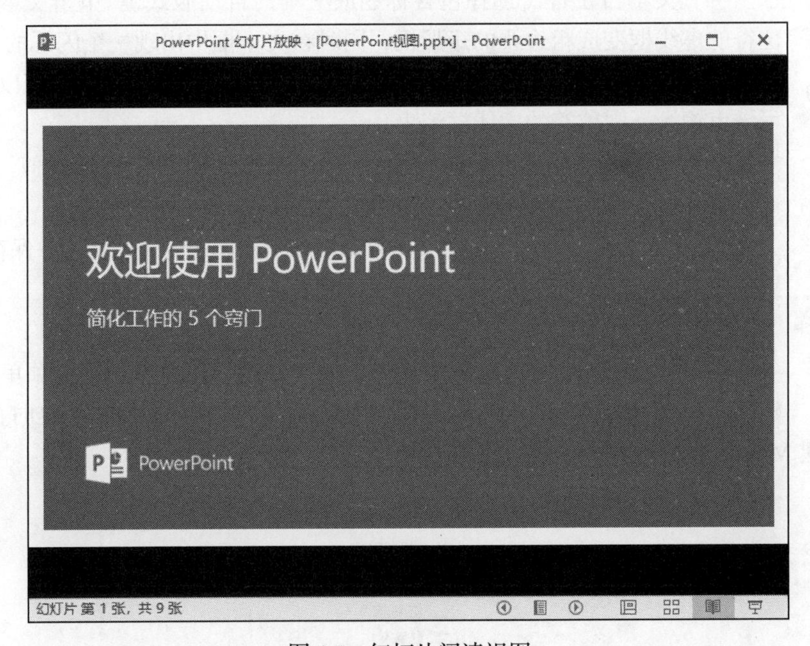

图6-7　幻灯片阅读视图

5. 备注页视图

在备注页视图方式下，上方为幻灯片编辑区，下方为幻灯片的备注页。用户可在备注页中输入一些提示信息，如图6-8所示。

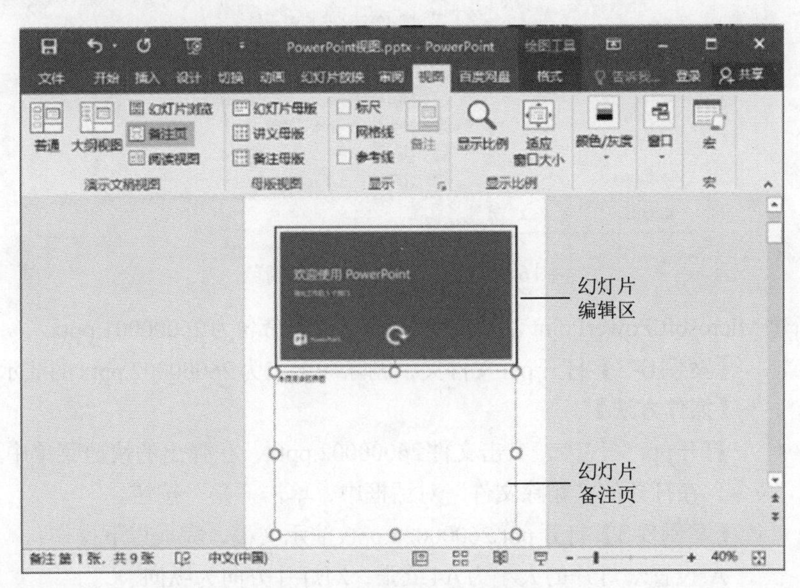

图6-8　幻灯片备注页视图

6.1.4 演示文稿的基本操作

视 频

演示文稿的基本操作

演示文稿最基本的操作是演示文稿的创建、保存、关闭、删除、输入文本。

创建一个演示文稿，应首先输入“文本”。输入文本分两种情况：

①有文本占位符（选择包含标题或文本的自动版式）。单击文本占位符，占位符的虚线框变成粗边线的矩形框，同时在文本框中出现一个闪烁的“I”形插入光标，表示可以直接输入文本内容。输入完毕后，单击文本占位符以外的地方即可结束输入，占位符的虚线框消失。

②无文本占位符。插入文本框即可输入文本，操作与Word类似。

文本输入完毕，可对文本进行格式化。

视 频

案例6-1操作视频

【案例6-1】创建一个名为26000001.pptx的空白演示文稿，并保存在ppt文件夹中。

【操作方法】

①打开ppt文件夹，在文件夹的空白处右击，在弹出的快捷菜单中选择“新建”→“Microsoft PowerPoint 演示文稿”命令，如图6-9所示。这时在ppt文件夹中生成“新建 Microsoft PowerPoint 演示文稿.pptx”。

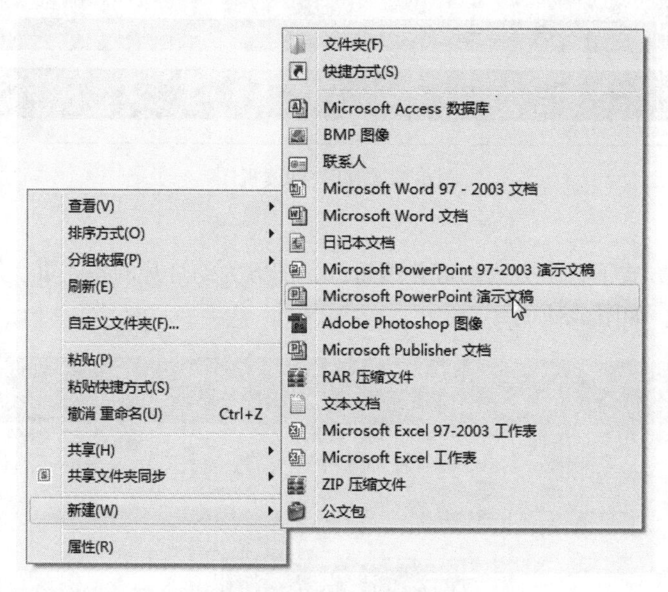

图6-9 新建“空白演示文稿”

②将“新建 Microsoft PowerPoint 演示文稿.pptx”重新命名为26000001.pptx。

视 频

案例6-2操作视频

【案例6-2】打开ppt文件夹，删除一个名为26000002.pptx的演示文稿文件。

【操作方法】

打开ppt文件夹，右击文件26000002.pptx，在弹出的快捷菜单中选择“删除”命令，在打开的“删除文件”对话框中，单击“是”按钮。

【案例6-3】打开ppt\26000028.pptx演示文稿，完成以下操作：

A.设置幻灯片的大小为A4纸张，幻灯片方向为纵向。

B.保存文件。

【操作方法】

视 频

案例6–3操作视频

①打开ppt\26000028.pptx演示文稿，在“设计”选项卡的“自定义”组中，单击“幻灯片大小”按钮，选择“自定义幻灯片大小”命令，如图6-10所示。

②在打开的“幻灯片大小”对话框中，设置幻灯片大小为“A4纸张（210×297毫米）”，幻灯片方向为“纵向”，如图6-11所示。

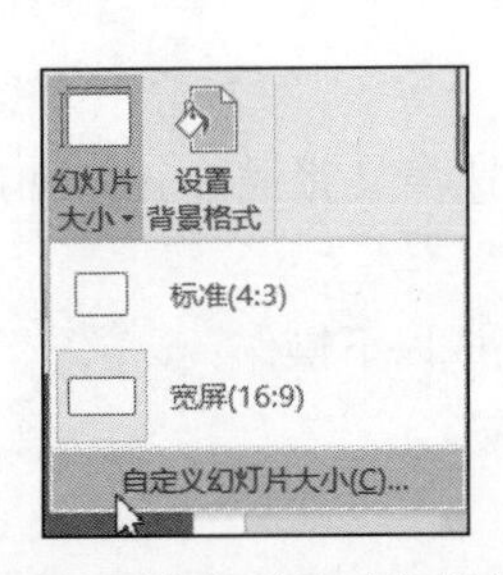

图6-10　“幻灯片大小”按钮

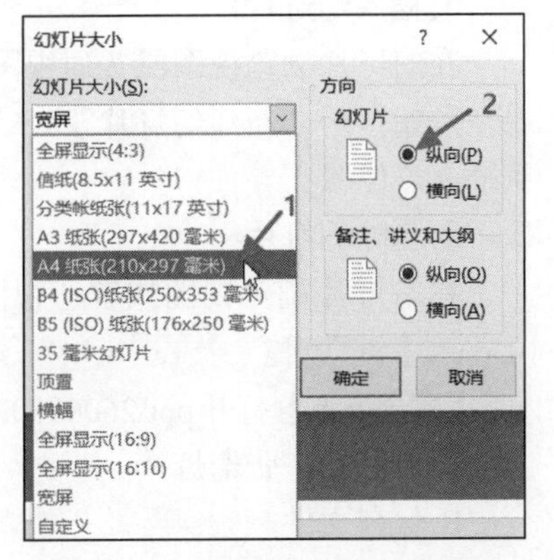

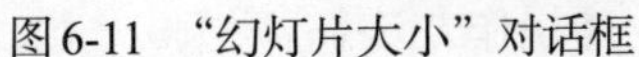

图6-11　“幻灯片大小”对话框

③单击“确定”按钮，并保存文件。

视 频

案例6–4操作视频

【案例6-4】打开ppt\26000309.pptx演示文稿，完成以下操作：

A.在第一张幻灯片标题栏输入文字：电子商务模式，设置其字体格式为黑体、大小60磅、粗体字，颜色为标准色橙色。

B.保存文件。

【操作方法】

①打开ppt\26000309.pptx演示文稿，在第一张幻灯片标题栏，单击文本占位符，输入文字“电子商务模式”，如图6-12所示。

②选中文字“电子商务模式”，在“开始”选项卡的“字体”组中，设置其字体格式为“黑体”、大小为“60磅”、“粗体字”，颜色设置为标准色“橙色”，如图6-13所示。

③保存文件。

图6-12　“电子商务模式”文本输入

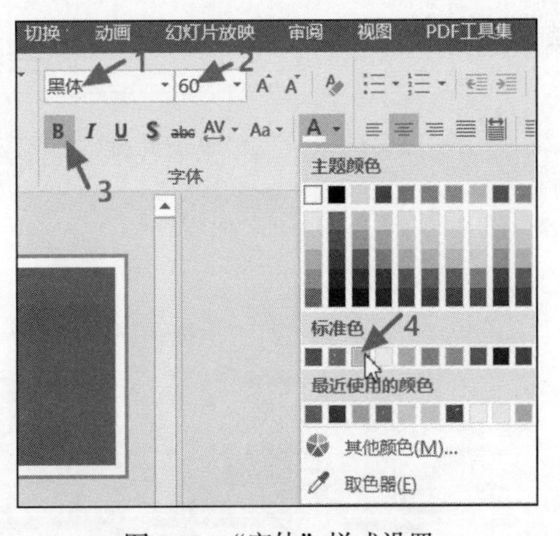

图6-13　“字体”样式设置

6.2 演示文稿的编辑

6.2.1 插入与删除

视频

插入与删除

在演示文稿中可以实现对幻灯片的“插入”和“删除”操作：

1.插入幻灯片

在幻灯片浏览视图或普通视图方式下，首先选择某一张或多张幻灯片，再选择“开始”→“新建幻灯片”→“复制所选幻灯片”命令，则将所选幻灯片复制到插入点位置。

2.删除幻灯片

在幻灯片浏览视图或普通视图的选项卡区域，选择某张或多张幻灯片，按【Delete】键即可。

视频

案例6–5操作视频

【案例6-5】 打开ppt\26000007.pptx演示文稿，完成以下操作：

A.删除第一张幻灯片。

B.保存文件。

【操作方法】

①打开ppt\26000007.pptx演示文稿，选择第一张幻灯片，按【Delete】键。

②保存文件。

视频

案例6–6操作视频

【案例6-6】 打开ppt\26000209.pptx演示文稿，完成以下操作：

A.在第一张幻灯片后新建一个幻灯片，使新建的幻灯片作为第二张幻灯片，并在新幻灯片的标题栏输入内容为微格教学的概念。

B.保存文件。

【操作方法】

①打开ppt\26000209.pptx演示文稿，选择第一张幻灯片，按【Enter】键，此时在第一张幻灯片后插入一张新幻灯片。

②在新幻灯片的“标题栏”中输入文本内容“微格教学的概念”，如图6-14所示。

③保存文件。

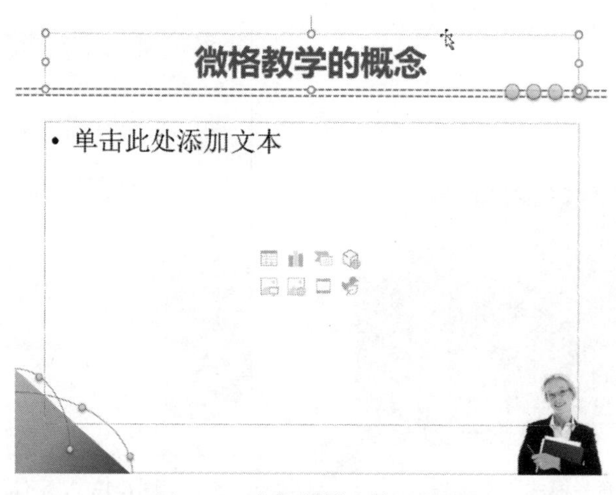

图6-14 在标题栏中输入文本

6.2.2　复制和移动

视 频

复制和移动

在演示文稿中可以实现对幻灯片的“复制”和“移动”操作：

1. 复制幻灯片

在幻灯片浏览视图或普通视图的选项卡区域，选择某张幻灯片，按住【Ctrl】键同时拖动鼠标到目标位置即可。

2. 移动幻灯片

在幻灯片浏览视图或普通视图的选项卡区域，选择某张幻灯片，拖动鼠标将其移到新的位置即可。

【案例6-7】打开ppt\26000006.pptx演示文稿，完成以下操作：

视 频

案例6-7操作视频

A. 将第二张幻灯片移动到第一张幻灯片前面。

B. 保存文件。

【操作方法】

①打开ppt\26000006.pptx演示文稿，在“幻灯片/大纲”窗格中选择第二张幻灯片，按住鼠标左键不放，将其拖动到第一张幻灯片的前面，这时将有一条横线随之移动。

②释放鼠标即完成幻灯片的移动。

③保存文件。

【案例6-8】打开ppt\26000115.pptx演示文稿，完成以下操作：

视 频

案例6-8操作视频

A. 复制最后一张幻灯片，粘贴至第一张幻灯片后面，使粘贴的幻灯片成为第二张幻灯片。

B. 保存文件。

【操作方法】

①打开ppt\26000115.pptx演示文稿，在“幻灯片缩略图”窗格中选择最后一张幻灯片，右击，在弹出的快捷菜单中选择“复制”命令，如图6-15所示。

②选择“第一张幻灯片”，右击，在弹出的快捷菜单中选择“保留源格式”粘贴命令，如图6-16所示，完成幻灯片的复制。

③保存文件。

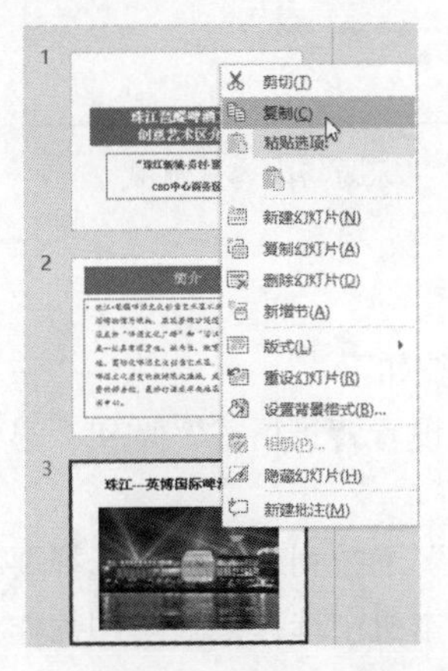

图6-15　“复制”命令

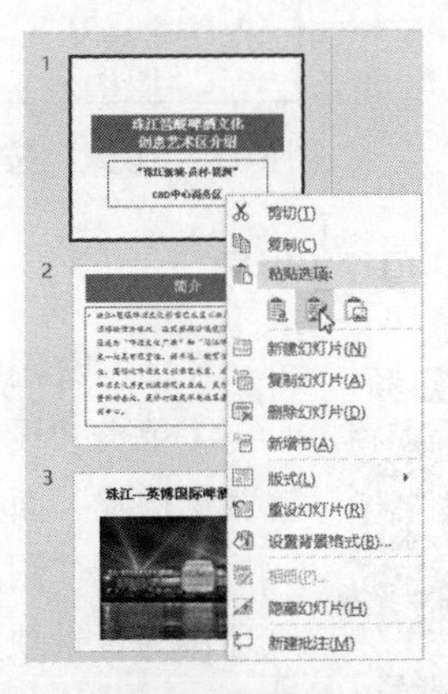

图6-16　“保留原格式”粘贴命令

6.2.3 更改版式

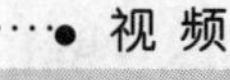
视频

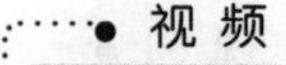
更改版式

在普通视图方式下，选择需要改变的幻灯片，在“开始”选项卡中单击“版式”按钮，打开“版式”下拉列表，选择需要的版式。

【案例6-9】打开ppt\26000116.pptx演示文稿，完成以下操作：

A.设置第二张幻灯片的版式为标题和内容。

B.保存文件。

【操作方法】

视频

案例6–9操作视频

①打开ppt\26000116.pptx演示文稿，在“幻灯片缩略图”窗格中选择第二张幻灯片，在“开始”选项卡的“幻灯片”组中，单击“版式”下拉按钮，如图6-17所示。

②在打开的下拉列表中选择“标题和内容”版式，如图6-18所示。

③保存文件。

图6-17 “版式”按钮

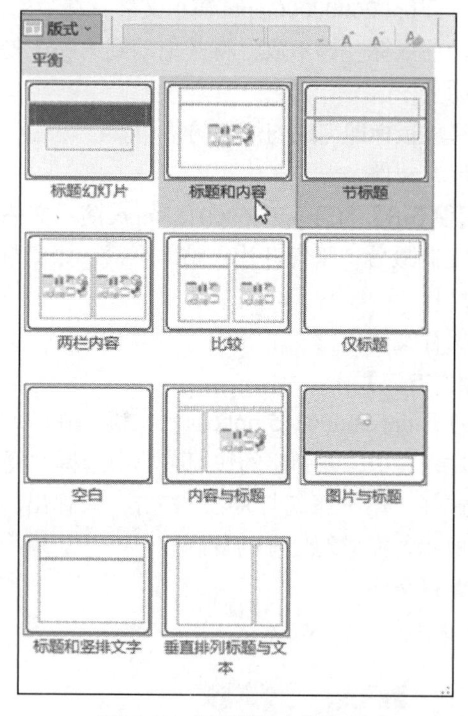

图6-18 “标题与内容”版式

6.2.4 更改背景

视频

更改背景

在演示文稿中更改背景颜色或图案，操作步骤如下：

①单击“设计”选项卡“自定义”组中的“设置背景格式”按钮，显示“设置背景格式”面板。

②选择“图片或纹理填充”选项，在“纹理”下拉列表框中，选择要填充的纹理作为背景填充。或者单击“文件”按钮，在本机中选择某一个图片作为背景填充。

③单击“打开”按钮，则背景设置只应用在当前幻灯片上，若单击“全部应

用”按钮，则背景设置应用到整个演示文稿。

【案例6-10】打开ppt\26000202.pptx演示文稿，完成以下操作：

A.在第一张幻灯片标题框输入文字：计算机应用基础，设置其字体格式为微软雅黑，字体大小为60磅，粗体并加阴影效果，颜色为主题颜色，白色，背景1。

B.保存文件。

【操作方法】

①打开ppt\26000202.pptx演示文稿，在第一张幻灯片标题框输入文字“计算机应用基础”，选择输入的文字“计算机应用基础”，在“开始”选项卡的“字体”组中，设置字体为“微软雅黑”，字号为“60”，单击“加粗”，单击“文字阴影”，颜色为“白色，背景1”，如图6-19所示。

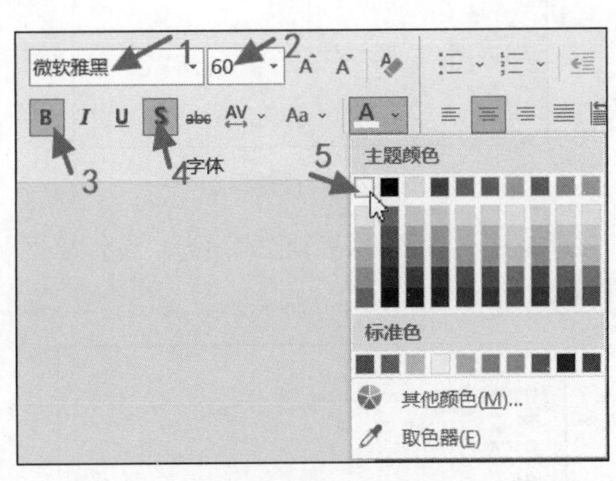

图6-19　设置字体样式

②保存文件。

6.2.5　幻灯片的选择

在幻灯片中输入文本、图形图像等元素后，可以通过格式设置来体现“美观”“丰富”的意境以给人以强烈的感染力。格式设置主要包括文本字体、段落格式、图形对象引用、填充、线条色、线型、阴影、三维格式和特殊效果等。

幻灯片的格式设置主要分为文本格式设置和图形对象格式两种：

①文本格式设置：主要设置字体格式和段落格式，另外还有诸如项目符号和编号、文本样式应用等。

②图形对象格式设置：主要对图形对象的形状、大小以及幻灯片背景格式进行设置。

【案例6-11】打开ppt\26000009.pptx演示文稿，完成以下操作：

A.设置幻灯片的段落格式。标题框文字设为右对齐；文本框内容第一段首行缩进1.5厘米，1.5倍行距；第二段文字分散对齐，文本前缩进1厘米，段前、段后间距均为18磅。

B.保存文件。

【操作方法】

①打开ppt\26000009.pptx演示文稿，选择标题框文字，在“开始”选项卡的“段落”组中，单击“文本右对齐”按钮，如图6-20所示。

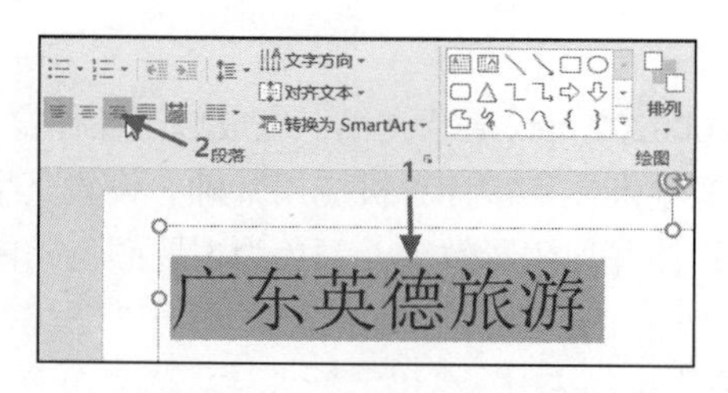

图6-20 “文本右对齐”按钮

②选择文本框内容第一段文字，在“开始”选项卡的“段落”组中，单击“段落”右下角的扩展按钮，如图6-21所示。

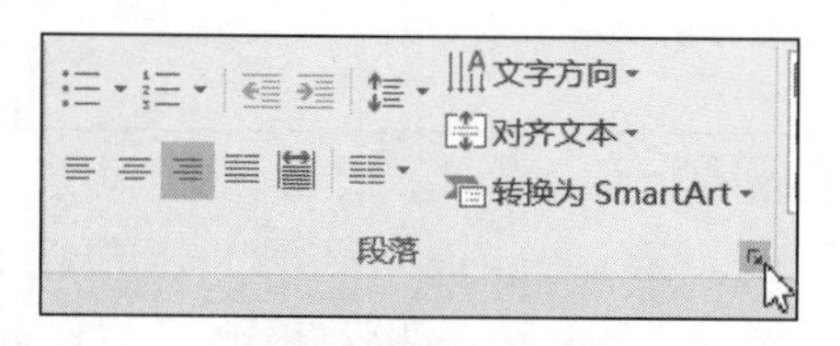

图6-21 “段落”组

③在打开的“段落”对话框中，设置“特殊格式”为“首行缩进”，度量值为“1.5厘米”，行距为“1.5倍行距”，如图6-22所示。

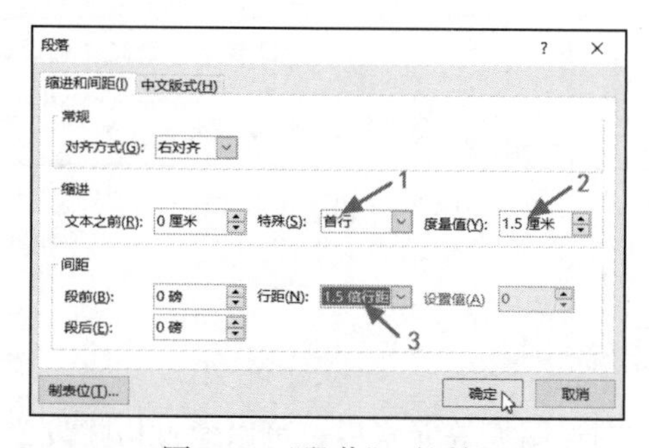

图6-22 “段落”对话框

④选择文本框内容第二段文字，在“开始”选项卡的“段落”组中，单击“分散对齐”按钮，如图6-23所示。

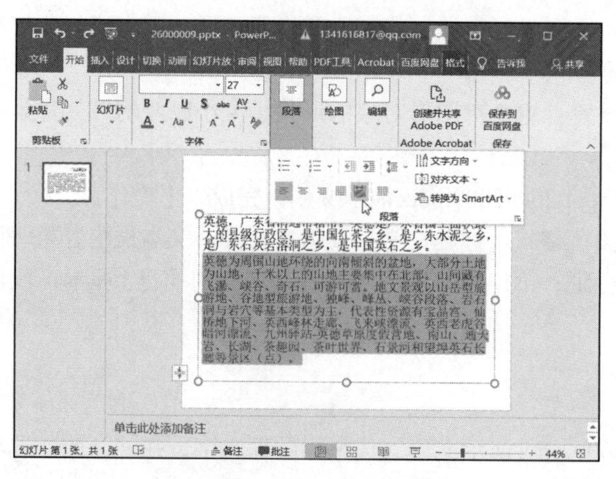

图6-23 “分散对齐”按钮

⑤在“开始”选项卡的“段落”组中，单击“段落”右下角的扩展按钮。

⑥在打开的“段落”对话框中，设置“文本之前”为“1厘米”，段前为“18磅”，段后为“18磅”，如图6-24所示。

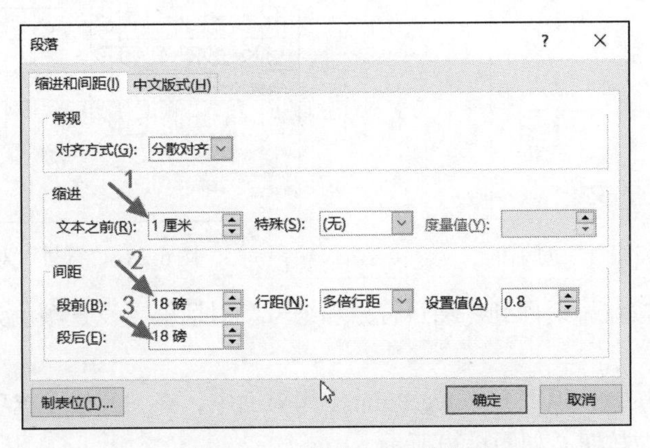

图6-24　“段落”对话框

⑦单击“确定”按钮，保存文件。

案例6-12操作视频

【案例6-12】打开ppt\26000010.pptx演示文稿，完成以下操作：

A.设置幻灯片内容文本框中文字：自定义项目符号字体为Wingdings，字符代码175、“来自为”：符号（十进制），标准色红色；竖排文字方向；

B.保存文件。

【操作方法】

①打开ppt\26000010.pptx演示文稿，选择幻灯片内容文本框中的文字，在“开始”选项卡的“段落”组中，单击“项目符号”下拉按钮，如图6-25所示。

②在下拉列表中选择“项目符号和编号”命令，如图6-26所示。

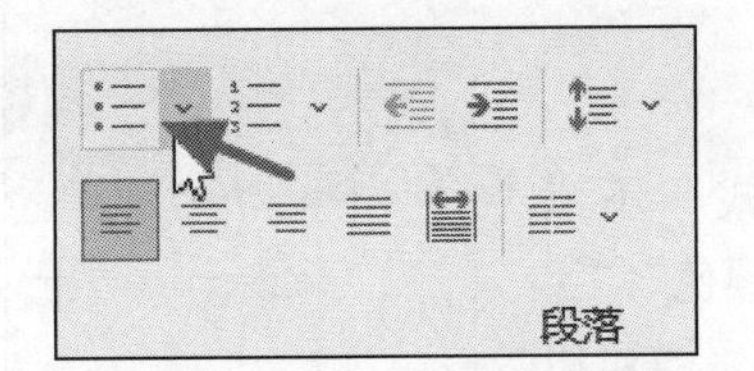

图6-25　“项目符号”按钮

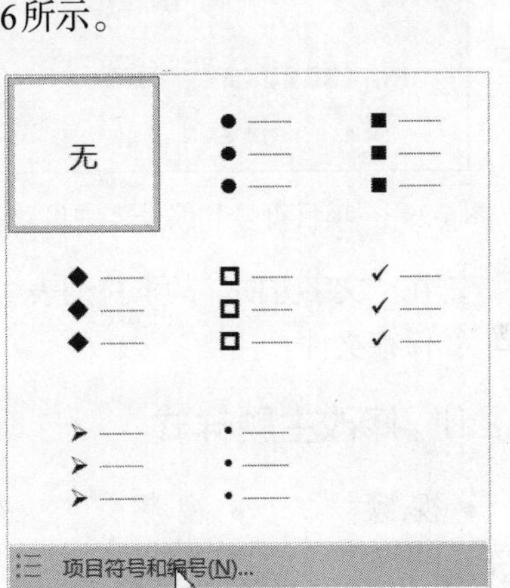

图6-26　“项目符号”下拉列表

③在打开的“项目符号和编号”对话框的“项目符号”选项卡中，单击“自定义”按钮，如图6-27所示。

④在打开的“符号”对话框中，设置字体为Wingdings，字符代码为175，“来自”为“符号（十进制）”，如图6-28所示。

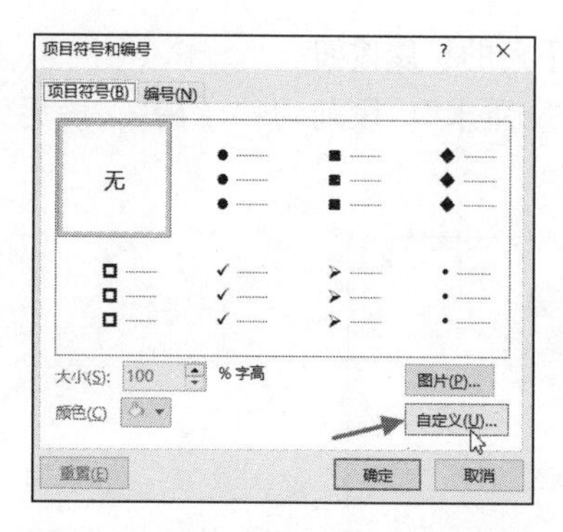

图6-27 “项目符号和编号”对话框

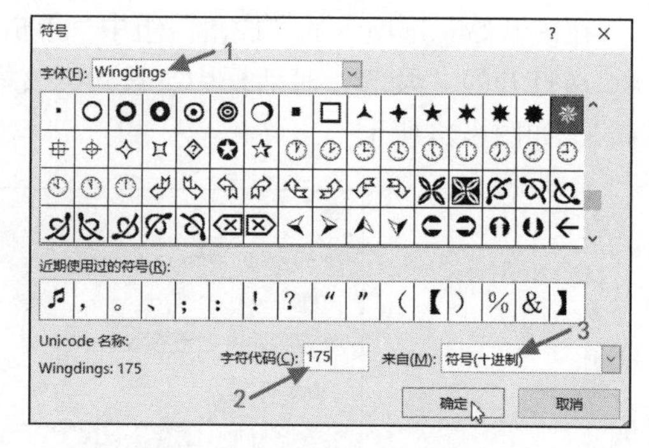

图6-28 “符号”对话框

⑤单击“确定”按钮，返回到“项目符号和编号”对话框，设置颜色为“红色”，如图6-29所示。

⑥单击“确定”按钮，返回到PowerPoint工作界面中，在“开始”选项卡的“段落”组中，单击“文字方向”下拉按钮，如图6-30所示。

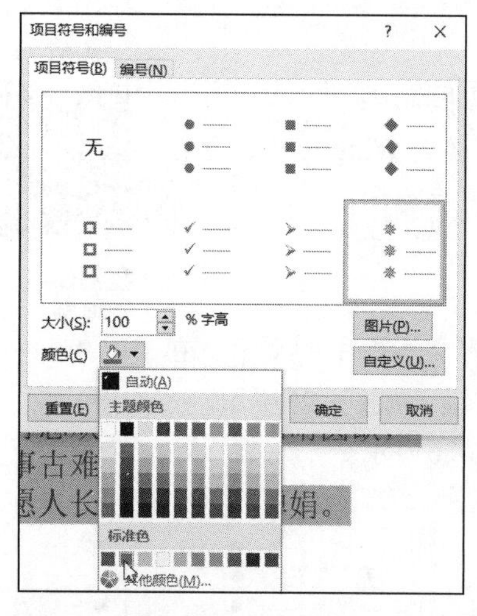

图6-29 “项目符号和编号”中设置颜色

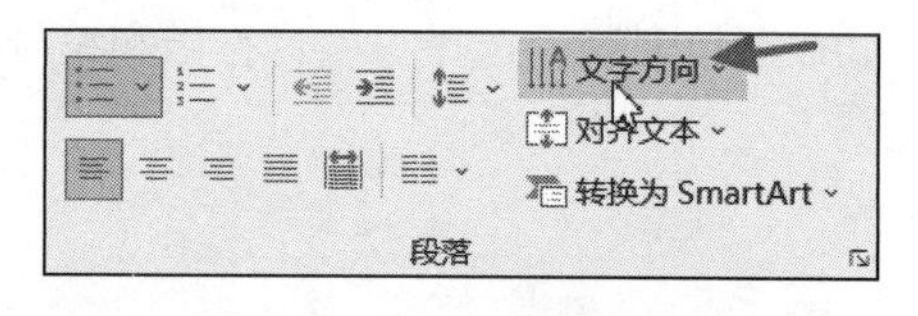

图6-30 “文字方向”按钮

⑦在“文字方向”的下拉列表中，选择“竖排”，如图6-31所示。

⑧保存文件。

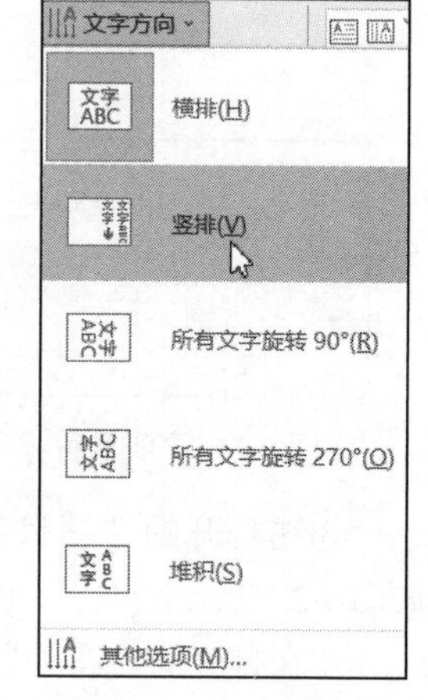

图6-31 “文字方向”下拉列表

6.2.6 修改主题样式

视频

修改主题样式

视频

案例6-13操作视频

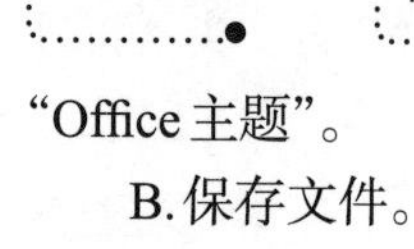

如果对内置的“主题样式”不满意，可以通过主题组右侧的“颜色”“字体”“效果”按钮进行重新调整，也可以在“新建主题颜色”对话框中进行调整。

【案例6-13】打开ppt\26000117.pptx演示文稿，完成以下操作：

A. 设置所有幻灯片的主题样式为“Office主题”。

B. 保存文件。

【操作方法】

①打开ppt\26000117.pptx演示文稿，选择任意一张幻灯片，在“设计”选项卡的“主题”组中单击下拉按钮，如图6-32所示。

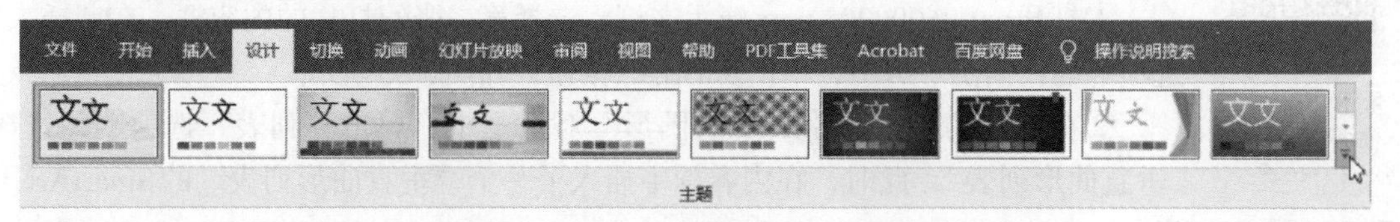

图6-32　“设计”选项卡中的“主题”组

②在打开的下拉列表中，单击“Office”主题，如图6-33所示。

③保存文件。

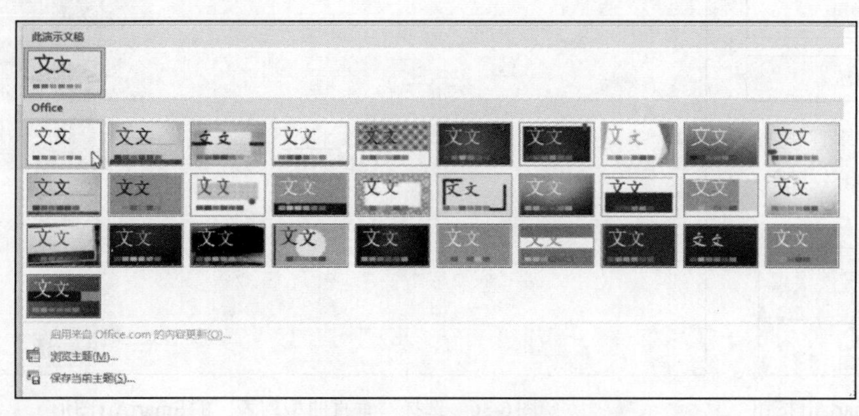

图6-33　设置主题效果

6.3　演示文稿的插入元素操作

创建一个演示文稿，应首先输入“文本”。输入文本分两种情况：

①有文本占位符（选择包含标题或文本的自动版式）。单击文本占位符，占位符的虚线框变成粗边线的矩形框，同时在文本框中出现一个闪烁的“I”形插入光标，表示可以直接输入文本内容。输入完毕后，单击文本占位符以外的地方即可结束输入，占位符的虚线框消失。

②无文本占位符。插入文本框即可输入文本，操作与Word类似。

文本输入完毕，可对文本进行格式化。

6.3.1　插入SmartArt图形

SmartArt 图形是信息和观点的视觉表示形式。可以通过从多种不同布局中进行选择来创建 SmartArt 图形，幻灯片中加入SmartArt图形（包括以前版本的组织结构图），可使版面整洁，便于表现系统的组织结构形式。

创建 SmartArt 图形时，系统会提示选择一种类型，如“流程”“层次结构”或“关系”，类型类似于SmartArt图形的类别，并且每种类型包含几种不同布局。

视　频

插入SmartArt图形

【案例6-14】打开PPT\26000203.pptx演示文稿，完成以下操作：

A.在第二张幻灯片内容框中插入一个名为“垂直曲型列表”的SmartArt图

视频
案例6-14操作视频

形，样式为“细微效果”，并填入内容，如图6-34所示。

B.保存文件

【操作方法】

①打开ppt\26000203.pptx演示文稿，选择第二张幻灯片的内容框，在“插入”选项卡的“插图”组中，单击SmartArt按钮，如图6-35所示。

②在打开的“选择SmartArt图形”对话框中，单击“列表”选项卡，选择“垂直曲形列表”，此时，在内容框中插入了一个“垂直曲形列表”的SmartArt图形，如图6-36所示。

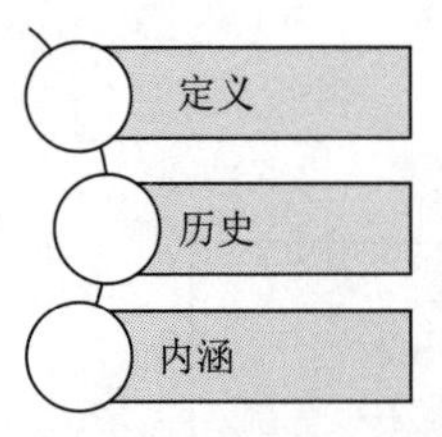

图6-34 “垂直框列表”SmartArt效果图

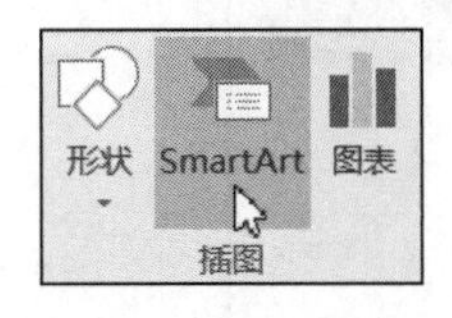

图6-35 SmartArt按钮

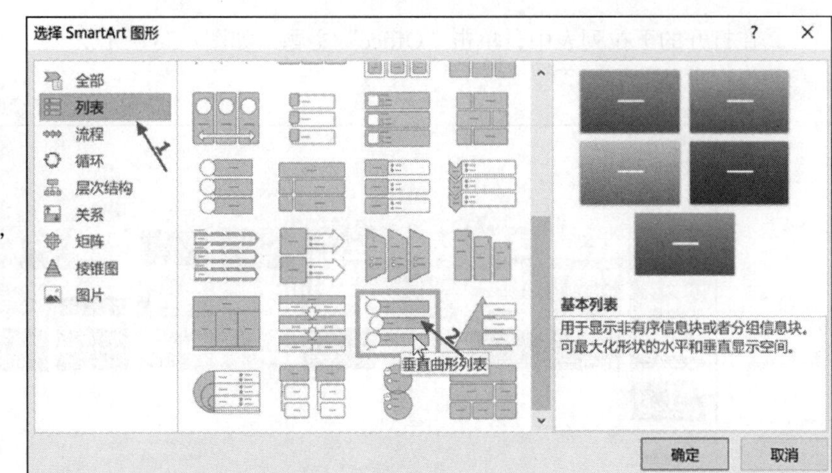

图6-36 选择“垂直曲型列表”的SmartArt图形

③将SmartArt图形样式设置为“细微效果”，如图6-37所示。

④单击“垂直曲形列表”SmartArt图形中的文本占位符，分行输入“定义”“历史”“内涵”，如图6-38所示。

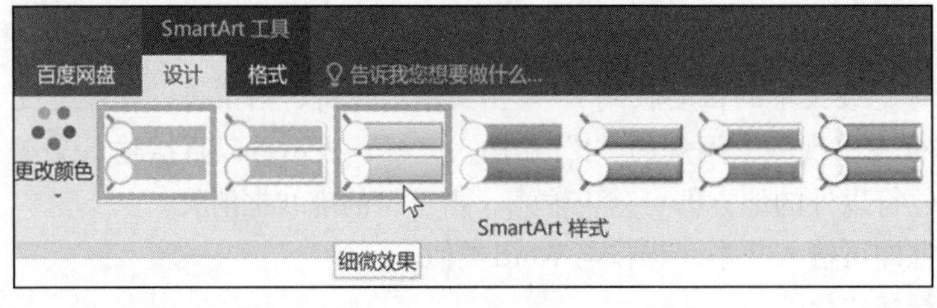

图6-37 SmartArt图形样式“细微效果”

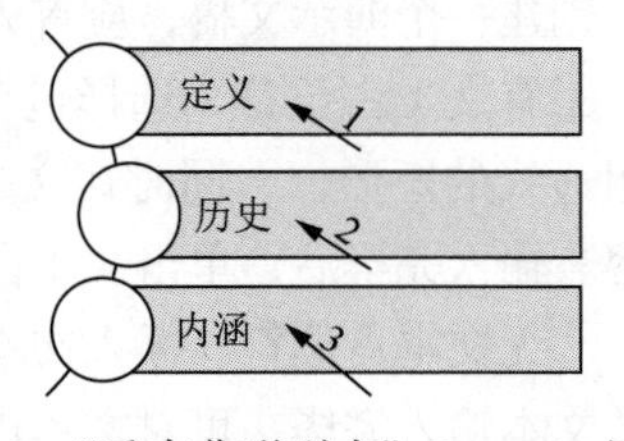

图6-38 “垂直曲形列表”SmartArt图形

④保存文件。

视频
插入表格

6.3.2 插入表格

有内容占位符的单击“插入表格”图标，或在“插入”选项卡中单击“表格”按钮，选择要插入的表格的行数和列数，或在打开的“插入表格”对话框中输入行数和列数，单击“确定”按钮即可。

【案例6-15】打开ppt\26000219.pptx演示文稿，完成以下操作：

A.在第一张幻灯片插入一个4×3的表格，内容如图6-39所示，并设置表格字体大小为32磅。

B.保存文件。

视 频

案例6-15操作视频

	小学	中学	大学
1950	59.9	11.5	1.3
1960	72.0	21.3	4.4

图6-39　文本内容

【操作方法】

①打开ppt\26000219.pptx演示文稿，在内容占位符中单击“插入表格”图标，如图6-40所示。

②在打开的“插入表格”对话框中的“列数”数值框中输入“4”，在“行数”数值框中输入“3”，然后单击“确定”按钮，如图6-41所示。

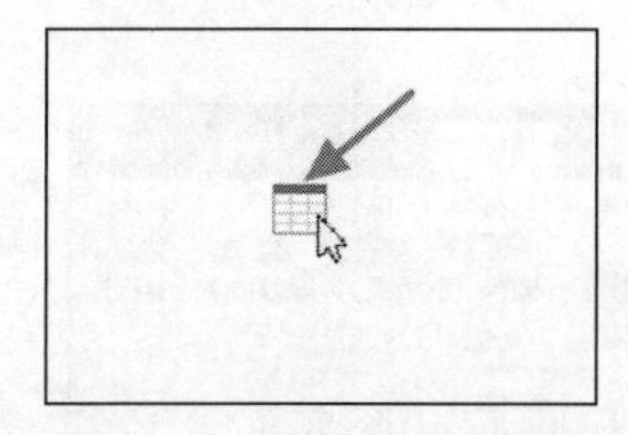

图6-40　“插入表格”图标

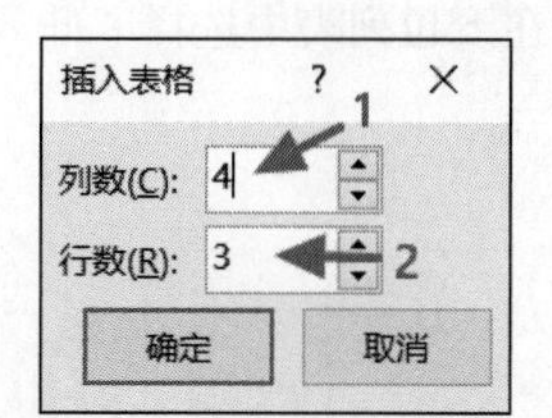

图6-41　“插入表格”对话框

③在幻灯片中插入一个4×3的表格，在表格中输入文本，如图6-42所示。

④选择表格，在“开始”选项卡的“字体”组中，单击“字号”下拉按钮，在下拉列表中选择32，如图6-43所示。

全世界教育发展中各项入学率指标值

	小学	中学	大学
1950	59.9	11.5	1.3
1960	72.0	21.3	4.4

图6-42　输入的文本内容

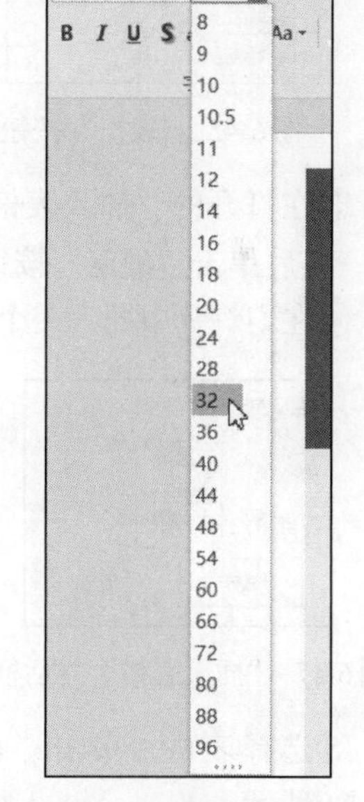

图6-43　设置表格字体大小

⑤保存文件。

【案例6-16】打开ppt\26000016.pptx演示文稿，完成以下操作：

视 频
案例6-16操作视频

A.在幻灯片内容框中插入一个4行4列的表格，表格样式为“中度样式2”，表格内容如图6-44所示。

姓名	高等数学	英语	计算机
王鹏	80	90	92
李欣	82	87	85
何英	85	82	86

图6-44 文本内容

B.保存文件。

【操作方法】

①打开ppt\26000016.pptx演示文稿，在“插入”选项卡的“表格”组中，单击“表格”下拉按钮，如图6-45所示。

②在下拉列表中选择“插入表格”命令，如图6-46所示。

图6-45 “表格”按钮

图6-46 “插入表格”按钮

③在打开的“插入表格”对话框的“列数”数值框中输入“4”，在“行数”数值框中输入“4”，然后单击“确定”按钮，如图6-47所示。

④在幻灯片中插入一个4×4的表格，在表格中输入文本，如图6-48所示。

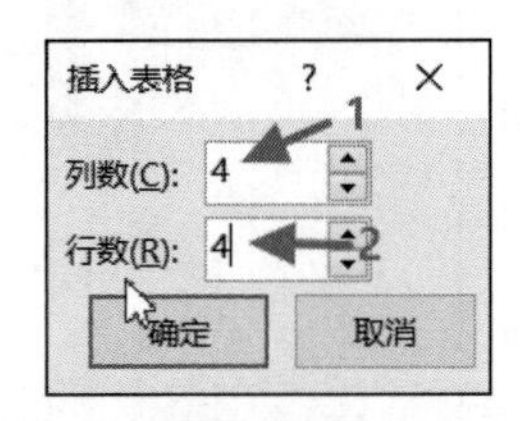

图6-47 “插入表格”对话框

姓名	高等数学	英语	计算机
王鹏	80	90	92
李欣	82	87	85
何英	85	82	86

图6-48 输入文本内容

⑤选择表格，单击“表格工具–设计”选项卡，在“表格样式”组中单击下拉按钮，如图6-49所示。

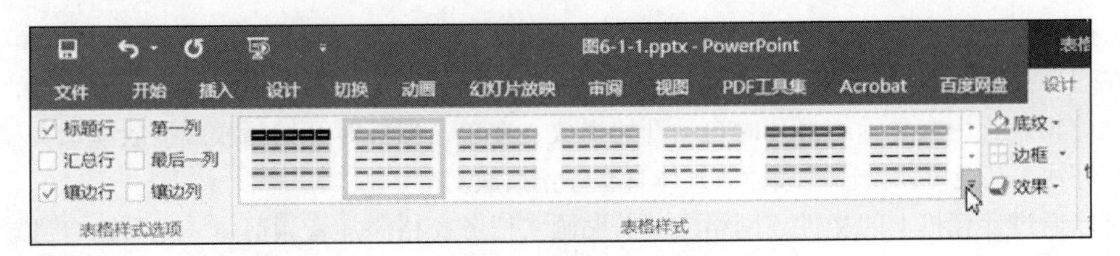

图6-49　“表格样式”组

⑥在打开的下拉列表中选择“中度样式2”命令，如图6-50所示。

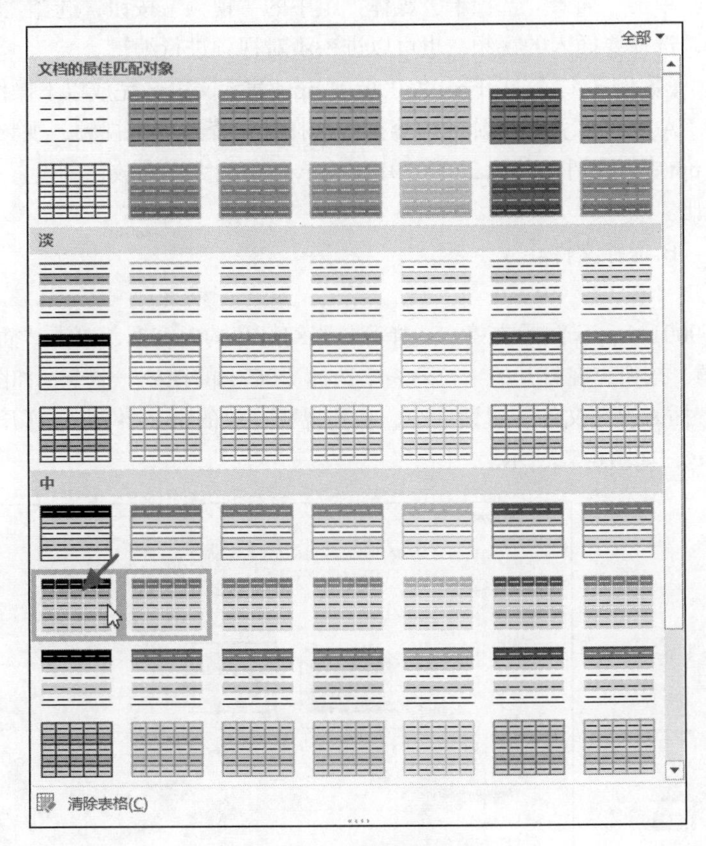

图6-50　设置表格样式

⑦保存文件。

6.3.3　插入多媒体信息

在PowerPoint 2016的制作过程中可以插入各种“多媒体信息”。

1.插入图片

在内容占位符上单击“插入图片”图标，或单击“插入”选项卡“图像”组中的“图片”按钮，打开“插入图片”对话框，选择某一个或多幅图片，单击“插入”按钮即可以将图片插入到幻灯片中。另外，PowerPoint 2016新增了制作电子相册的功能：单击“图像”组中的“相册”按钮，可以将来自文件的一组图片制作成多张幻灯片的相册。

2.插入声音

在幻灯片上插入“音频”剪辑时，将显示一个表示音频文件的图标。在进行播放时，可以将音频剪辑设置为在显示幻灯片时自动开始播放、在单击鼠标时开始播放或播放演示文稿中的所有幻灯片，甚至可以循环连续播放媒体直至停止播放。

可以通过计算机上的文件、网络或“剪贴画”任务窗格添加音频剪辑。也可以自己录制音频，将其添加到演示文稿，或者使用CD中的音乐。

3.插入影片

视 频

案例6-17操作视频

单击“插入”选项卡“媒体”组中的“视频”按钮，选择“PC上的视频”命令，选择要插入的视频，也可以进一步对视频进行编辑。

【案例6-17】打开ppt\26000101.pptx演示文稿，完成以下操作：

A.在第二张幻灯片的内容框中选择插入媒体剪辑视频，视频文件保存在文件夹ppt中，文件名称为26000101_1.wmv，视频大小缩放比例设置为100%，锁定纵横比。

B.保存文件。

【操作方法】

①打开ppt\26000101.pptx演示文稿，选择第二张幻灯片的内容框，单击“插入”选项卡“媒体”组中的“视频”按钮，在打开的下拉列表中选择“PC上的视频”命令，如图6-51所示。

②在打开的“插入视频文件”对话框中，找到视频存放的ppt文件夹，打开后，选择视频文件26000101_1.wmv，如图6-52所示。

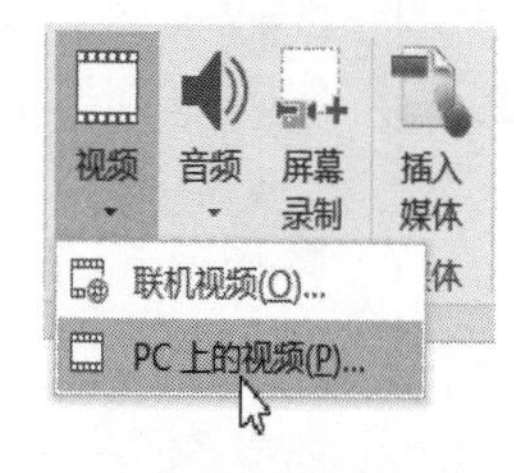

图6-51 插入“文件中的视频”

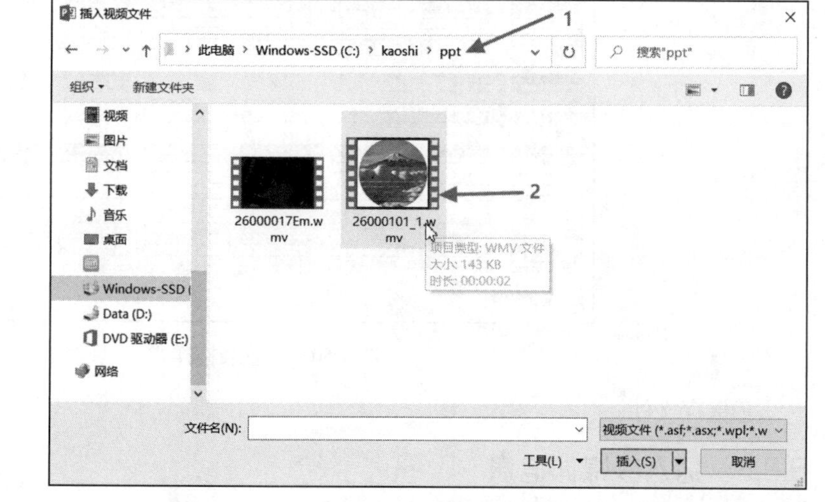

图6-52 选择视频文件

③单击“插入”按钮，在第二张幻灯片中的内容栏中插入视频文件。

④选择“视频工具–格式”选项卡，单击“大小”组右下侧的扩展按钮，如图6-53所示。

⑤在打开的“设置视频格式”窗格中，设置视频“缩放比例”为高度（H）：“100%”，宽度（W）：“100%”，选中“锁定纵横比”复选框，如图6-54所示。

⑥保存文件。

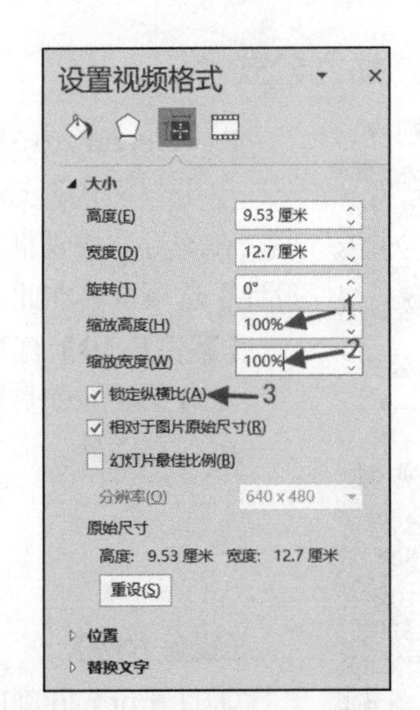

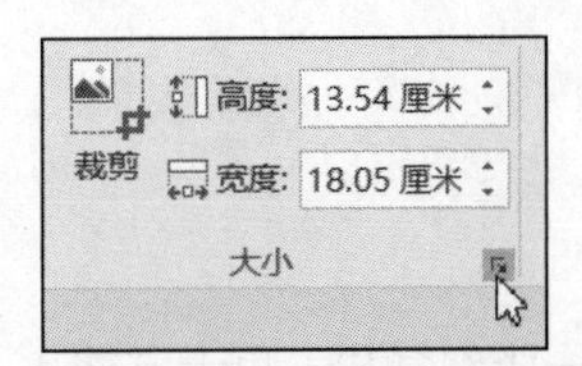

图 6-53　视频工具“格式”选项卡的“大小”组

图 6-54　“设置视频格式”对话框

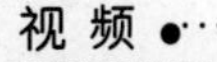

案例6-18操作视频

【案例6-18】打开ppt\26000109.pptx演示文稿，完成以下操作：

A. 在第二张幻灯片插入一个音频文件26000109.mp3，音频的位置在ppt目录下。

B. 保存文件。

【操作方法】

①打开ppt\26000109.pptx演示文稿，选择第二张幻灯片，单击“插入”选项卡，在“插入”选项卡的“媒体”组中，单击“音频”下拉按钮，在打开的下拉列表中选择“PC上的音频”命令，如图6-55所示。

②在打开的“插入音频”对话框中，找到音频存放的ppt文件夹，打开后选择音频文件26000109.mp3，如图6-56所示。

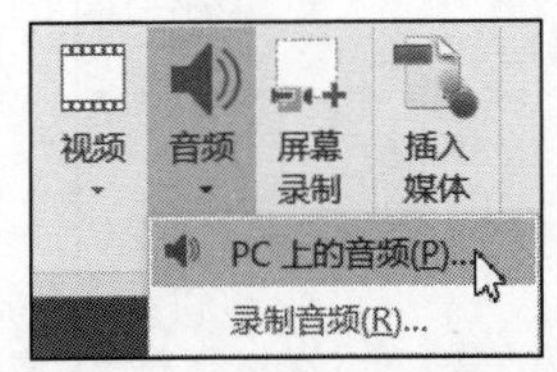

图 6-55　插入“PC上的音频”

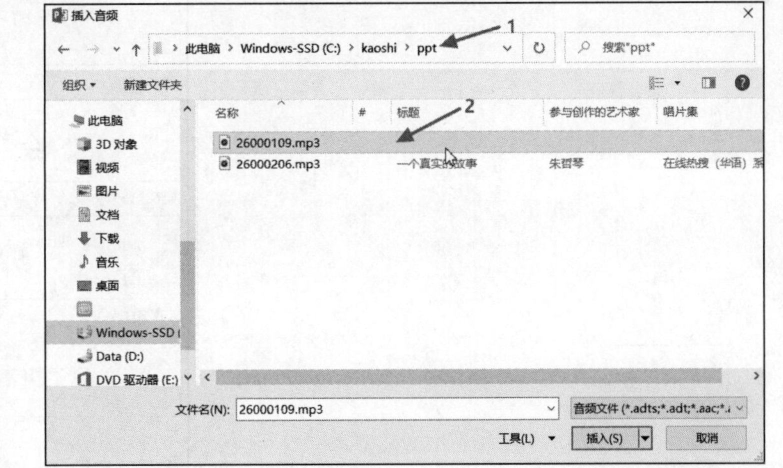

图 6-56　选择音频文件

③单击“插入”按钮，保存文件。

6.3.4 插入公式

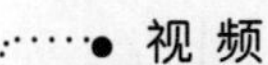

插入公式

PowerPoint 2016编辑幻灯片时可以插入“公式”，其操作如下：

单击“插入”选项卡“符号”组中的“公式”按钮，选择其中的某一公式项，在幻灯片中即插入已有的公式，再单击此公式，则功能区出现“公式工具-设计”选项卡，在此区可以编辑公式。

【案例6-19】打开ppt\26000019.pptx演示文稿，完成以下操作：

A. 在第一张幻灯片内容框中插入一个如图6-57所示的数学公式。

B. 保存文件。

视 频

案例6-19操作视频

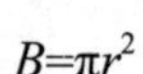

$$B=\pi r^2$$

图6-57 公式效果图

【操作方法】

①打开ppt\26000019.pptx演示文稿，选择第一张幻灯片，单击“插入”选项卡“符号”组中的“公式”下拉按钮，如图6-58所示。

②在打开的下拉列表中选择“圆的面积”，如图6-59所示。

图6-58 “公式”按钮

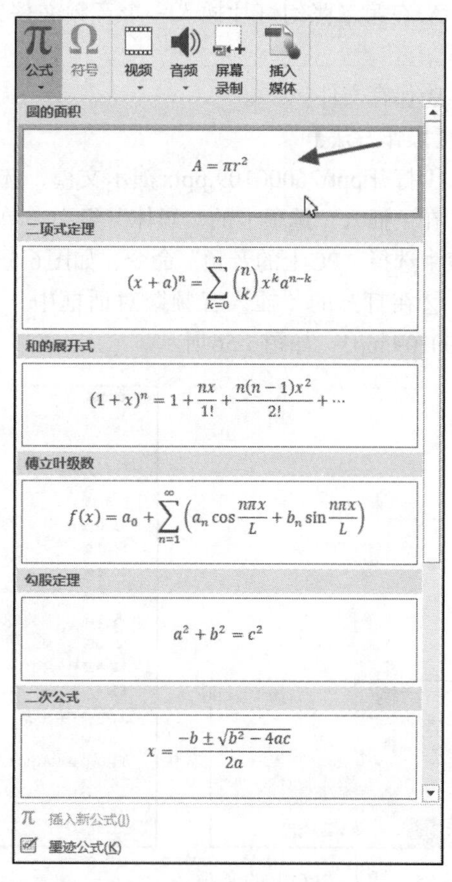

图6-59 公式“圆的面积”

③将幻灯片内容框中插入的公式“$A=\pi r^2$”修改为“$B=\pi r^2$”。

④保存文件。

6.3.5　插入绘制图形

视　频

插入绘制图形

在普通视图的幻灯片窗格中可以插入“绘制图形”，方法与Word中的操作相同。单击“插入”选项卡“插图”组中的“形状”按钮，展开“形状”下拉列表。在其中选择某种形状样式后单击，此时鼠标变成十字星形状，拖动鼠标可以确定形状的大小。

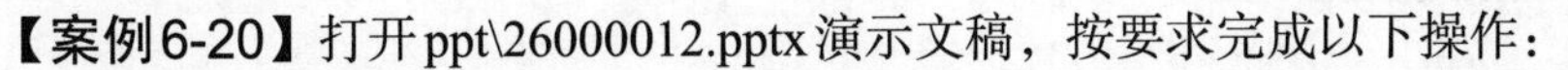

【案例6-20】打开ppt\26000012.pptx演示文稿，按要求完成以下操作：

视　频

案例6-20操作视频

A. 在幻灯片内容框中插入一个基本形状为“梯形”的绘制图形，并在图形中输入文字为梯形。

B. 设置图形高度为8厘米、宽度10厘米，在幻灯片上的位置：“自（F）：左上角”，水平、垂直分别为8厘米和6厘米。

C. 保存文件。

【操作方法】

①打开ppt\26000012.pptx演示文稿，在“插入”选项卡的“插图”组中，单击“形状”下拉按钮，如图6-60所示。

图6-60　“形状”按钮

②在下拉列表中单击“基本形状”组的“梯形”按钮，如图6-61所示。

③此时鼠标为十字星形状，在幻灯片内容框中拖动鼠标绘制出“梯形”。

④右击幻灯片内容框中的“梯形”，在弹出的快捷菜单中选择“编辑文字”命令，在图形中输入文字为“梯形”，如图6-62所示。

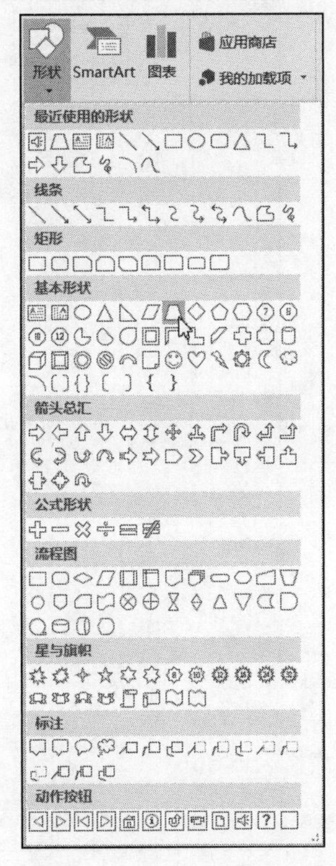

图6-61　单击“梯形”按钮

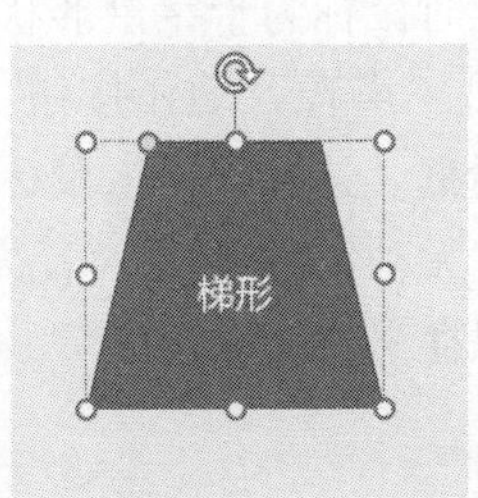

图6-62　在“梯形”中输入文字

⑤右击幻灯片内容框中的“梯形”，在弹出的快捷菜单中选择“大小和位置”命令，打开“设置形状格式”窗格。在“大小”选项卡中，设置高度为8厘米、宽度10厘米，如图6-63所示。

⑥单击“设置形状格式”对话框中“位置”选项卡，在“位置”选项卡中，设置幻灯片上的位置为从“左上角”，水平为“6厘米”，垂直为“6厘米”，如图6-64所示。

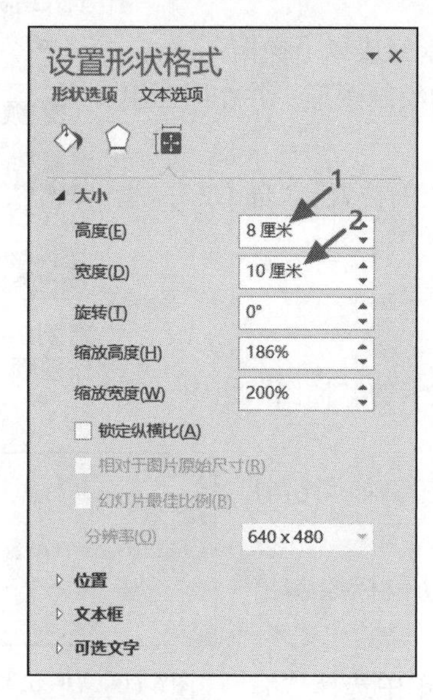

图6-63　设置“大小”选项

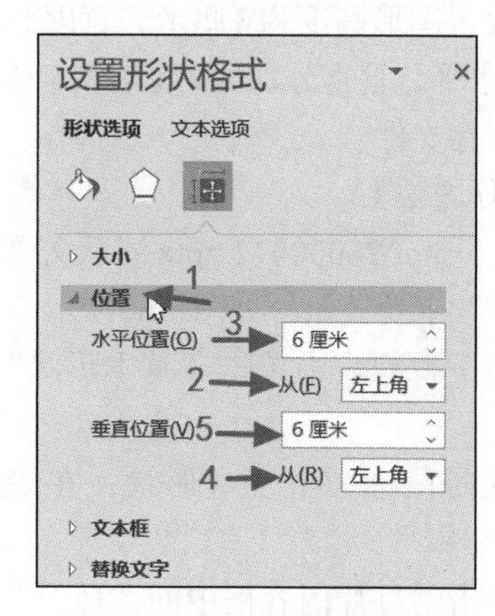

图6-64　设置“位置”选项

⑦保存文件。

视频

案例6-21操作视频

【案例6-21】打开ppt\26000029.pptx演示文稿，完成以下操作：

A.在第一张幻灯片右下角位置插入一个名为“声音”的动作按钮。单击时，无动作，播放“风铃”声音。

B.保存文件。

【操作方法】

①打开ppt\261000029.pptx演示文稿，在“插入”选项卡的“插图”组中，单击“形状”下拉按钮。

②在下拉列表中单击“动作按钮”组的“声音”按钮，如图6-65所示。

③此时鼠标为十字星形状，在幻灯片右下角位置拖动鼠标绘制出“声音”动作按钮。绘制完成后，打开“动作设置”对话框。选择“单击鼠标”选项卡，设置单击鼠标时的动作为“无动作”，播放声音为“风铃”，如图6-66所示。

④保存文件。

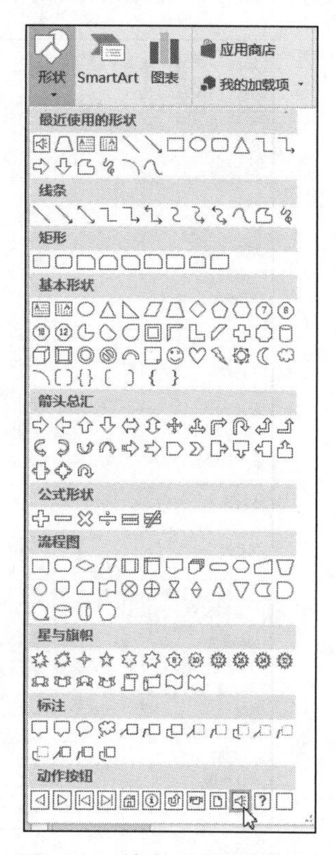

图6-65　单击“声音”按钮

图6-66　“操作设置”对话框

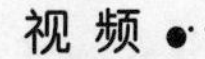
视 频

案例6-22操作视频

【案例6-22】打开ppt\26000100.pptx演示文稿，完成以下操作：

A.在幻灯片内容框中删除右箭头形状。

B.保存文件。

【操作方法】

①打开ppt\26000100.pptx演示文稿，选择幻灯片内容框中的“右箭头形状”，按【Delete】健。

②保存文件。

6.3.6　插入批注

视 频

插入批注

利用批注的形式可以对演示文稿提出修改意见。“批注”就是审阅文稿时在幻灯片上插入的附注，批注会出现在黄色的批注框内，不会影响原演示文稿。

选择幻灯片中需要插入批注的内容，单击“审阅”选项卡“批注”组中的“新建批注”按钮，在当前幻灯片上出现批注框，在框内输入批注内容，单击批注框以外的区域即可完成输入。

视 频

案例6-23操作视频

【案例6-23】打开ppt\26000113.pptx演示文稿，完成以下操作：

A.为第二张幻灯片的标题文字添加批注，批注内容为物物相连的互联网。

B.为第二张幻灯片插入备注，备注内容为物联网是互联网的应用拓展。

C.保存文件。

【操作方法】

①打开ppt\26000113.pptx演示文稿，选择第二张幻灯片的标题文字，在“审阅”选项卡的“批注”组中，单击“新建批注”按钮，如图6-67所示。

②在打开的“批注”对话框中输入文本“物物相连的互联网”，如图6-68所示。

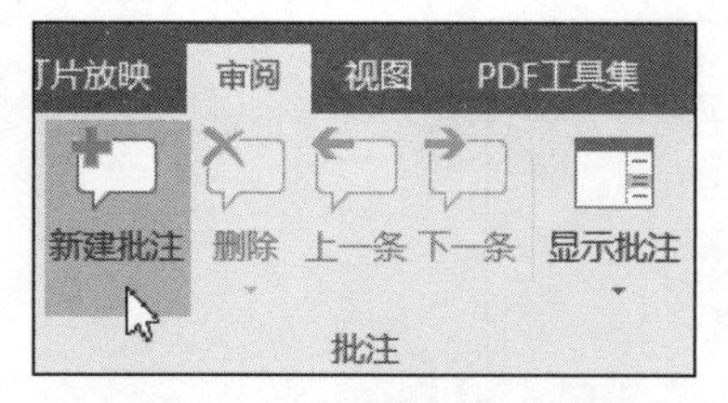

图6-67 “新建批注”按钮

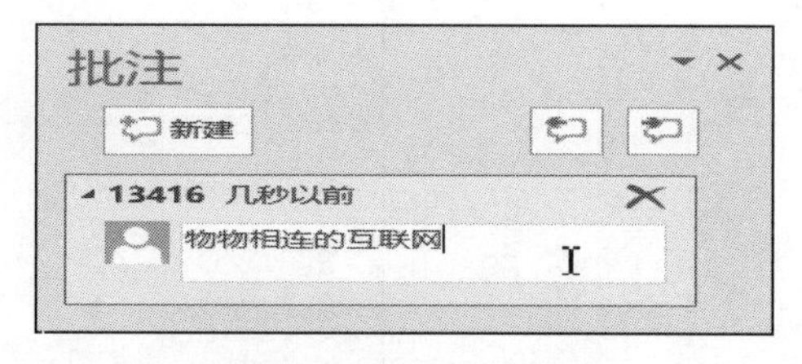

图6-68 输入批注内容

③在第二张幻灯片的“备注”框中，输入文本“物联网是互联网的应用拓展”，如图6-69所示。

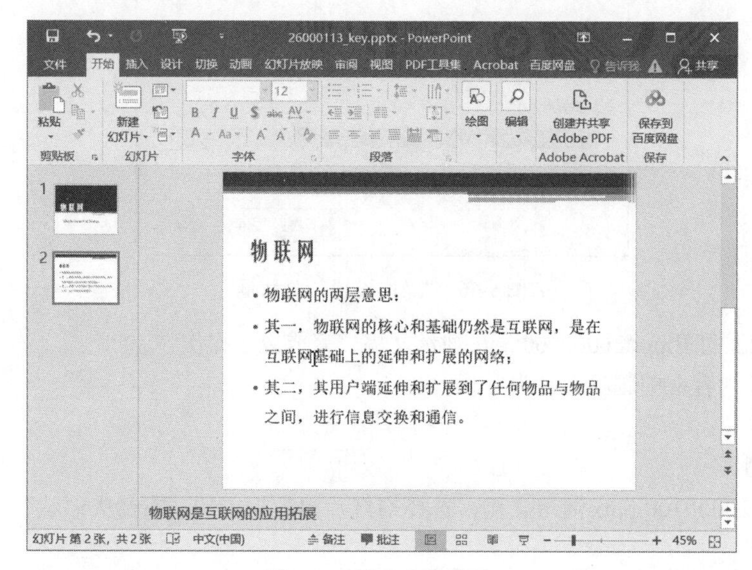

图6-69 输入备注内容

④保存文件。

6.3.7 插入其他演示文稿中的幻灯片

视频

插入其他演示文稿中的幻灯片

PowerPoint 2016在编辑某个演示文稿时，可以插入其他演示文稿中的单张（多张）或全部幻灯片。

选择某张幻灯片为当前幻灯片，选择“开始”→“幻灯片”→“新建幻灯片”→“重用幻灯片”命令，弹出“重用幻灯片”任务窗格。单击“浏览”按钮找到包含所需幻灯片演示文稿的文件名，并将其打开，或直接在文本框中输入路径和文件名。在选择幻灯片选项区域中右击要选择的一张幻灯片，再选择插入幻灯片，将其插入到当前幻灯片的后面，若选择插入所有幻灯片，则可将选择的演示文稿中全部幻灯片插入到当前幻灯片后面。

视频

插入图表

6.3.8 插入图表

PowerPoint 2016可直接利用“图表生成器”提供的各种图表类型和图表向导，创建具有复杂功能和丰富界面的各种图表，以增强演示文稿的演示效果。

双击图表占位符，或在“插入”选项卡中单击“图表”按钮，均可启动Microsoft Graph应用程序插入图表对象。

【案例6-24】打开ppt\26000014.pptx演示文稿，完成以下操作：

A.在幻灯片内容框中插入一个类型为“簇状柱形图”的图表；图表标题位于图表上方，内容为“簇状柱形图”。

B.保存文件。

视频

案例6-24操作视频

【操作方法】

①打开ppt\26000014.pptx演示文稿，在“插入”选项卡的“插图”组中，单击“图表”按钮，如图6-70所示。

②在打开的“插入图表”对话框中，单击“柱形图”选项，选择“簇状柱形图”，如图6-71所示。

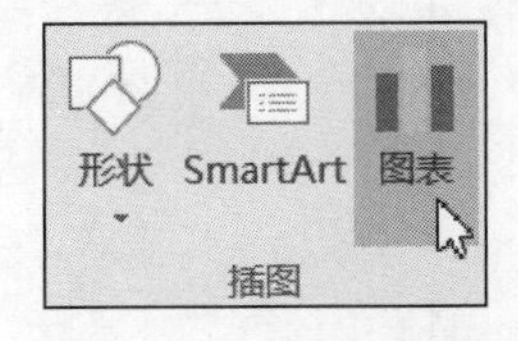

图6-70　“图表”按钮

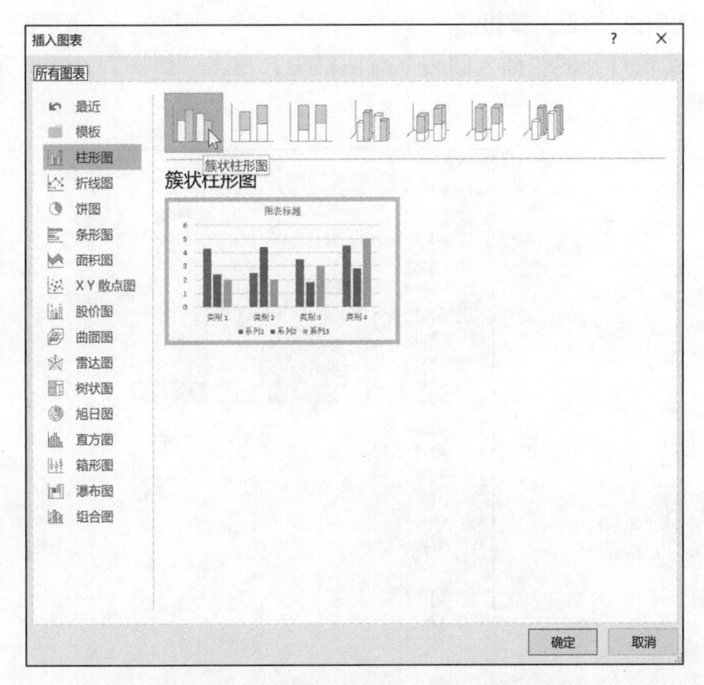

图6-71　“插入图表”对话框–“柱形图”选项

③单击“确定”按钮，返回到PowerPoint工作界面，幻灯片中将自动创建一个图表。选择图表，在“图表工具–设计”选项卡“图表布局”组中单击“添加图表元素”下拉按钮，在打开的下拉列表中选择“图表标题”→“图表上方”命令，如图6-72所示。

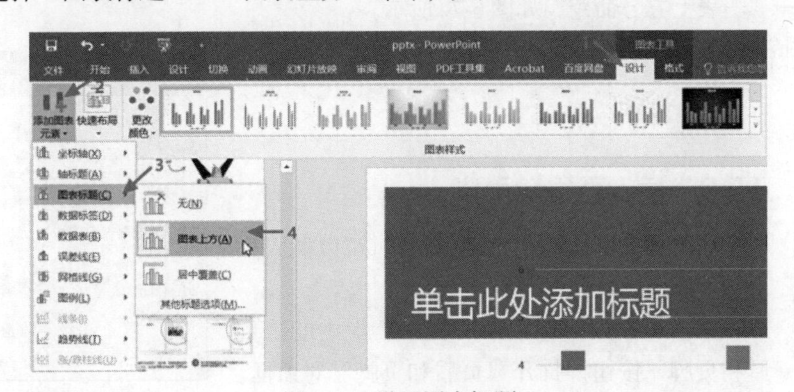

图6-72　设置图表标题

视频

案例6-25操作视频

④在出现的“图表标题”文本框中选择文本“图表标题”，修改为“簇状柱形图”。

⑤保存文件。

【案例6-25】打开ppt\26000107.pptx演示文稿，完成以下操作：

A.在第二张幻灯片插入一个名称为“复合条饼图”的图表，并编辑其标题为“2019年度华南地区业绩分布”。

B.保存文件。

【操作方法】

①打开ppt\26000107.pptx演示文稿，选择第二张幻灯片，在“插入”选项卡的“插图”组中，单击“图表”按钮。

②在打开的“插入图表”对话框中，单击“饼图”选项，选择“复合条饼图”，如图6-73所示。

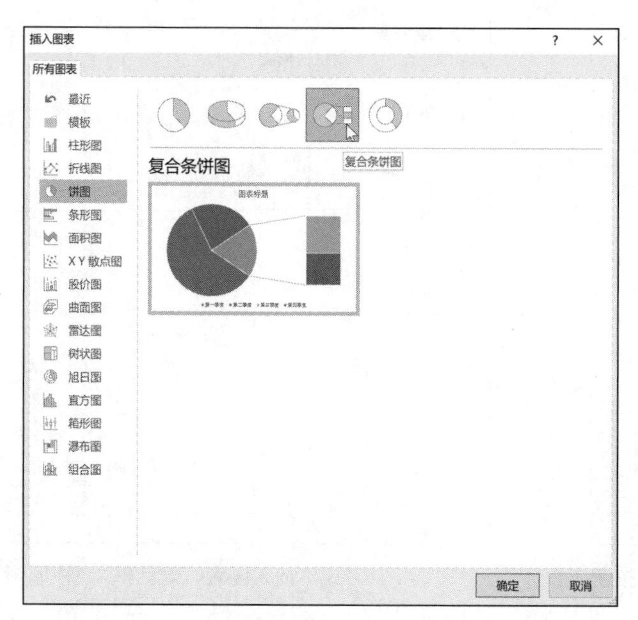

图6-73 “插入图表”对话框–“饼图”选项

③单击“图表工具–设计”页面，选择“图表布局”中的“添加图表元素”下拉按钮，选择“图表标题”→“图表上方”命令，如图6-74所示。

④选择图表标题“销售额”，修改为“2019年度华南地区业绩分布”。

⑤保存文件。

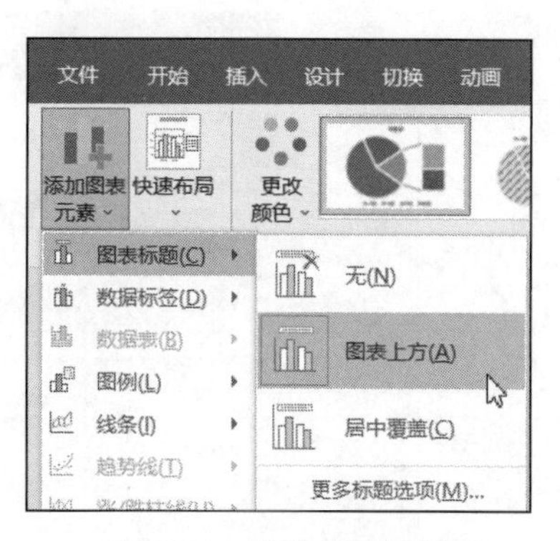

图6-74 编辑表格标题

视频

插入页眉和页脚

6.3.9 插入页眉和页脚

PowerPoint 2016编辑幻灯片时可以插入页眉和页脚，其操作如下：

单击“插入”选项卡“文本”组中的“页眉和页脚”按钮，打开“页眉和页脚”对话框。选择“幻灯片”选项卡，通过选择适当的复选框，可以确定是否在幻灯片的下方添加日期和时间、幻灯片编号、页脚等，并可设置选择项目的格式和内容。

视频

案例6-26操作视频

【案例6-26】 打开ppt\26000207.pptx演示文稿，完成以下操作：

A. 插入页眉和页脚，幻灯片包含自动更新的日期和时间，包含幻灯片编号，并设置页脚内容为“第三章第一节”，应用于全部幻灯片。

B. 保存文件。

【操作方法】

①打开ppt\26000207.pptx演示文稿，在“插入”选项卡的“文本”组中，单击“页眉和页脚”按钮，如图6-75所示。

图6-75　“页眉和页脚”按钮

②在打开的“页眉和页脚”对话框的“幻灯片”选项卡中，选中“日期和时间”复选框、“自动更新”单选按钮、“幻灯片编号”复选框、“页脚”复选框，在“页脚”的文本输入框中输入“第三章第一节”，如图6-76所示。

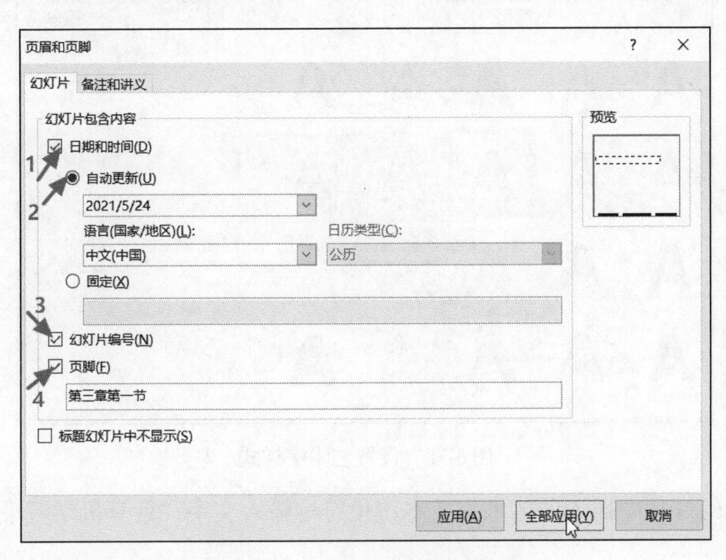

图6-76　“页眉和页脚”对话框

③单击“全部应用”按钮，保存文件。

6.3.10　插入艺术字

单击“插入”选项卡“文本”组中的“艺术字”下拉按钮，展开“艺术字”下拉列表，在其中选择某种样式，此时，在幻灯片编辑区中出现“请在此放置您的文字”艺术字编辑框。更改输入要编辑的艺术字文本内容，可以在幻灯片上看到文本的艺术效果。选中“艺术字”后，在“绘图工具-格式”选项卡可以进一步编辑“艺术字”。

【案例6-27】打开ppt\26000015.pptx演示文稿，完成以下操作：

A.在第一张幻灯片中插入艺术字，内容为“计算机学习平台”，艺术字套用外观样式，样式名称为“渐变填充：紫色，主题色4，边框：紫色，主题色4。”

B.保存文件。

【操作方法】

①打开ppt\26000015.pptx演示文稿，选择第一张幻灯片，在“插入”选项卡的“文本”组中，单击“艺术字”下拉按钮，如图6-77所示。

图6-77 “艺术字”按钮

②在下拉列表中选择样式为“渐变填充：紫色，主题色4，边框：紫色，主题色4”，如图6-78所示。

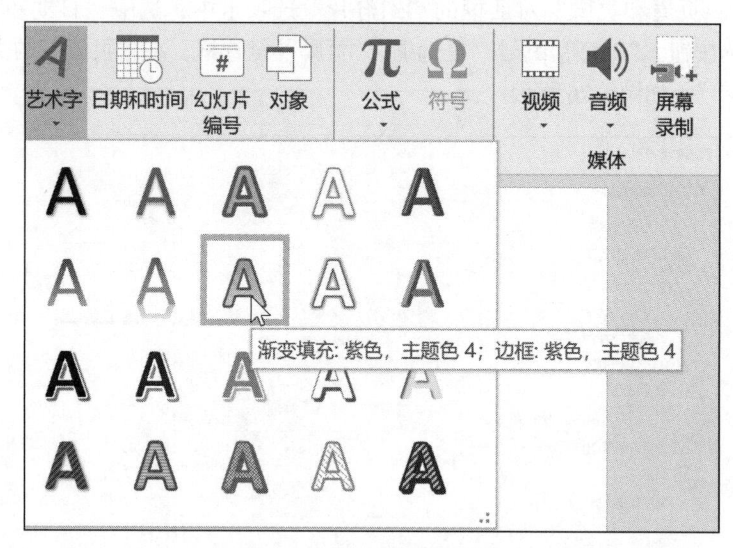

图6-78 设置艺术字样式

③在第一张幻灯片中插入的艺术字文本占位符中输入文字“计算机学习平台”，如图6-79所示。

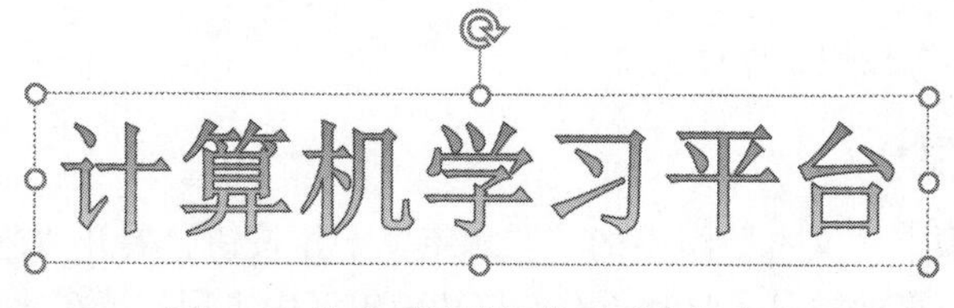

图6-79 输入“计算机学习平台”文本

④保存文件。

6.4　PowerPoint 2016 演示文稿的放映

6.4.1　幻灯片的放映控制

视 频

幻灯片的放映控制

不同的演示环境，需要不同的放映方式控制。设置放映类型、幻灯片的放映范围和换片方式等，可以获得满意的放映效果。一个创建好的演示文稿必须经过放映才能体现它的演示功能，实现动画和链接效果。

【案例6-28】打开ppt\26000026.pptx演示文稿，完成以下操作：

A.设置幻灯片放映方式的类型为：观众自行浏览（窗口）；放映选项为：循环放映，按Esc键终止；放映幻灯片：从2到4；换片方式：手动。

B.保存文件。

视 频

案例6-28操作视频

【操作方法】

①打开ppt\26000026.pptx演示文稿，在“幻灯片放映”选项卡的“设置”组中，单击“设置幻灯片放映”按钮，如图6-80所示。

②在打开的“设置放映方式”对话框中，设置放映类型为“观众自行刘览（窗口）”，放映选项为“循环放映，按Esc键终止”，放映幻灯片为“从2到4”，换片方式为“手动”，如图6-81所示。

图6-80　“设置幻灯片放映”按钮

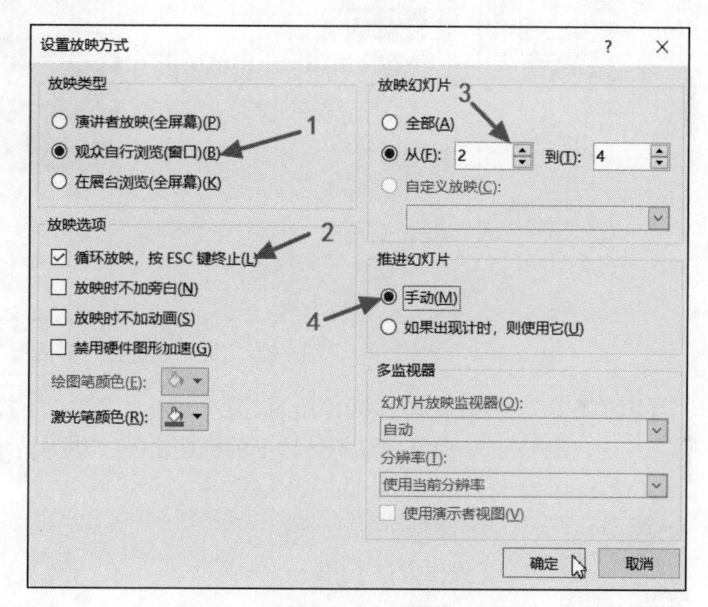

图6-81　“设置幻灯片放映”对话框

③单击“确定”按钮，保存文件。

6.4.2　设置幻灯片的超链接效果

视 频

设置幻灯片的超链接效果

在演示文稿中使用“超链接”功能不仅可以在不同的幻灯片之间自由切换，还可以在幻灯片与其他Office文档或HTML文档之间切换，超链接还可以指向Internet上的站点。通过使用超链接可以实现同一份演示文稿在不同的情形下显示不同内容的效果。

视频
案例6-29操作视频

【案例6-29】打开ppt\26000025.pptx演示文稿，完成以下操作：

A.选定第一张幻灯片标题文字“华山”，插入超链接，链接到演示文稿的最后一张幻灯片。

B.保存文件。

【操作方法】

①打开ppt\26000025.pptx演示文稿，选中第一张幻灯片标题文字“华山”，右击，在弹出的快捷菜单中选择“超链接”命令，如图6-82所示。

②在打开的“插入超链接”对话框中，单击“本文档中的位置”选项，在“请选择文档中的位置”框中选择“最后一张幻灯片”，如图6-83所示。

③单击“确定”按钮，保存文件。

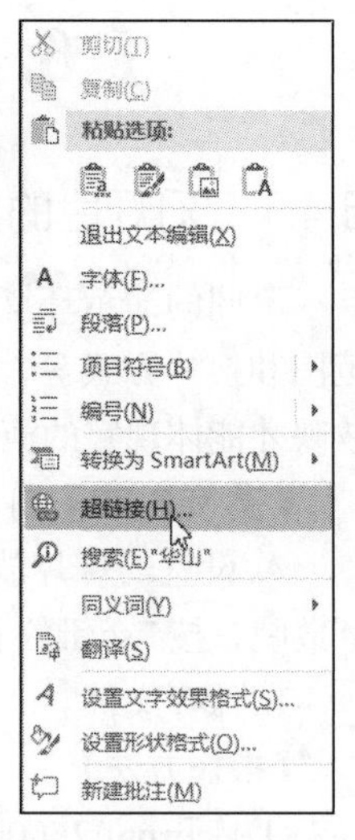

图6-82 插入“超链接”

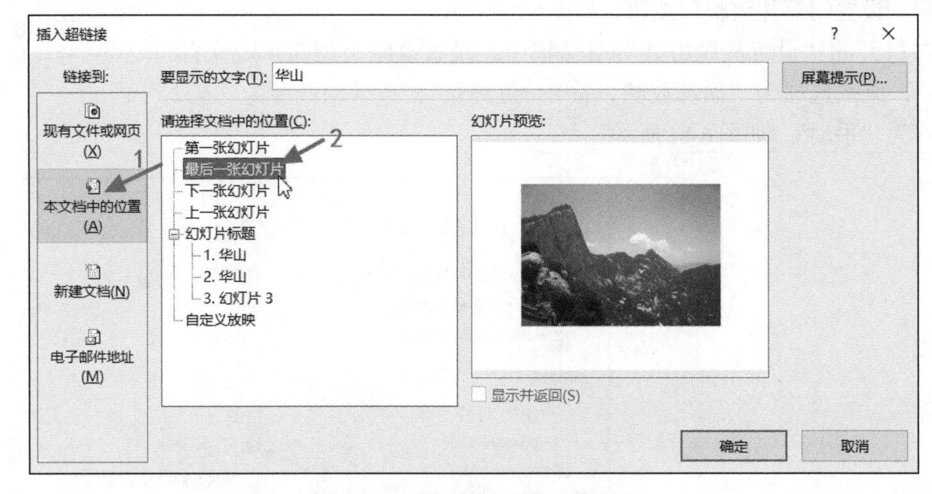

图6-83 “插入超链接”对话框

【案例6-30】打开ppt\26000121.pptx演示文稿，完成以下操作：

A.为第一张幻灯片上的标题文字“华为技术有限公司”插入超链接，链接地址为http://www.huawei.com/。

B.保存文件。

视频
案例6-30操作视频

【操作方法】

①打开ppt\26000121.pptx演示文稿，选中第一张幻灯片的标题文字“华为技术有限公司”，右击，在弹出的快捷菜单中选择“超链接”命令。

②在打开的“插入超链接”对话框中，选择“现有文件或网页”选项，在“地址”文本框中输入文本“http://www.huawei.com/”，如图6-84所示。

③单击“确定”按钮，保存文件。

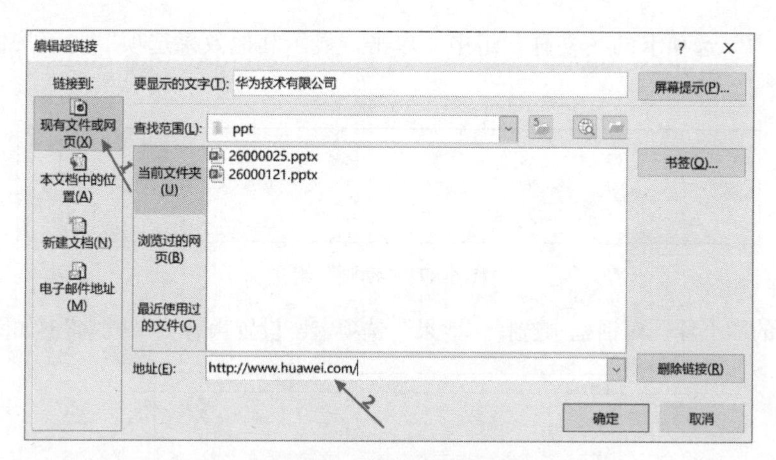

图6-84　插入网页链接

6.4.3　设置幻灯片的动画效果

“动画效果”是指在幻灯片的放映过程中，幻灯片上的各种对象以一定的次序及方式进入到画面中产生的动态效果。

可以将 PowerPoint 2016 演示文稿中的文本、图片、形状、表格、SmartArt图形和其他对象制作成动画，赋予它们进入、退出、大小或颜色变化，甚至移动等视觉效果。

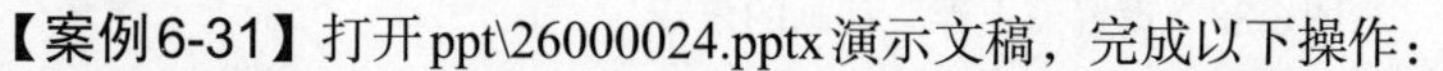

【案例6-31】 打开ppt\26000024.pptx演示文稿，完成以下操作：

A.设置幻灯片内容框的动画效果为“浮入”，效果声音为“鼓声”，持续时间中速（2 s）。

B.保存文件。

【操作方法】

①打开ppt\26000024.pptx演示文稿，选择幻灯片的内容框，在“动画”选项卡的“动画”组中，单击其他动画按钮，如图6-85所示。

图6-85　“动画”选项卡

②在打开的下拉列表中，选择“进入”组中的“浮入”动画，为幻灯片设置动画效果，如图6-86所示。

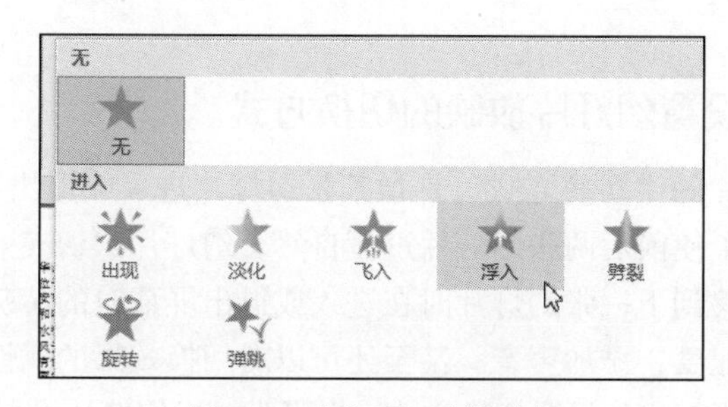

图6-86　“动画”下拉列表

③在“动画”选项卡的“动画”组中，单击“显示其他效果选项”向下按钮，如图6-87所示。

图6-87 “动画”组

④在打开的“上浮”对话框中选择“效果”选项卡，设置声音为“鼓掌”，如图6-88所示。

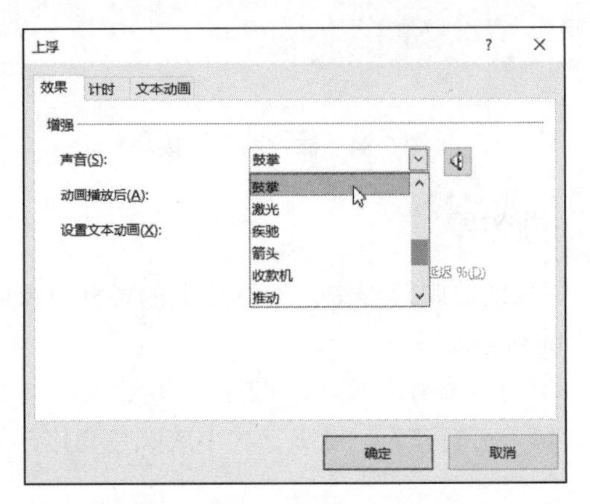

图6-88 设置“上浮”动画的声音

⑤选择“上浮”对话框中的“计时”选项卡，设置期间为“中速（2秒）”，如图6-89所示。

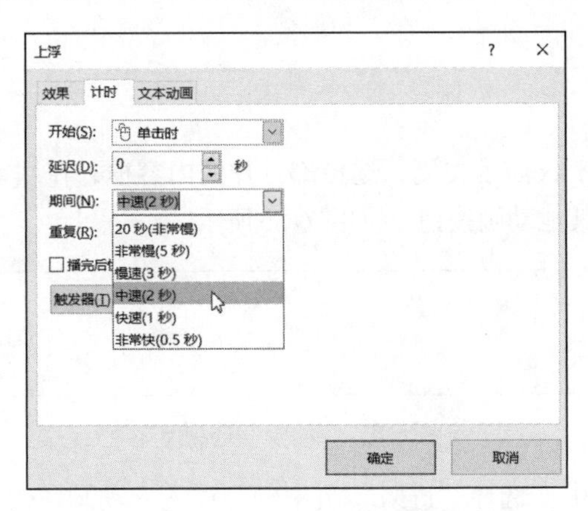

图6-89 设置“上浮”动画持续时间

⑥保存文件。

视 频

设置幻灯片放映的切换方式

6.4.4 设置幻灯片放映的切换方式

幻灯片的“切换方式”是指某张幻灯片进入或退出屏幕时的特殊视觉效果，目的是为了使前后两张幻灯片过渡自然。幻灯片“切换效果”是在演示期间从一张幻灯片移到下一张幻灯片时在进入或退出屏幕时的特殊视觉效果，可以控制切换效果的速度，添加声音，甚至还可以对切换效果的属性进行自定义。既可以为选择的某张幻灯片设置切换方式，也可为一组幻灯片设置相同的切换方式。

视 频

案例6-32操作视频

【案例6-32】打开ppt\26000119.pptx演示文稿，完成以下操作：

A.设置幻灯片的切换方式为“涟漪”，效果选项为“从左下部”，换片方式为自动切换，时间为10 s，应用于所有幻灯片。

B.保存文件。

【操作方法】

①打开ppt\26000119.pptx演示文稿，在“切换”选项卡的“切换到此幻灯片”组中，单击“其他”切换方案按钮，如图6-90所示。

图6-90　“切换到此幻灯片”组

②在打开的下拉列表中，选择“华丽”组中的“涟漪”切换方案，为幻灯片设置切换效果，如图6-91所示。

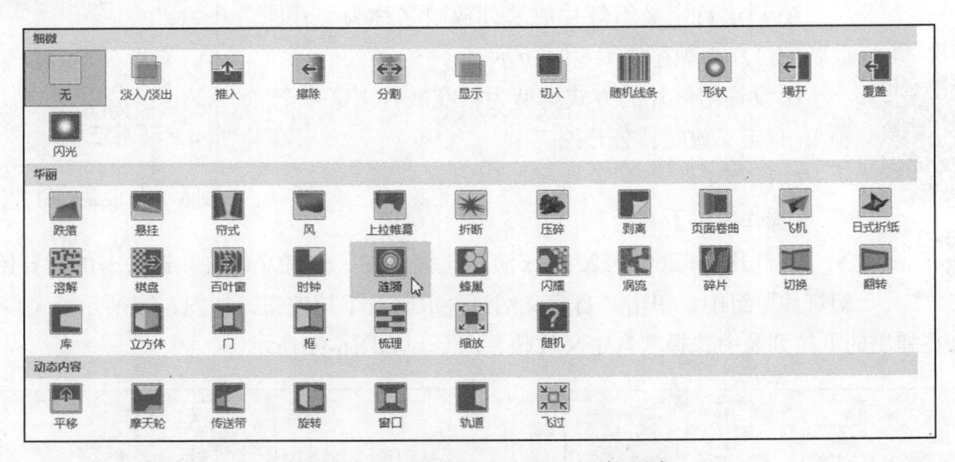

图6-91　“切换到此幻灯片”下拉列表

③在“切换”选项卡的“切换到此幻灯片”组中，单击“效果选项”下拉按钮，在“效果选项”的下拉列表中选择“从左下部”命令，如图6-92所示。

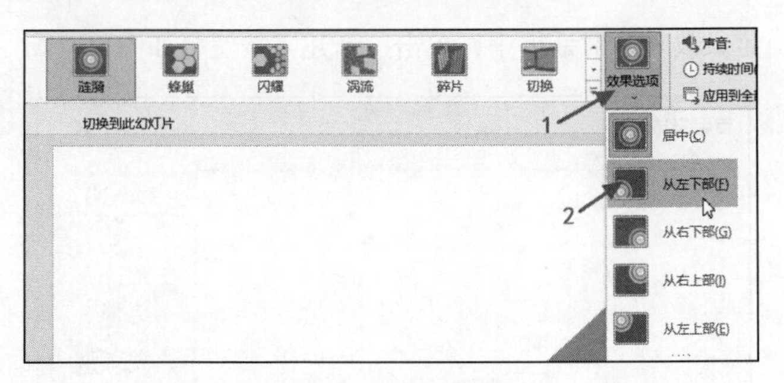

图6-92　设置效果选项

④在“切换”选项卡的“计时”组中，选中“设置自动换片时间”复选框，输入自动换片时间为“10 s”，单击“应用到全部”按钮，如图6-93所示。

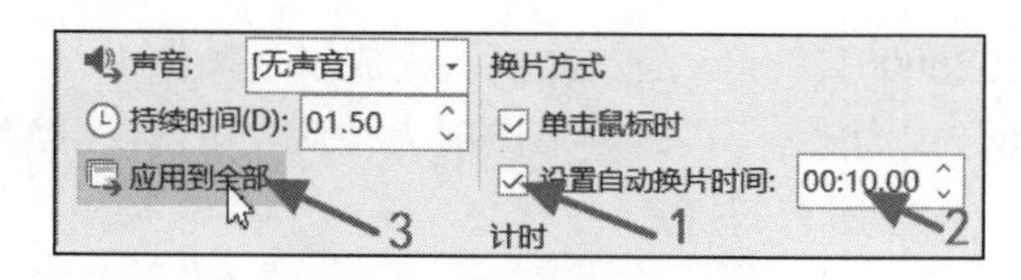

图6-93　设置换片时间

⑤保存文件。

6.4.5　演示文稿放映概述

所谓演示文稿的放映是指连续播放多张幻灯片的过程，播放时按照预先设计好的顺序对每一张幻灯片进行播放演示。一般情况下，如果对演示文稿要求不高，可以直接进行简单的放映，即从演示文稿中某张幻灯片起，顺序放映到最后一张幻灯片为止的放映过程。

为了突出重点，吸引观众的注意力，在放映幻灯片时，通常要在幻灯片中使用切换效果和动画效果，使放映过程更加形象生动，实现动态演示效果。

【案例6-33】打开ppt\26000122.pptx演示文稿，完成以下操作：

视 频

案例6-33操作视频

A.新建自定义幻灯片放映，放映名称为公开课，放映幻灯片为顺序如图6-94所示。

B.设置幻灯片的方式类型为：在展台浏览（全屏幕）；自定义放映：公开课。

C.保存文件。

在自定义放映中的幻灯片(L)：

1. 期货（Futures）
2. 期货常识
3. 期货简介
4. 交易特征

图6-94　放映幻灯片的顺序

【操作方法】

①打开ppt\26000122.pptx演示文稿，在“幻灯片放映”选项卡的“开始放映幻灯片”组中，单击“自定义幻灯片放映”下拉按钮，如图6-95所示。

②在弹出的下拉列表中选择“自定义放映”命令，如图6-96所示。

图6-95“自定义幻灯片放映”按钮

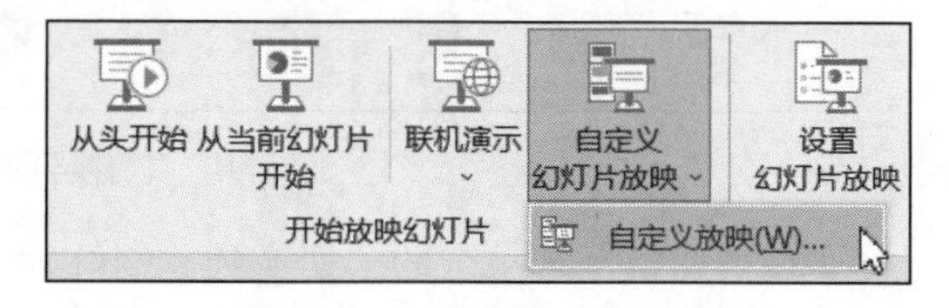

图6-96　“自定义放映”命令

③在打开的“自定义放映”对话框中，单击“新建”按钮，如图6-97所示。

图6-97　“自定义放映”对话框

④在打开的“定义自定义放映”对话框中，设置幻灯片放映名称为“公开课”，在自定义放映中的幻灯片添加顺序为“期货（Future）”“期货常识”“期货简介”“交易特征”，如图6-98所示。

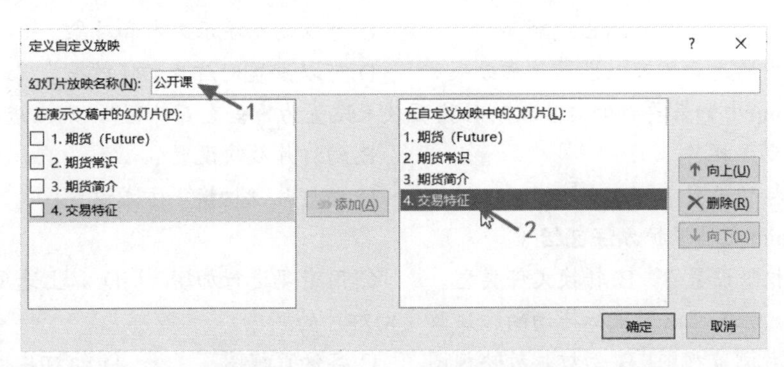

图6-98　“定义自定义放映”对话框

⑤单击“确定”按钮，返回到“自定义放映”对话框界面，如图6-97所示。单击“关闭”按钮，返回到PowerPoint工作界面中。

⑥在“幻灯片放映”选项卡的“设置”组中，单击“设置幻灯片放映”按钮，如图6-99所示。

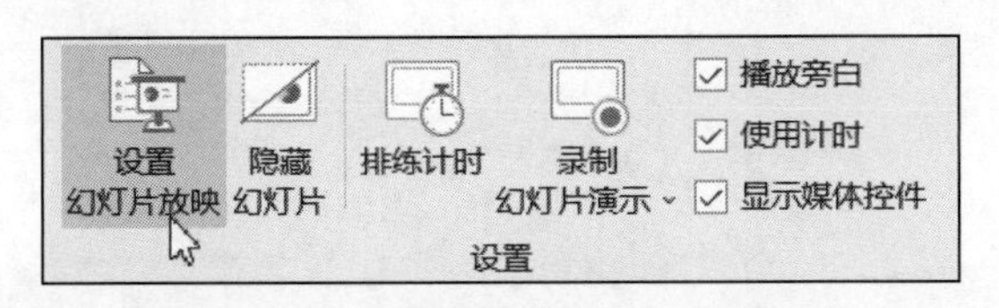

图6-99　“设置幻灯片放映”按钮

⑦在打开的“设置放映方式”对话框中，设置放映类型为“在展台浏览（全屏幕）”，自定义放映为“公开课”，如图6-100所示。

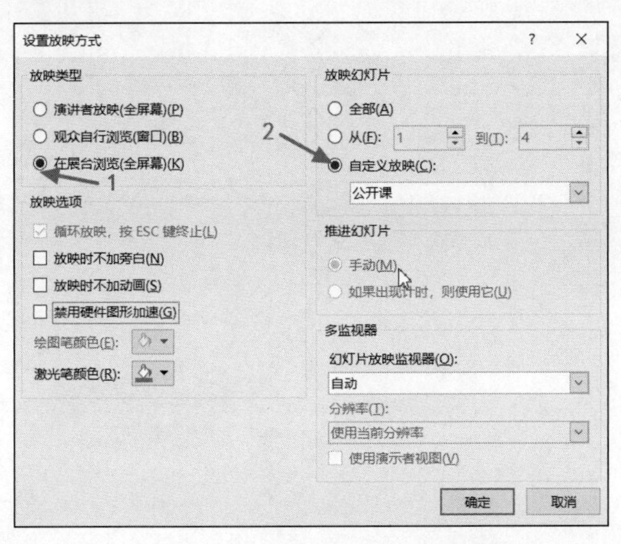

图6-100　“设置放映方式”对话框

⑧保存文件。

习 题

1.PowerPoint中，下列说法中错误的是（　　）。

A.可以更改动画对象的出现顺序　　B.可以动态显示文本和对象

C.图表中的元素不可以设置动画效果　　D.可以设置幻灯片切换效果

2.PowerPoint中如果要将幻灯片放映时换页效果设置为“垂直百叶窗”，则应进行（　　）。

A.添加动画操作　　B.幻灯片放映设置

C.动作按钮设置　　D.幻灯片“切换”方式设置

3.PowerPoint文档保护方法包括（　　）。

A.IRM权限设置　　B.转换文件类型　　C.用密码进行加密　　D.以上选项都是

4.在（　　）下可以用鼠标拖动的方法改变幻灯片的顺序。

A.幻灯片浏览视图　B.幻灯片放映视图　　C.备注页视图　　D.幻灯片视图

5.在PowerPoint中新插入的幻灯片会出现在（　　）的位置。

A.所有幻灯片的最上方　　B.所选幻灯片的下方

C.所选幻灯片的上方　　D.所有幻灯片的最下方

第 7 章 多媒体技术与应用

随着计算机网络技术的发展和信息化进程的推进，传统的信息处理方式和表现手段因多媒体技术的日新月异和广泛应用得以改良和发展，从早期对文本、图形、图像、音频、视频等多媒体信息处理到近年来对数据管理与检索、交互模式与接口、生物特征身份识别等新兴技术的研究，其应用已经逐渐融入计算和通信构建的信息空间。并且，在应用数量和类型上日益丰富，在社会需求上更加贴近生活，让人们以更加自然的方式与计算机进行交互与沟通。

本章介绍多媒体信息处理技术的基本内容，包括多媒体技术的基本概念、多媒体技术的应用领域、多媒体的相关技术、多媒体素材的分类，还介绍了多媒体处理技术，包括图像、音频、视频、动画等的处理，以及多媒体作品制作流程简介。

7.1 多媒体技术

多媒体技术是现代计算机技术的重要发展方向，与通信技术、网络技术的融合与发展打破了时空和环境的限制，涉及计算机出版业、远程通信、家用电子音像产品，以及电影与广播等领域，从根本上改变了人们的生活方式和现代社会的信息传播方式。

7.1.1 多媒体技术的基本概念

多媒体技术（Multimedia Technology）是指通过计算机对文字、数据、图形、图像、动画、声音等多种媒体信息进行综合处理和管理，使用户可以通过多种感官与计算机进行实时信息交互的技术，又称计算机多媒体技术。

视 频

多媒体技术的基本概念

多媒体技术是一门迅速发展的综合性信息技术，它把电视的声音和图像功能、印刷业的出版功能、计算机的人机交互功能、因特网的通信技术有机地融于一体，对信息进行加工处理后，再综合地表达出来。

真正的多媒体技术所涉及的对象是计算机技术的产物，而其他的单纯事物，如电影、电视、音响等，均不属于多媒体技术的范畴。

多媒体技术中的媒体主要是指传播信息的载体，就是利用计算机把文字、图形、影像、动画、声音及视频等媒体信息都数字化，并将其整合在一定的交互式界面上，使计算机具有交互展示不同媒体形态的能力。它极大改变了人们获取信息的传统方法，符合人们在信息时代的阅读方式。

多媒体技术的发展拓展了计算机的使用领域，使计算机由办公室、实验室中的专用品变成了信息社会的普通工具，广泛应用于工业生产管理、学校教育、公共信息咨询、商业广告、军事指挥与训练，甚至家庭生活与娱乐等领域。

多媒体技术发展已经有多年的历史，到目前为止，声音、视频、图像压缩方面的基础技术已逐步成熟，并形成了产品进入市场，热门的技术如模式识别、MPEG压缩技术、虚拟现实技术逐步走向成熟，也进入了市场。

多媒体技术把电视式的视听信息传播能力与计算机交互控制功能结合起来，创造出集文、图、声、像于一体的新型信息处理模型，使计算机具有数字化全动态、全视频的播放、编辑和创作多媒体信息功能，具有控制和传输多媒体电子邮件、电视会议等视频传输功能，使计算机更加标准化和实用化则是这场新技术革命的重大课题。数字声、像数据的使用与高速传输已成为一个国家技术水平和经济实力的象征。

按照国际电信联盟（International Telecommunication Union，ITU）对媒体所做的定义，通常可以将媒体分为以下几类：

①感觉媒体（Perception Medium）：能够直接作用于人的感官，使人产生感觉，如语言、声音、图像、气味、温度、质地等。

②表示媒体（Representation Medium）：它加工、处理和传输感觉媒体而构造出来的媒体，如语言编码、文本编码和图像编码等。

③呈现媒体（Presentation Medium）：其作用是将感觉媒体信息的内容呈现出来。可分为两种：一种是输入呈现媒体，如键盘、摄像机、光笔、传声器等；另一种是输出呈现媒体，如显示器、扬声器、打印机等。

④存储媒体（Storage Medium）：用于存放经过数字化后的媒体信息，以便计算机随时进行处理，如硬盘、U盘、光盘等。

⑤传输媒体（Transmission Medium）：用来将媒体从一处传送到另一处，是信息通信的载体，如通信线缆、光纤、电磁空间等。

人们通常说的媒体是指感觉媒体，但计算机所处理的媒体主要是表示媒体。多媒体技术的主要特征如下：

①多样性：指媒体种类及其处理技术的多样化。

②集成性：包括三方面的含义，一是指多种信息形式的集成，即文本、声音、图像、视频信息形式的一体化；二是多媒体将各种单一的技术和设备集成在一个系统中，如图像处理技术、音频处理技术、电视技术、通信技术等，通过多媒体技术集成为一个综合的系统，实现更高的应用目标，如电视会议系统、视频点播系统、虚拟现实（VR）系统等；三是对多种信息源的数字化集成，例如，可以将数码摄像机获取的视频图像存储在计算机硬盘中，也可以通过因特网向远程传输。

③交互性：指用户可以与计算机进行对话，从而为用户提供控制和使用信息的方式。通过交互过程，人们可以获得关心的信息，可以对某些事物的运动过程进行控制，可以满足用户的某些特殊要求。例如，影视节目播放中的快进与倒退，图像处理中的人物变形等。对一些娱乐性应用（如游戏），人们甚至还可以介入到剧本编辑、人物修改之中，增加了用户的参与性。

④实时性：指视频图像和声音必须保持同步性和连续性。实时性与时间密切相关，例如，视频播放时，画面不能出现动画感、马赛克等现象，声音与画面必须保持同步等。

⑤数字化：多媒体信息数字化是多媒体信息处理的基础，多媒体信息数字化包括采样、量

化、编码和存储4个过程。媒体信息的不同，如声音、图形、图像、视频等，其数字化的方法也不同。

7.1.2　多媒体技术的应用领域

视 频

多媒体技术的应用领域

随着社会的不断进步和发展，以及计算机技术和网络技术的全面普及，多媒体已逐渐渗透到社会的各个领域，在文化教育、技术培训、电子图书、旅游娱乐、商业及家庭等方面，已如潮水般地出现了大量的以多媒体技术为核心的多媒体产品，备受用户欢迎。

多媒体技术的应用主要包括以下几方面：

1.教育与培训

多媒体技术用于教育和培训，特别适合于计算机辅助教学（CAI）。教师通过交互式的多媒体辅助教学方式，可以激发学生的学习兴趣和主动性，改变传统灌输式的课堂教学和辅导方式。学生通过多媒体辅助教学软件，可进行自我测试、自我强化，从而提高自学能力。多媒体技术与计算机网络的结合还可应用于远程教学，从而改变传统集中、单向的教学方式，对教育内容以及教育方式方法、教育机构变革、教育观念更新均将产生巨大影响。

2.电子出版物

伴随着多媒体技术的发展，出版业突破了传统出版物的种种限制进入了新时代。多媒体技术使静止枯燥的读物变成了融合文字、图像、音频和视频的休闲享受；同时，存储方式的改进也使出版物的容量增大而体积大大减小。

3.娱乐应用

精彩的游戏和风行的VCD、DVD都可以利用计算机的多媒体技术来展现，计算机产品与家电娱乐产品的区别越来越小。视频点播（Video on Demand，VOD）也得到了广泛应用，电视节目中心将所有的节目以压缩后的数据形式存入数据库，用户只要通过网络与中心相连，就可以在家里按照指令菜单调取任何一套节目或调取节目中的任何一段，实现家庭影院般的享受。

4.视频会议

视频会议的应用是多媒体技术最重大的贡献之一。该应用使人的活动范围扩大而距离更近，其效果和方便程度比传统的电话会议优越得多。通过网络技术和多媒体技术，视频会议系统使两个相隔万里的与会者能够像面对面一样随意交流。

5.咨询演示

在旅游、邮电、交通、商业、宾馆等公共场所，通过多媒体技术可以提供高效的咨询服务。在销售、宣传等活动中，使用多媒体技术能够图文并茂地展示产品，从而使客户对商品能够有一个感性、直观的认识。

6.艺术创作

多媒体系统具有视频绘图、数字视频特技、计算机作曲等功能。利用多媒体系统创作音像，不仅可以节约大量人力、物力，而且为艺术家提供了更好的表现空间和更大的艺术创作自由度。

7.模拟训练

利用多媒体技术丰富的表现形式和虚拟现实技术，研究人员能够设计出逼真的仿真训练系统，如飞行模拟训练等。训练者只需要坐在计算机前操作模拟设备，就可得到如同操作实际设备一般的效果，不仅能够有效地节省训练经费、缩短训练时间，还能够避免一些不必要的损失。

7.1.3 多媒体的相关技术

视 频

多媒体的相关技术

多媒体的相关技术包含了信息存储技术、数据压缩/解压缩技术、大规模集成电路多媒体专用芯片技术、网络与通信技术和多媒体软件技术、超媒体技术、虚拟现实技术、增强现实技术、混合现实技术等。

1. 多媒体信息存储技术

数字化数据存储的介质有硬盘、光盘和磁带等。多媒体存储技术主要是指光存储技术。光存储技术发展很快，特别是近10年来，近代光学、微电子技术、光电子技术及材料科学的发展，为光学存储技术的成熟及工业化生产创造了条件。光存储设备以其存储容量大、工作稳定、密度高、寿命长、介质可换、便于携带、价格低廉等优点，成为多媒体系统普遍使用的设备。

2. 多媒体数据压缩/解压缩技术

多媒体信息存在的各种数据冗余，可以通过数据压缩来消除原始数据中的冗余性，将它们转换成较短的数据序列，达到使数据存储空间减少的目的。在保证压缩后信息质量的前提下，压缩比（压缩比=压缩前数据的长度/压缩后数据的长度）越高越好。数据压缩有两类基本方法：无损压缩和有损压缩。

①无损压缩技术：无损压缩的基本原理是相同的信息只需要保存一次。例如，一幅蓝天白云的图像压缩时，首先会确定图像中哪些区域是相同的，哪些是不同的。蓝天中数据重复的图像就可以被压缩，只有蓝天的起始点和终止点需要记录下来。但是，蓝色可能还会有不同的深浅，天空有时也可能被树木、山峰或其他对象掩盖，这些部分的数据就需要另外记录。从本质上看，无损压缩的方法可以删除一些重复数据，可大大减少图像的存储容量。

②有损压缩技术：经过有损压缩的对象进行数据重构时，重构后的数据与原始数据不完全一致，是一种不可逆的压缩方式。例如，图像、视频、音频数据的压缩就可以采用有损压缩，因为其中包含的数据往往多于人们的视觉系统和听觉系统所能接收的信息，丢掉一些数据而不至于对声音或者图像所表达的意思产生误解，但可以大大提高压缩比。图像、视频、音频数据的压缩比可高达10:1~50:1，可以大大减少在内存和磁盘中占用的空间。因此，多媒体信息编码技术主要侧重于有损压缩编码的研究。总的来说，有损压缩就是对声音、图像、视频等信息，通过有意丢弃一些对视听效果相对不太重要的细节数据进行信息压缩，这种压缩方法一般不会严重影响视听质量。

3. 大规模集成电路多媒体专用芯片技术

多媒体计算机技术是一门涉及多项基本技术综合一体化的高新技术，特别是视频信号和音频信号数据实时压缩和解压缩处理需要进行大量复杂计算，普通计算机根本无法胜任这些工作。由于大规模集成电路（Very Large Seale Integration, VLSI）技术的进步使得生产低廉的数字信号处理器（Digital Signal Processor, DSP）芯片成为可能。VLSI技术为多媒体的普遍应用创造了条件，因此，VLSI多媒体专用芯片是多媒体技术发展的核心技术。就处理事务来说，多媒体计算机需要快速、实时完成视频和音频信息的压缩和解压缩、图像的特技效果、图形处理、语音信息处理等。上述任务的圆满完成必须采用专用芯片才行。

多媒体技术的专用芯片常见的有两种类型：一种是具有固定功能的芯片，其主要目标是提高图像数据的压缩率；另一种是具有可编程的处理器，其主要目标是提高图像的运算速度。

4. 多媒体网络与通信技术

多媒体通信技术包含语音压缩、图像压缩及多媒体的混合传输技术等。多媒体网络通信分成同步通信和异步通信两种。同步通信主要用于电路交换网络的终端设备间的实时语音、视频信号交换，同时它必须满足人感官分辨力的要求；异步通信主要在分组交换网络上异地提供同步信道和异步信道。多媒体网络通信技术是多媒体技术和现代通信技术相结合的产物，多媒体网络通信集人类通信技术之大成。到目前为止，它是人类最完美的通信方式。

5. 多媒体软件技术

随着硬件的进步，多媒体软件技术也在快速发展。从操作系统、编辑创作软件，到更加复杂的专用软件，产生了一大批多媒体软件系统。特别是在Internet发展的大潮中，多媒体的软件更是得到很大的发展。

多媒体创作工具或编辑软件是多媒体系统软件的最高层次。多媒体创作工具应当具有操纵多媒体信息进行全屏幕动态综合处理的能力，支持应用开发人员创作多媒体应用软件。

6. 超媒体技术

超媒体方式是指以超文本与多媒体技术相结合而组织利用网上信息资源的方式。超媒体一词是由超文本衍生而来的。超文本是用超链接的方法，将各种不同空间的文字信息组织在一起的网状文本。超链接大量应用于Internet的万维网中，它是指在Web页所显示的文件中，对有关词汇所做的索引链接能够指向另一个文件。万维网使用链接方法能方便地从Internet上的一个文件访问另一个文件（即文件的链接），这些文件可以在同一个站点也可在不同的站点。可见万维网中的超链接能将若干文本组合起来形成超文本。同样道理，超链接也可将若干不同媒体、多媒体或流媒体文件链接起来，组合成为超媒体。这种将文字、表格、声音、图像、视频等多媒体信息以超文本方式组织起来，使人们可以通过高度链接的网络结构在各种信息库中自由航行，检索到所需要的信息，促进了信息的非线性组织与多种传播方式的发展。它以符合人们跳跃性思维习惯的非线性的方式组织信息，有良好的包容性和可扩充性，超越了媒体类型对信息组织与检索的限制，实现了链接浏览的搜索方式。

7. 虚拟现实技术

视 频

VR国外教学应用

虚拟现实技术（Virtual Reality Technology，VR），也常被称为视景仿真、三维互动、虚拟漫游等。第一次提出虚拟现实技术这一概念是在20世纪80年代初，提出人是美国VPL公司创建人拉尼尔。虚拟现实也称灵境技术或人工环境，它是互联网发展到一定程度的结果。其具体内涵是：综合利用计算机图形系统和各种现实及控制等接口设备，在计算机上生成的、可交互的三维环境中提供沉浸感觉的技术。它是利用计算机图形学技术，在计算机中对真实的客观世界进行逼真的模拟再现。通过利用传感器技术等辅助技术手段，让用户在虚拟空间中有身临其境之感，能与虚拟世界的对象进行相互作用且得到自然的反馈，并让人产生构想。其中，计算机生成的、可交互的三维环境成为虚拟环境（Virtual Environment，VE）。虚拟现实技术在现阶段的实际概念是：虚拟现实＝三维+交互。这个概念与VR的学术概念还有相当的差距，但是随着科技的进步，相信像电影《黑客帝国》所描述的虚拟世界也是有可能实现的。图7-1和图7-2所示为VR虚拟现实眼镜。

图7-1　VR虚拟现实眼镜1

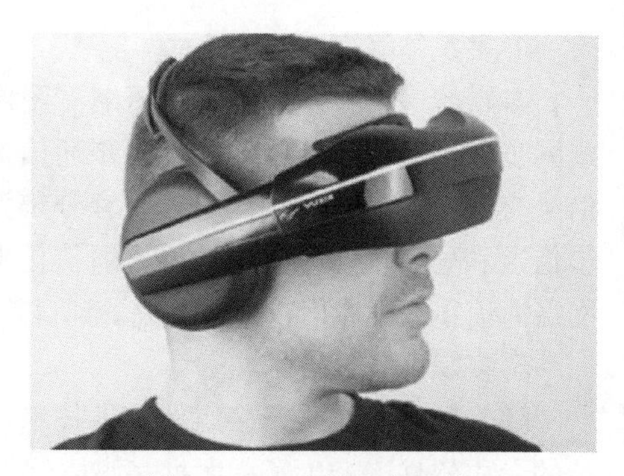

图7-2　VR虚拟现实眼镜2

8. 增强现实技术

增强现实（Augmented Reality,AR）是在虚拟现实基础上发展起来的新技术，是通过计算机系统提供的信息增加用户对现实世界感知的技术，并将计算机生成的虚拟物体、场景或系统提示信息叠加到真实场景中，从而实现对现实的“增强”。AR系统是通过将现实的观察点与计算机生成的虚拟物体的定位系统相结合的形式来实现的。

AR技术现在已经有了广泛的应用，能够以更具互动性的方式改变教学方式，通过将交互式3D模型投射在AR中，可以把抽象的概念和物体一步步拆分，让学习者有最直观的感受。健康医疗也是AR应用的主要领域之一，而且AR在医学上的应用案例已经越来越多，在教育培训、军事沙盘、病患分析、手术治疗等方面都有成功的应用。2015 年，波兰华沙心脏病研究所的外科医生就利用Google Class辅助手术治疗，实时了解患者冠状动脉堵塞情况。美国凯斯西储大学医学院的学生则使用HoloLens在数字尸体上解剖虚拟组织。图7-3所示为军事沙盘推演AR系统。图7-4所示为工业的AR体验。

图7-3　军事沙盘推演AR系统

图7-4　工业的AR体验

9. 混合现实技术

混合现实（Mixed Reality, MR）技术是虚拟现实技术的进一步发展，通过在现实场景呈现虚拟场景信息，在现实世界、虚拟世界和用户之间搭起一个交互反馈的信息回路，以增强用户体验的真实感。混合现实的实现需要在一个能与现实世界各事物相互交互的环境中。

视频

最新一代MR眼镜案例

MR技术结合了VR与AR的优势，能够更好地将AR技术体现出来。如果一切事物都是虚拟的那就是VR技术；如果展现出来的虚拟信息只能简单叠加在现实事物上，那就是AR技术，而MR的关键点则是与现实世界进行交互和信息的及时获取。图7-5、图7-6所示为MR技术应用。

图 7-5　MR 技术应用 1

图 7-6　MR 技术应用 2

7.1.4　多媒体素材的分类

多媒体素材是指多媒体相关工程设计中所用到的各种听觉和视觉工具材料。多媒体素材是多媒体应用的基本组成元素，是承载多媒体数据信息的基本单位，包括文本、图形、图像、音频、视频、动画等。

视 频

多媒体素材的分类

1. 文本

文本是指以文字或特定的符号来表达信息的方式。文字是具有上下文关系的字符串组成的一种有结构的字符集合。符号是对信息的抽象，用于表示各种语言、数值、事物或事件。文本是使用最悠久、最广泛的媒体元素。文本分为格式化文本和非格式化文本。格式化文本可以进行格式编排，包括各种字体、尺寸、颜色、格式及段落等属性设置，如“.docx”文件；非格式化文本的字符大小是固定的，仅能以一种形式和类型使用，不具备排版功能，如“.txt”文件。

在多媒体技术出现之前，文本是人们使用计算机交流的主要手段。在多媒体广泛应用的今天，文本也是应用最多、最重要的媒体元素之一。人们通常把文字、数字、符号等统称为文本，它们既是文字处理的基础，也是多媒体应用的基础。在计算机中，文本的呈现方式有两种：一种是文本方式；另一种是图形图像方式。两者的区别主要在于生成文字的软件不同。文本方式多使用文字处理软件（如 Word、WPS、Excel 等）来制作数据、帮助、说明等文本文档。

2. 图形

图形通常指由外部轮廓线条构成的矢量图，计算机用一系列指令集合来描述图形的几何形态，如点、直线、曲线、圆、矩形等。矢量图在显示时需要相应的软件读取和解释这些指令，并将其转变为屏幕上所显示的形状和颜色。如图 7-7 所示，一幅矢量图形中的汽车车灯是由一个圆的数学描述绘制而成的，这个圆按某一半径绘制，放在特定的位置并填以相应颜色。移动车灯、调整其大小或更改其颜色时不会降低图形的品质。

矢量图形与分辨率无关，也就是说，可以将它们缩放到任意尺寸，可以按任意分辨率打印，而不会丢失细节或降低清晰度。由于大多数情况下不用对图上的每一点进行量化保存，因此需要的存储量较小。但计算机在图形的还原显示过程中需要对指令进行解释，因此需要大量的运算时间。矢量图形目前主要用于二维计算机图形学领域，是艺术家能够在栅格显示器上生成图像的方式之一，同时在工程制图领域的应用也相当广泛。

3. 图像

图像又称位图，是由很多像素组合而成的平面点阵图，在空间和亮度上都已经进行了离散化。可以把一幅位图图像看成一个矩阵，矩阵中的任一元素对应图像中的一个点，相应的值表示该点的灰度或颜色等级。如图7-8所示，一幅位图图像中的汽车车灯是由该位置的像素拼合在一起组成的。

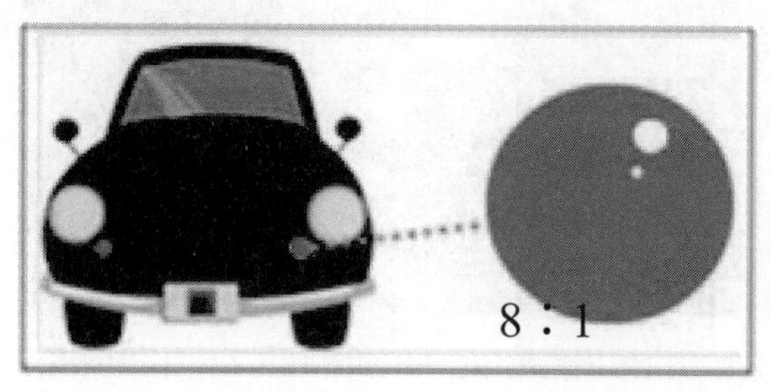

图7-7　放大前后的矢量图形对比

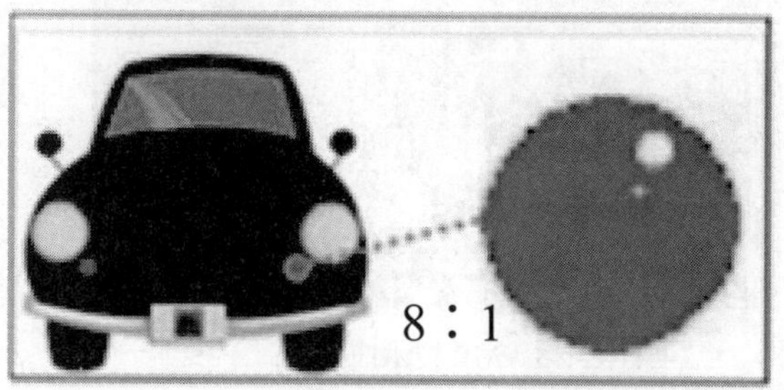

图7-8　放大前后的位图图像对比

位图图像与分辨率有关，也就是说，它们包含固定数量的像素。因此，如果在屏幕上对它们进行缩放或以低于创建时的分辨率来打印它们，将丢失其中的细节，并会呈现锯齿状。采用这种方式处理图像可以使画面很细腻，颜色也比较丰富，但文件所需的存储空间一般较大。图像非常适合于包含有明度、饱和度、色相等大量细节的画面，如照片、绘画及印刷品等。

4. 音频

音频属于听觉类媒体，泛指声音，除语音、音乐外，还包括各种音响效果。声音是人们用来传递信息、交流感情最方便、最熟悉的方式之一。语音是指人们讲话的声音；音效是指声音特殊效果，如雨声、铃声、机器声、动物叫声等，它可以从自然界中录音得到，也可以采用特殊方法人工模拟制作而成：音乐则是一种最常见的声音形式。

将音频信号集成到多媒体中，可提供其他任何媒体不能取代的效果，从而烘托气氛、增加活力。音频通常被作为“音频信号”或“声音”的同义语，如波形声音、语音和音乐等，它们都属于听觉媒体，其频率范围大约在20 Hz ～20 kHz之间。波形声音包含了所有的声音形式。任何声音信号，包括传声器、磁带录音、无线电和电视广播、光盘等各种声源所产生的声音都要首先进行模数转换，然后再恢复出来。常见的声音文件格式有WAV、MIDI、MP3、WMA、CDA、OGG、ASF等。常用的编辑软件有Cool Edit、Adobe Adition等，如图7-9、图7-10所示。

图7-9　CoolEdit Pro

图7-10　Adobe Audition

5. 动画

动画是指采用图形图像处理技术，借助于计算机编程或动画制作软件等手段，生成一系列可供实时演播的连续画面的技术。计算机动画的实质是若干幅时间和内容连续的静态图像的顺序播放，运动是其主要特征。用计算机实现的动画有两种：一种是造型动画；另一种是帧动画。

常见的动画文件格式有swf、GIF、AVI，常用的动画编辑软件有Unity、Flash、Director、3ds Max等，如图7-11~图7-14所示。

图7-11　Unity

图7-12　Flash

图7-13　Director

图7-14　3ds Max

6.视频

视频信息是一组静态画面信息的集合，若干有联系的图像数据连续播放便形成了视频，与加载的同步声音共同呈现动态的视觉和听觉效果。

计算机视频可来自录像带、摄像机等视频信号源的影像，但由于这些视频信号的输出大多是标准的彩色电视信号，要将其输入计算机不仅要有视频捕捉，实现由模拟向数字信号的转换，还要有压缩、快速解压缩及播放的相应的软硬件处理设备。将模拟视频信号经模数转换和彩色空间变换转换成数字计算机可以显示和处理的数字信号，称为视频模拟信息的数字化。

常用的视频编辑软件有Adobe Premiere、Adobe After Effects、Vegas、会声会影等，如图7-15~图7-18所示。

图7-15　Premiere

图7-16　After Effects

图7-17　Vegas

图7-18　会声会影

7.2　多媒体处理技术

多媒体信息处理技术是指利用数学、美工等方法和多媒体硬件技术的支持来获取、压缩、识别、综合等多媒体信息的技术。获取和压缩可以合并成变换技术。

7.2.1　图像处理

视 频

图像处理

图像是指由输入设备捕获的实际场景画面，或以数字化形式存储的任意画面。图像经过扫描仪或数码照相机输入计算机，并转换为由行列点阵（像素）组成的数字信息，存储在存储介质上。

1.点阵图像文件格式

点阵图像文件有很多通用的标准存储格式，如BMP、TIF、JPG、PNG、GIF等，这些图像文件格式标准是开放和免费的，这使得图像在计算机中的存储、处理、传输、交换和利用都极为方便，以上图像格式也可以相互转换。

（1）JPG格式

JPG图像可显示的颜色数为2^{24}=16 777 216种，在保证图像质量的前提下，可获得较高的压

缩比。由于JPG格式优异的性能，所以应用非常广泛，JPG文件格式也是因特网上的主流图像格式。

（2）BMP格式

BMP（位图）是Windows操作系统中最常用的图像文件格式，它有压缩和非压缩两类，常用的为无压缩文件。BMP文件结构简单，形成的图像文件较大，其最大优点是能被大多数软件兼容。

（3）GIF格式

GIF（图形交换格式）是一种压缩图像存储格式，它采用无损LZW压缩方法，压缩比较高，文件很小。GIF是作为一个跨平台图形标准而开发的、与硬件无关。GIF包含87A和89A两种格式。GIF89A文件格式允许在一个文件中存储多个图像，因此可实现GIF动画功能。GIF还允许图像背景为透明属性。GIF图像文件格式是目前因特网上使用最频繁的文件格式，网上很多小动画都是GIF格式。GIF图像的色彩范围为2^{24}=16 777 216种，但是GIF使用8位调色板，因此在一幅图像中只能使用256种颜色，这会导致图像色彩层次感差，因此不能用于存储大幅的真彩色图像文件。

2.矢量图形文件格式

矢量图形文件的格式很多，没有统一的标准。常见的矢量图形文件格式有CDR（CorelDRAW）格式、IA（Illustrator）格式、DWG（Auto CAD）格式、3DS（3ds Max）格式、FLA（Flash动画）格式、VSD（微软公司Visio）格式、WMF（Windows中的图元文件）格式、EMF（微软公司Windows中32位扩展图元文件）格式等。

3.3D图形的处理技术

显示系统的主要功能是输出字符、2D（2维）图形、3D（3维）图形和视频图像。3D图形（如CAD产品设计、3D游戏等）的生成与处理过程非常复杂，3D图形从设计到展现在屏幕上，需要经过以下步骤：场景设计→几何建模→纹理映射→灯光设置→摄影机控制→动画设计→渲染→后期合成→光栅处理→帧缓冲→信号输出等，3D图形处理中最重要的工作是几何建模和渲染。

4.图像信息的输入技术

由于图像信息的表现形式是位图，因此图像信息的获取主要通过扫描仪、数码照相机等图像捕获设备获得。

（1）扫描仪图像信息的输入技术

扫描是获取图像的最简单的方法，能将图片和文本转换成位图。扫描仪已成为 MPC输入设备的标准配置。扫描仪的性能指标主要有分辨率、色彩位数和扫描速度。

扫描仪一般都配置相应的软件，许多图像处理软件也支持流行的扫描仪。扫描仪允许选择扫描区域、分辨率、对比度、颜色深度等。

OCR（Optical Character Recognition）是光学符号识别技术，OCR 通过扫描或摄像等光学方式获取纸质上文字的图像方式，利用各种模式识别算法，分析文字形态特征，判断出文字的标准码，并按通用格式存储在文本文件中。

（2）数码照相机信息采集技术

数码照相机是集光、电、机于一体的产品。数码照相机由镜头、CCD、A/D（模数转换器）、MPU（微处理器）、内置存储器、LCD（液晶显示器）、PC 卡（可移动存储器）和接口（计算机接口、电视机接口）等部分组成。

数码照相机将外部的景物通过镜头，以反射光线照射在感光器件CCD（电荷耦合器件）上；

并由CCD转换为电荷；CCD 由数千万独立的光敏元件排列成矩阵（如 2 048 × 1 536=300万像素）组成，每个元件上的电荷量取决于其所受的光照强度，最终表现为景物图像的一个像素。

CCD得到景物的电子图像后，还需要使用A/D器件进行模数信号的转换；再由MPU对数字信号进行压缩并转化为特定的图像格式，如JPEG格式；最后以图像文件存储在内置存储器中。数码照相机信息采集技术如图7-4所示。

（3）数码相片的拍摄、输入技术、处理与输出技术

①数码相片的拍摄：可以通过数码照相机、数字摄像机、数字摄像头、手机等，以专用的数码照相机为最好。数码照相机具有传统照相机不具备的两个独特的性能，即白平衡和数码变焦。所谓白平衡是指在任何环境的光线下，都能将白定义为人眼所认定的白的功能。商用级的数码照相机都有白平衡功能。白平衡的设置因相机而异，一般有自动白平衡、白炽灯白平衡、荧光灯白平衡、室外（阳光、多云、阴天等）白平衡和自定义白平衡等。所谓的数码变焦，实质上是在镜头原视角的基础上，在CCD影像信号范围内，截取一部分影像进行放大。对影像清晰度要求不高时，数码变焦能享受远摄长焦镜头的拍摄乐趣。

②输入技术：数码照相片通过USB接口直接输入存储在计算机的硬盘上。

③数码的处理：是通过计算机进行修整或创作，既包括对曝光、反差、色彩、色调、裁剪等一切摄影画面的常规处理，也包括拼接、合成、变换背景、变形、浮雕效果、油画效果、马赛克效果等各种特效处理，甚至对拍虚的相片也能进行提高清晰度的处理等。

④输出技术：数码相片的输出通常有：屏幕或电视的直接观看，打印或扩印成照片，制作成光盘或 VCD，E-mail 传送，通过照片记录仪制作彩色、黑白负片或正片等。

5. 常见的图像处理软件

常见的图像处理软件有Adobe Photoshop、Adobe Illustrator和ACDSee等。

Photoshop是Adobe公司的王牌产品，是一款图像处理软件，在图形图像处理领域拥有毋庸置疑的权威。无论是平面广告设计、室内装潢，还是处理个人照片，Photoshop都已经成为不可或缺的工具。随着近年来个人计算机的普及，使用Photoshop 的家庭用户也多了起来，Photoshop已经发展成为家庭计算机的必装软件之一。从功能上看，Photoshop可分为图像编辑、图像合成、校色调色及功能色效制作部分等。图像编辑是图像处理的基础，可以对图像做各种变换如放大、缩小、旋转、倾斜、镜像、透视等，也可进行复制、去除斑点、修补、修饰图像的残损等。

Illustrator同样出自Adobe公司，是一种应用于出版、多媒体和在线图像的工业标准矢量插画的软件。作为一款非常好的矢量图形处理工具，该软件主要应用于印刷出版、海报书籍排版、专业插画、多媒体图像处理和互联网页面的制作等，也可以为线稿提供较高的精度和控制，适合生产任何小型设计到大型的复杂项目。作为全球最著名的矢量图形软件，它以其强大的功能和体贴用户的界面，已经占据了全球矢量编辑软件中的大部分份额。它同时作为创意软件套装Creative Suite的重要组成部分，与“兄弟软件”Photoshop有类似的界面，并能共享一些插件和功能，实现无缝连接。

ACDSee本身也提供了许多影像编辑的功能，包括数种影像格式的转换，可以借助档案描述来搜寻图档，进行简单的影像编辑，复制、剪切和粘贴、旋转或修剪影像，设置桌面，并且可以从数码照相机输入影像。另外，ACDSee有多种影像列印的选择，还可以在网络上分享图片，通过网络来快速且有弹性地传送拥有的数码影像。ACDSee是使用广泛的看图工具软件，其特点是支持性强，能打开包括ICO、PNG、XBM在内的20余种图像格式，并且能够高品质地快速显示它们。图7-19～图7-21分别为Photoshop、Illustrator和ACDSee的图标。

图7-19 Photoshop

图7-20 Illustrator

图7-21 ACDSee

7.2.2 音频处理

1.常用音频文件格式

音频文件可分为波形文件（如WAV、MP3音乐）和音乐文件（如MIDI音乐）两大类，由于它们对自然声音记录方式的不同，文件大小与音频效果相差很大。波形文件通过录入设备录制原始声音，直接记录了真实声音的二进制采样数据，通常文件较大。目前较流行的音频文件有MP3、WAV、WMA、RM、MID等。

视频

音频处理

（1）MP3格式

MP3是指MPEG标准中的音频层，根据压缩质量和编码处理的不同分为3层，分别对应.MP1、.MP2、.MP3这3种音频文件。MP3压缩比高达10:1~12:1，同时基本保持低音部分不失真，但是牺牲了声音文件中12~16 kHz高音部分的质量，来换取文件尺寸的减小。MP3格式压缩音乐的采样频率有很多种，可以用64 kbit/s或更低的采样频率节省空间，也可以用320 kbit/s的标准达到极高的音质。MP3音频是因特网的主流音频格式。

（2）WAV格式

WAV是微软公司和IBM公司共同开发的标准音频格式，具有很高的音质。未经压缩的WAV文件存储容量非常大，1 min CD音质的音乐大约占用10 MB存储空间。

(3)WMA格式

WMA全称Windows Media Audio，是微软公司针对Real公司开发的网上流式数字音频压缩技术，是微软在互联网音频、视频领域的力作。WMA格式是以减少数据流量但保持音质的方法来达到更高的压缩率，其压缩率一般可以达到1:18。此外，WMA还可以通过DRM（Digital Rights Management）方案加入防止复制，或者加入限制播放时间和播放次数，甚至是播放机器的限制，可有力地防止盗版。

（4）RM格式

RM格式是RealNetworks公司开发的一种流媒体视频文件格式，可以根据网络数据传输的不同速率制定不同的压缩比率，从而实现低速率的Internet上进行视频文件的实时传送和播放。它主要包含RealAudio、RealVideo和RealFlash三部分。

（5）MIDI格式

MIDI（Musical Instrument Digital Interface，乐器数字接口）是电子合成乐器的统一国际标准，MIDI音乐文件的扩展名为.MD。MID文件并不是录制好的声音，而是记录声音的信息，然后告诉声卡如何再现音乐的一组指令。MDI文件中的指令包括：使用什么MIDI乐器、乐器的音色、声音的力度、声音持续时间的长短等。计算机将这些指令发送给声卡，声卡按照指令将声音合成出来。

MIDI音乐可以模拟上万种常见乐器的发音，唯独不能模拟人们的声音，这是它最大的缺陷。

其次，在不同的计算机中，由于音色库与音乐合成器的不同，MIDI音乐会有不同的音乐效果。另外，MIDI音乐缺乏重现真实自然声音的能力，电子音乐味道太浓。MIDI音乐主要用于电子乐器、手机等多媒体设备。MIDI音乐的优点是生成的文件非常小，例如，一首10 min的MID音乐文件只有几千字节大小。

由于MID文件存储的是命令，而不是声音数据，因此可以在计算机上利用音乐软件随时谱写和演奏电子音乐，而不需要聘请乐队，甚至不需要用户演奏乐器。MIDI音乐大大降低了音乐创作者的工作量。

2.多媒体音乐工作站的基本组成

在多媒体技术出现之前，作曲家在创作音乐时，不可能一面写乐谱一面听乐队演奏的实际效果。作曲家只有凭感觉在谱纸上写作，写完后交给乐队试奏，听了实际效果后再修改，直至定稿。作曲家一般借助钢琴来试听和声的效果，但这需要很好的钢琴演奏水平。而且在钢琴上无法试出乐器搭配的效果。例如，长笛和中提琴一起演奏是什么效果？贝斯加上一支长号再加一支英国管重叠起来是什么效果？这就只能凭经验了。而有了计算机音乐系统后，只需要将各种声音通过MIDI键盘或者传声器，依次输入计算机中，然后利用音乐工作站软件就可以创作和演奏一部交响音乐。

多媒体技术的出现，给音乐领域带来了一次深刻的革命。多媒体技术在音乐、电影、电视、戏剧等各方面都发挥着极重要的作用。现在软件在很多方面已经取代了过去那些笨重庞大而昂贵的音乐硬件设备。如果用户只是进行一些非音乐专业的音频处理工作（如企业联欢晚会音频处理），使用一台普通的计算机和普通的传声器即可。如果用户需要进行专业音乐创作，一台几千元的计算机接上一个MIDI键盘，再安装一些音乐制作软件，就可以进行计算机音乐的学习和创作。一个简易的音乐工作站组成如图7-22所示。

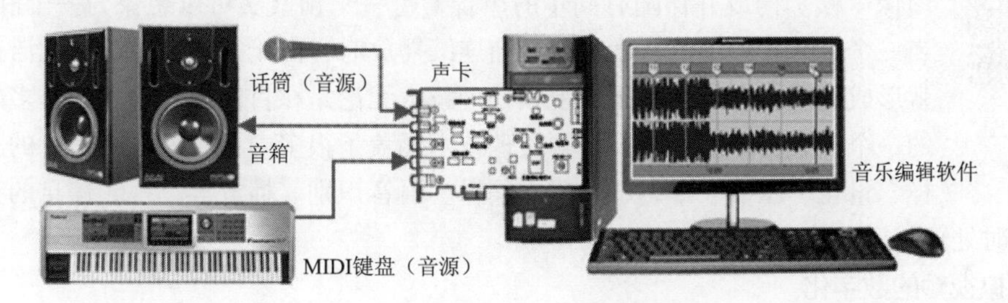

图7-22　简易音乐工作站组成

3.多媒体音频处理软件

音频处理的方法主要包括：音频降噪、自动增益控制、回声抑制、静音检测和生成舒适噪声、主要的应用场景是音视频通话领域。音频压缩包括各种音频编码标准，涵盖ITU制定的电信领域音频压缩标准（G.7xx系列）和微软、Google、苹果、杜比等公司制定的互联网领域的音频压缩标准。

音频软件大致分为两大类：一类是音频处理软件；另一类是专业音乐工作站。

音频处理软件的主要功能有：音频文件格式转换，通过传声器现场录制声音文件，多音轨（一个音频一个声道）的音频编辑，音频片段的删除、插入、复制等，音频的消噪、音量加大/减小、音频淡入/淡出、音频特效，对多音轨音频的混响处理等。音频处理软件的音频编辑功能很强大，但是音乐创作功能很弱，它主要用于非音乐专业人员。

音乐工作站具有音频处理软件的所有功能外，它在音色选择、音量控制、力度控制、速度

控制、节奏控制、声道调整、感情控制、滑音控制、持音控制等方面具有相当强大的功能，另外还具有MIDI音乐输入/输出和编辑功能，强大的软件音源或硬件音源的处理功能，五线谱记谱、编辑、打印等功能。音乐工作站软件主要用于音乐专业人员。常用音频处理软件及功能如表7-1所示。

表7-1 常用音频处理软件及功能

类型	软件名称	软件功能
音频处理软件	Adobe Audition	功能强大的音频处理软件。具有音频格式转换、现场录音、多音轨音频编辑、混响、特效等功能
	GoldWave	简单易用的音频处理软件。音频格式转换，现场录音，双音轨音频编辑功能
	Accord CD Ripper	CD音轨抓取工具。它可以将CD碟片上的音乐抓取出来，并保存为MP3等音频文件格式
	Free Audio Converter	音频格式转换软件。支持MP3、WAV、M4A、AAC、WMA、OGG等多种格式之间的相互换转
音乐工作站	Cakewalk Sonar	功能强大的专业音乐工作站软件
	Cubase SX	功能强大的专业音乐工作站软件
	作曲大师	专业音乐工作站软件

7.2.3 视频处理

● 视频

视频处理

视频携带的信息量大、精细、准确，被人们用来传递消息、情感等，它同时作用于人的视觉与听觉器官，是人类最熟悉的传递信息的方式。它是由一连串的图像（帧）构成并伴随有同步的声音，每一个帧其实可以想象为一个静态影像，当一个个帧以一定的速度在人眼前连续播放时，由于人眼存在“视觉滞留效应”，就形成了动态影像的效果。视频处理技术无论是在目前或未来，都是多媒体应用的一个核心技术。音频、视频处理技术涵盖了很多内容，如音频信息的采集、抽样、量化、压缩、编码、解码、编辑、语音识别、播放等；视频信息的获取、数字化、实时处理、显示等。

1. 模拟视频的数字化

（1）模拟电视标准

国际上流行的视频标准分别为NTSC（美国国家电视标准委员会）制式、PAL（隔行倒相）制式和SECAM制式，以及高清晰度彩色电视（HDTV）。

① NTSC制式：NTSC是1952年由美国国家电视标准委员会制定的彩色电视广播标准，美国、加拿大等大部分西半球国家，日本、韩国、菲律宾等均采用这种制式。NTSC电视制式的主要特性是：每秒显示30帧画面；每帧画面水平扫描线为525条；一帧画面分成2场，每场262线；电视画面的长宽比为4:3，电影为3:2，高清晰度电视为16:9；采用隔行扫描方式，场频（垂直扫描频率）为60 Hz，行频（水平扫描频率）为15.75 kHz，信号类型为YIQ（亮度、色度分量、色度分量）。

② PAL制式：PAL制式是德国在1962年制定的彩色电视广播标准，主要用于德国、英国等一些西欧国家，以及新加坡、中国、澳大利亚、新西兰等国家。PAL制式规定：每秒显示25帧画面，每帧水平扫描线为625条，水平分辨率为240~400个像素点，电视画面的长宽比为4:3，采

用隔行扫描方式，场频（垂直扫描频率）为50 Hz，行频（水平扫描频率）为15.625 kHz，信号类型为YUV（亮度、色度分量、色度分量）。

（2）模拟视频信号的数字化

NTSC制式和PAL制式的电视是模拟信号，计算机要处理这些视频图像，必须进行数字化处理。模拟视频的数字化存在以下技术问题：电视采用YUV或YIQ信号方式，而计算机采用RGB信号；电视画面是隔行扫描，计算机显示器大多采用逐行扫描；电视图像的分辨率与计算机显示器的分辨率不尽相同。因此，模拟电视信号的数字化工作，主要包括色彩空间转换、光栅扫描的转换以及分辨率的统一等。

模拟视频信号的数字化一般采样以下方法：

① 复合数字化。这种方式是先用一个高速的模/数（A/D）转换器对电视信号进行数字化，然后在数字域中分离出亮度和色度信号，以获得YUV（PAL制）分量或YIQ（NTSC制）分量，最后再将它们转换成计算机能够接收的RGB色彩分量。

② 分量数字化。先把模拟视频信号中的亮度和色度分离，得到YUV或YIQ分量，然后用3个模/数转换器对YUV或YIQ 3个分量分别进行数字化，最后再转换成RGB色彩分量。

（3）视频信号采集方式

最常见的模拟视频信号采集方式是使用视频采集卡，配合相应的软件来采集录像带上的模拟视频素材。视频采集卡种类繁多，不同品牌、不同型号的视频采集卡的视频捕捉方法也不尽相同。

如果是数字化视频，可以软件进行视频片段截取，还可利用屏幕抓图软件来记录屏幕的动态显示及鼠标操作，以获取视频素材。

2.视频文件的常见格式

（1）RM文件格式

RM文件是RealNetworks公司开发的一种新型流式视频文件格式，主要用来在低速率的广域网上实时传输活动视频影像，可以根据网络数据传输速率的不同而采用不同的压缩比率，从而实现影像数据的实时传送和实时播放。RM文件除了可以普通的视频文件形式播放之外，还可与RealServer服务器相配合，在数据传输过程中边下载边播放视频影像，而不必像大多数视频文件那样，必须先下载然后才能播放。

（2）AVI文件格式

AVI（Audio Video Interleaved，音频视频交错）是Microsoft公司开发的数字音频与视频文件格式，现在已被多数操作系统直接支持。AVI格式允许视频和音频交错在一起同步播放，用不同压缩算法生成的AVI文件，但必须使用相应的解压缩算法才能播放出来。AVI文件主要应用在多媒体光盘上，用来保存电影、电视等各种影像信息，有时也出现在Internet上，供用户下载、欣赏新影片的精彩片断。

（3）MPEG文件格式

MPEG文件格式是运动图像压缩算法的国际标准，它采用有损压缩方法减少运动图像中的冗余信息，同时保证每秒30帧的图像动态刷新率，几乎已被所有的计算机平台共同支持。MPEG的平均压缩比为50:1，最高可达200:1，压缩效率非常高，同时图像和声音的质量也非常好，在计算机中有统一的标准，并且兼容性相当好。

（4）MOV/QT文件格式

MOV/QT文件是苹果公司开发的一种音频、视频文件格式，用于保存音频和视频信息，具

有先进的视频和音频功能，被所有主流计算机平台支持。MOV/QT以其领先的多媒体技术和跨平台特性、较小的存储空间要求、技术细节的独立性以及系统的高度开放性，得到业界的广泛认可，目前已成为数字媒体软件技术领域事实上的工业标准。

3. 视频处理软件

当下流行的手机视频软件提供了视频编辑的诸多基本功能，如剪辑视频、动态字幕、海量模板、格式转换、压缩视频、视频倒放、相册影集、抠图换图等。

会声会影是加拿大Corel公司制作的一款功能强大的视频编辑软件，具有图像抓取和编修功能，可转换MV、DV、V8、TV和实时记录抓取画面文件，并提供超过100种的编制功能与效果，可导出多种常见的视频格式。该软件具有成批转换功能与捕获格式完整的特点，虽然无法与EDIUS、Adobe Premiere和Sony Vegas等专业视频处理软件媲美，但简单易用、功能丰富，在国内普及度较高。该软件不仅符合家庭或个人所需的影片剪辑，而且大有扩展到专业级影片剪辑制作领域的趋势。

Adobe Premiere 是目前最流行的非线性编辑软件，是数码视频编辑的强大工具软件。它具有强大的多媒体视频、音频编辑功能，制作效果非常好。Premiere主要适用对视频及后期制作的电视、广告、媒体等专业人员，可以与Adobe公司推出的其他软件相互协作，广泛应用于广告制作和电视节目制作中。

Premiere的功能包括：视频/音频素材的格式转换和文件压缩、视频/音频捕捉和剪辑、视频编辑功能、字幕功能、视频叠加功能、视频/音频过渡效果、添加运动效果、色彩修正、音频控制和多个嵌套的时间轴等。Premiere工作界面如图7-23所示。

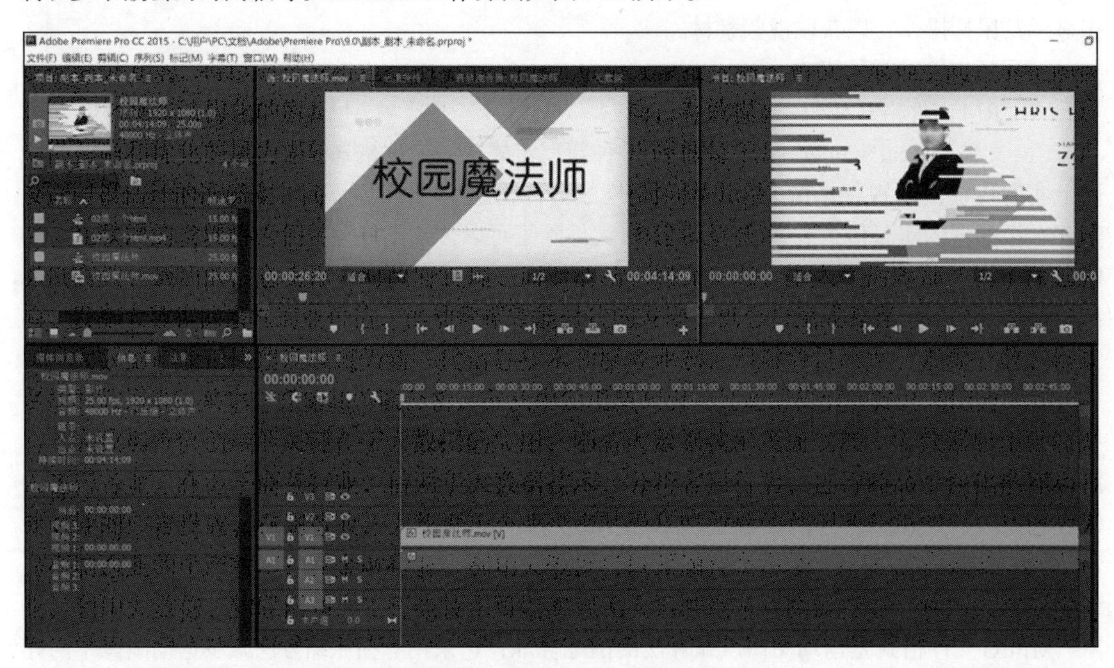

图7-23 Premiere工作界面

Premiere支持1 080线的HDV格式，通过硬件支持，可以编辑制作任何标清和高清的视频节目，支持高清晰度和标准清晰度的电影胶片。用户能够输入和输出各种视频和音频模式，包括MPEG-2、AVI、WAV和AIFF文件。Premiere在支持RGB色彩空间的基础上，增加了支持YUV色彩空间。

Premiere对CPU和内存要求非常高。DV格式的文件制作需要2 GB内存；HDV和HD制作需要4 GB以上内存。Premiere Pro CS专门针对多处理器和超线程进行了优化，可以进行自由渲染编辑。

7.2.4　动画处理

视 频
动画处理

动画也是在人类生活中普遍存在的一种媒体。简单地说，动画就是使一幅幅图像“活”起来的过程。医学证明，人类的眼睛在分辨视觉信号时，会产生视觉暂留现象（又称余晖效应），也就是当一幅画面或者一个物体的景象消失后，在眼睛视网膜上所留的映像还能保留大约1/24 s的时间。动画、电视、电影等就是利用了人眼的这一特性，快速地将相互关联的若干幅静止图像显示出来，以达到动画的效果。组成动画的每一个静态画面称为帧（Frame）。动画的播放速度通常称为帧速率（fps），即每秒播放的帧数。要生成平滑连贯的动画效果，帧速率一般不低于8 fps，否则可能出现停顿现象。通常电影的帧速率为24 fps，电视的帧速率为25 fps（PAL制式）或30 fps（NTSC制式）。

包括很多日常见到的动画制作大片、游戏、建筑动画等都要运用三维动画技术。二维动画和三维动画是当今世界上运用比较广泛的动画形式。动画制作的流程包括角色设计、背景设计、色彩设计、分镜图、构图、配音、效果音合成等。动画制作应用的范围不仅是动画片制作，还包括影视后期、广告等方面。

1. 借助人工智能（AI）

AI技术主要应对动画制作过程中的“中割”和“原画临措”两大环节。“中割”和“原画临措”在动画制作过程中属于让画面“动”起来的工作，往往需要大量的动画师花费不少时间去一张一张地完成，但技术含量相对于原画等其他环节较低。有了AI的辅助之后，动画师只需要完成部分轮廓和剪影的设计，计算机就可以自动生成细化的画面，之后输入黑白的线稿就可以涂画大体的颜色，最后动画师只需要做一些细微的调整。自动内容生产技术（Automatic Generated Content，AGC）的引入将释放大量轻创作劳动、借助计算机视觉等AI技术可以减少动画制作时所需的人物力高消耗。

目前，机器生产视频在文化和媒体行业中的应用已十分广泛，AI影像自动化生产作为多媒体视频内容表达和互动创作分发的核心生产力，在智能视频编辑、影视轻工业、视频信息可视化等方面发挥着重要作用，在5G等新技术的进一步推动下，AI技术将为自动化生产在内容、渠道以及效率方面带来更多的期待。

2. 二维动画

二维动画显示平面图像，画面构图比较简单，通常由线条、圆弧及样条曲线等基本图元构成，色彩使用大面积着色。二维动画中所有物体及场景都是二维的，不具有深度感，只能由创作人员根据画面的内容来描绘三维效果，不能自动生成三维透视图。

根据二维动画的制作方式，又可分为逐帧动画和渐变动画。

① 逐帧动画就是在时间帧上逐帧绘制帧内容，连续多帧播放生成动画。该方式由于每秒动画都需要16帧以上的画面，因而制作动画的工作量巨大。

② 渐变动画在制作过程中只需要制作构成动画的几个关键帧，而关键帧之间的帧则是由计算机软件根据预选方式及两端的关键帧自动计算生成的，包括运动渐变动画和开关渐变动画。在运动渐变动画中，可以改变实例、群组和文本等的位置、大小和旋转角度等属性，也可以使

对象沿着路径进行运动。在开关渐变动画中，可以改变矢量图形的形状。无论是哪种渐变动画，只要定义动画开始和结束两个关键帧中的内容即可，动画中各个过渡帧中的内容由动画制作软件（如Flash）自动生成。

常见的2D动画制作软件包括Flash、ANIMO、RETAS PRO、Usanimation及Adobe After Effects 等。ANIMO二维卡通动画制作系统是世界上最受欢迎的、使用最广的二维动画系统，大约有50个国家使用。目前美国好莱坞的特技动画委员会已经把它作为二维卡通动画制作方面的一个标准。

3.计算机三维技术

从最近几年三维动画作品来看，使用3D技术表现出2D动画的细腻质感，已经成为一种流行趋势。三维动画是新兴行业，也可称为CC行业[国际上习惯将利用计算机技术进行视觉设计和生产的领域通称为CC（Computer Graphics）]，是计算机美术的一个分支，建立在动画艺术和计算机软硬件技术发展的基础上而形成的相对独立的艺术形式。近年来，随着三维动画制作的需求越来越多，三维动画已经走进人们的生活中，被各行各业广泛运用。早期主要应用于军事领域，直到20世纪70年代后期，随着个人计算机的出现，计算机图形学才逐步拓展到如平面设计、服装设计、建筑装潢等领域，80年代初期，随着计算机软硬件的进一步发展，计算机图形处理技术的应用得到了空前的发展，计算机美术作为一个独立学科走上了迅猛发展道路。

三维动画制作技术应用于虚拟现实场景仿真设计，主要包含模拟真实仿真环境、感知传感技术的集合，由计算机三维动画制作技术来完成实时动态三维立体动画逼真效果。通过计算机感知技术处理参与者对视觉效果的反应，是三维动画制作技术中的一种交换功能。

3ds Max是美国Autodesk公司推出的一款基于PC系统的三维动画渲染和制作软件。自问世以来，广泛应用于影视特效、工业设计、建筑设计、多媒体制作、科学研究以及游戏开发等各个行业和领域，是当今最为流行的三维动画创作软件之一。

另一款三维动画软件Maya，也是美国Autodesk公司的产品，应用对象是专业的影视广告、角色动画、电影特技等。Maya功能完善，工作灵活，易学易用，制作效率极高，渲染真实感极强，是电影级别的高端制作软件。

三维动画在各个领域的应用越来越普及，涉及网页、建筑效果图、建筑浏览、影视片头、MTV、电视栏目、电影、科研、计算机游戏等领域，发挥的作用也越来越大。三维动画不仅可以从全位展示产品的功能特性，而且动态画面可吸引人们的眼球，最重要的是可实现现实生活中不能存在的画面。

7.3 多媒体作品制作流程简介

视频

多媒体作品的制作流程

一般来说，用户开发一个多媒体作品要经过以下几个步骤。

1.需求分析

由于多媒体作品开发的成败关键在于使用对象的评价，因此多媒体作品开发首先要了解用户需要，明确使用对象。从软件工程角度讲，用户需求分析是软件开发的最初阶段。用户需求往往是针对多媒体技术从内容和设备配置方面提出具体要求，如用户是否有不使用鼠标和键盘而直接通过触摸屏幕来获取信息的需求，系统中是否需要语音和音乐，数据类型中有无图像、视频、动画、字幕等要求。

2.总体设计

确定项目所包含的内容和表现手法。充分了解用户需求后，开发者需要对多媒体作品实施总体设计。一套好的多媒体作品必须依赖优秀的空间设计人员、绘图人员和编剧的创作，这就强调了多媒体开发者应具有计算机技术与文学艺术知识等综合修养。完成系统设计之后，需要明确节目的开发方法。一般来说，有两种方法可供选择：一是由开发人员编码来实现一个多媒体作品；二是利用市场上已有的多媒体开发工具或平台来制作多媒体作品。前者的优点是不需要较大的投资，但需要编制大量的程序，需要优秀的程序设计人员，维护也不方便；后者需要一定的投资，但开发周期短，维护问题少，关键是要选择一种功能较强且价格合理的工具软件。利用功能强大的工具软件开发多媒体作品是大多数用户制作多媒体作品的方法。

3.素材准备

以适当的方式来收集和处理项目所需的全部数据、包括音频、视频和图像。当开发方法确定后，就进入了具体实施阶段。在实施阶段的基本工作是多媒体数据的准备。一个多媒体作品里一般包括音频、视频、动画、静态图像、文字、图形等多种媒体素材，这些素材在系统集成之前必须准备好。

4.作品集成

建构项目的整体框架，并把各种表现形式集成起来并加入一些交互特征。制作者通过所选择的开发方法将节目情节具体化、程序化，并将准备好的多媒体素材按照需要进行编辑加工，最终集成为一个由程序和数据组成的软件产品，这个软件产品往往又记录在某种介质中，便于销售和使用。

5.测试与发行

运行并检测应用程序以确定它是否能按作者意图来运行，如果达到了则制作（编译）应用程序并发行。

习　题

1.多媒体计算机中的媒体信息是指（　　）①文字、音频 ②音频、图形 ③动画、视频 ④视频、音频。

A.①　　B.②　　C.③　　D.全都是

2.多媒体技术的特征包括（　　）①多样性 ②集成性 ③交互性 ④实时性 ⑤数字化。

A.①②③　　B.①②③④　　C.②③④⑤　　D.全都是

3.多媒体的相关技术一般包含（　　）。

A.数字图像处理技术　　B.数据压缩技术

C.网络传输技术　　D.以上选项都是

4.VR的全称是（　　）。

A.Mixed Reality　　B.Virtual Reallity　　C.Virtual Reality　　D.Virtaul Reality

5.AR是指（　　）。

A.虚拟现实技术　　B.增强现实技术　　C.混合技术　　D.模拟混合技术

6.多媒体资源包括（　　）。

A. 文本　　B. 声音　　C. 图形　　D. 图像

7. 以下（　　）文件格式属于动画文件的格式。

A.png　　B.gif　　C.docx　　D.jpg

8. 以下（　　）文件格式属于视频文件的格式。

A.png　　B.wav　　C.mp4　　D.mp3

9. 以下（　　）文件格式属于声音文件的格式。

A.png　　B.gif　　C.wav　　D.f4v

10. 评价图像压缩技术的因素有（　　）。

A. 压缩比　　B. 算法的复杂程度　　C. 重现精度　　D. 以上选项都是

11. 图像增强的目的是（　　）。

A. 保持图像本来面目

B. 改善图像的视觉效果

C. 对整个图像作结构上的分析

D. 解决数字图像占用空间大，传输时占用频带太宽的问题

12. 图像分割是数字图像处理中的关键技术之一，它是由（　　）的关键步骤。

A. 图像增强到图像复原　　B. 图像增强到图像分析

C. 图像处理到图像编码　　D. 图像处理到图像分析

13. 音频信号必须经过一定的变化和处理，变成（　　）的形式后才能送到计算机进行编辑和存储。

A. 二进制　　B. 八进制　　C. 十进制　　D. 十六进制

14. 常见的音频处理软件有（　　）。

A.Photoshop　　B.Cool edit Pro　　C.Flash　　D.After Effects

15. 解决视频监控领域大数据筛选、检索技术问题的重要技术被称为（　　）。

A. 智能分析处理技术　　B. 视频透雾增透技术

C. 数字图像宽度动态的算　　D. 超分辨率重建技术

16. 当下流行的手机视频APP软件提供了（　　）功能。

A. 剪辑视频　　B. 动态字幕　　C. 格式转换　　D. 以上选项都是

17.pr的全称是（　　）。

A.Premiere　　B.Premiiere　　C.Prmiere　　D.After effects

18. 目前，AI主要被用于（　　）的环节。

A. 创造性较小、需要大量劳动力　　B. 创造性较大、需要大量劳动力

C. 创造性较大、需要少量劳动力　　D. 创造性较小、需要少量劳动力

19. 下列没有运用到三维动画技术的是（　　）。

A. 网页上流行的Flash动画　　B. 动画制作大片

C. 游戏　　D. 建筑动画

20. 下列属于3D动漫软件的是（　　）。

A.Flash　　B.ANIMO　　C.RETAS PRO　　D.3ds Max

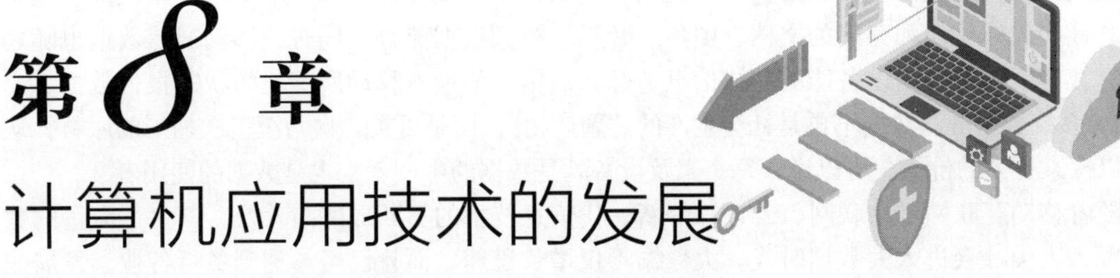

第8章 计算机应用技术的发展

在计算机技术浪潮风起云涌的今天，正在兴起的大数据、人工智能、云计算、互联网+、物联网等产业被视为IT产业的一次工业革命，它将带动工作方式和商业模式发生根本性的变化。

互联网产品的日益创新，为人们获取一些信息、数据带来了极大的便利，同时也很大程度上驱动了社会的发展；其次，企业办公运用了计算机的自动化工作模式，使办公效率大幅度提高，且完全依据办公程序和流程的标准实施。企业及商家还能通过网络平台提供服务完成交易。计算机技术的应用已经渗入商业、军事、生产、医疗等方面，同时相关应用产业也得到发展，成为各行各业发展的内在动力。

本章将介绍大数据、云计算、人工智能、物联网、电子商务和“互联网+”这几种计算机应用技术情况。

8.1 大数据

随着信息技术的快速发展，特别是移动互联网和物联网技术的广泛使用，数据呈现出指数级爆炸性的增长，数据量动辄就是拍字节（PB）级的数量，并且数据大部分是不规则的非结构化数据或者是半结构化数据。这些数据已经远远超出传统的数据库系统的存储和处理能力。因此，寻求有效的大数据处理技术、方法和手段已经成为现实世界的迫切需求。大数据技术就是在这种背景下应运而生，并已经被提升到了国家战略的角度，得到了国家相关法律法规、经济政策、人力政策等方面的支撑，大数据已经得到快速的发展和广泛的应用。

视 频

大数据

大数据主要处理非结构化数据。非结构化数据是指数据结构不规则或不完整，没有预定义的数据模型，不方便用数据库二维逻辑表来表现的数据，包括所有格式的办公文档、文本、图片、各类报表、图像和音频/视频信息等。

结构化数据是按照一定的规则和结构存放，就是前面学习过的由二维表结构来逻辑表达和实现的数据。

半结构化数据是指处于结构化和非结构化数据之间的数据，如网页标记数据、XML数据和JSON格式的数据。

8.1.1 大数据的来源

数据无处不在，人类自从发明文字开始，就开始记录各种数据，如今，数据正在爆炸式地增长。人们在日常生活中，随时会产生数据，例如，手机及计算机等终端中的应用软件、电子邮件、社交媒体生成和存储的文档、图片、音频、视频数据流等。同时，移动通信数据也随之更新，智能手机等移动设备能够完成信息追踪和通信，如地点移动所产生的状态报告数据、定位/GPS系统数据等。数据不再是社会生产的“副产物”，而是可被二次乃至多次加工的原料，从中可以探索更大的价值。可以说，每个人及设备既是数据的生产者，也是数据的使用者。

随着移动互联网、物联网、云计算等新一代信息技术的不断成熟与普及，产生了海量的数据资源，人类社会进入大数据时代。大数据不仅增长迅速，而且已经渗透到各行各业，发展成为重要的生产资料和战略资产，蕴含着巨大的价值。2015年以来，全球数据量每年增长25%，50%的数据来源于边缘端（Edge），全球560亿设备，相当于每个人有7个。到2025年，全球数据量估计达到175 ZB，相当于65亿年时长的高清视频内容。为了应对惊人的数据量，人类社会需要实现更快地传输数据、高效存储和访问数据，以及处理所有数据。这对当前技术和未来技术平台将产生难以置信的影响。5G、人工智能和边缘计算（Edge Computing），这些新技术结合在一起，将更好、更快地推动数字智能时代的到来。

数据是数字世界的核心，我们正日益构建信息化经济。数据价值不断增加，社会也将逐渐步入产品智能化、体验人性化、服务全面化的大数据时代。数据也是应用下一代技术（如认知、物联网、人工智能和机器学习）构建的现代用户体验和服务的核心。然而，随着数据量的快速增长，现有的数据存储、计算、管理和分析能力也面临挑战。与传统数据库模式的数据处理方式相比，已经无法应对大数据带来的挑战，需要新技术、新思维和新策略来提升数据采集、分析、处理效率。可以说，大数据就是“未来的新石油”，它需要新的处理模式才能具有更强的决策力、洞察发现力和流程优化能力的海量、高增长率和多样化的信息资产。

8.1.2 大数据的概念

大数据的定义目前没有统一的说法，百度百科将大数据定义为无法在一定时间范围内用常规软件工具进行捕捉、管理和处理的数据集合，是需要新处理模式才能具有更强的决策力、洞察发现力和流程优化能力的海量、高增长率和多样化的信息资产；最早提出“大数据时代“的麦肯锡全球研究所给出的定义是：一种规模大到在获取、存储、管理、分析方面大大超出了传统数据库软件工具能力范围的数据集合，具有海量的数据规模、快速的数据流转、多样的数据类型和价值密度低四大特征。这个定义被业界广泛认可，4个特征简称为“4V”，如图8-1所示。

1.Volume

数据体量巨大。大数据中的数据不再以几吉字节（GB）或几太字节（TB）为单位来衡量，而是以拍字节（PB）、艾字节（EB）或泽字节（ZB）（10亿个T）为计量单位。

2.Variety

数据类型繁多。体现在：一是数据获取渠道变多，可以从各种传感器、智能设备、社交网络、网上交易平台等获得数据；二是数据种类也变得更加复杂，包括结构化数据、半结构化数据和非结构化数据，不像传统关系数据库仅仅获取结构化数据。据不完全统计，大数据中10%是结构化数据，存储在数据库中；90%是非结构化数据，与人类信息密切相关。

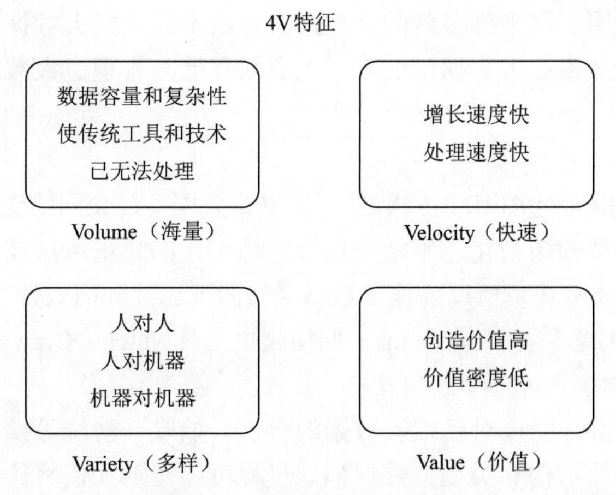

图 8-1　大数据“4V”特征

3.Velocity

数据处理速度快。这是大数据区分于传统数据挖掘最显著的特征。大数据与海量数据的重要区别在两方面：一方面，大数据的数据规模更大；另一方面，大数据对处理数据的响应速度有更严格的要求。实时分析而非批量分析，数据输入、处理与丢弃立刻见效，几乎无延迟。数据的增长速度和处理速度是大数据高速性的重要体现。

4.Value

价值密度低。尽管企业拥有大量数据，但是有用的价值所占比例非常低，并且随着数据量的增长，有价值数据所占比例更低。而大数据真正的价值体现在从大量不相关的各种类型的数据中，挖掘出对未来趋势与模式预测分析有价值的数据，并通过机器学习方法、人工智能方法或数据挖掘方法深度分析，并运用于科技、经济、工业和农业等各个领域，以便创造更大的价值。

由大数据的“4V”特征可以看出数据思维的核心是理解数据背后的价值，并通过对数据的深度挖掘去创造价值。因此，大数据时代下人们的思维也需要革新：在于从样本思维向总体思维转变、从精确思维向容错思维转变、从因果思维向相关思维转变。事实上，大数据时代带给人们思维方式的深刻转变远不止此。

总的来说，大数据时代思维变革的特点可以归纳以下几点：

①总体思维。相比于小数据时代，大数据时代的数据收集、存储、分析技术有了突破性发展，因此更强调数据的多样性和整体性改变。人们的思维方式只有从样本思维转向总体思维，才能更加全面、系统地洞察事物或现实的总体状况。

②容错思维。随着大数据技术的不断突破，对于大量的异构化、非结构化的数据进行有效存储、分析和处理的能力不断增强。在不断涌现的新情况里，在能够掌握更多数据的同时，不精确性的出现已经成为一个新的亮点。人们的思维方式要从精确思维转向容错思维。

③相关思维。大数据技术通过对事物之间线性的相关关系以及复杂的非线性相关关系的研究与分析，更深入地挖掘出数据的潜在信息。运用这些认知与洞见就可以帮助人们掌握以前无法理解的复杂技术和社会动态，帮助人们捕捉现在和预测未来。

8.1.3　大数据处理的关键技术

大数据技术是利用一系列工具和算法对大数据进行处理，得到有价值信息的信息技术。随着大数据领域的广泛应用，出现许多新的大数据处理技术。按照大数据处理的流程，可将大数据处理技术分为大数据采集、大数据预处理、大数据存储与管理、大数据分析与挖掘、大数据展示等。

1.大数据采集技术

大数据采集技术是指通过RFID射频数据、传感器数据、社交网络交互数据及移动互联网数据等方式获得的各种类型的结构化、半结构化及非结构化的海量数据技术。数据类型复杂，数据量大，数据增长速度非常快，所以要保证数据采集的可靠性和高效性。根据数据采集的来源，常用的数据采集工具有日志采集工具Flume；网络爬虫工具Nutch、Crawler4j、Scrapy。

2.大数据预处理技术

大数据预处理技术就是完成对已接收数据的辨析、抽取、清洗等操作。其中，抽取就是因获取的数据可能具有多种结构和类型，数据抽取过程可以帮助人们将这些复杂的数据转化为单一的或者便于处理的结构，以达到快速分析处理的目的。对于大数据，并不全是有价值的，有些数据并不是人们所关心的内容，或者是完全错误的干扰项，因此要对数据通过过滤去除噪声从而提取出有效数据。常用的算法有Bin方法、聚类分析方法和回归方法。目前，常用的ETL工具有商业软件Informatica和开源软件Kettle。

3.大数据存储与管理技术

大数据存储与管理技术是指将采集到的海量的复杂结构化、半结构化和非结构化大数据存储起来，并进行管理和处理的技术。主要解决大数据的可存储、可表示、可处理、可靠性及有效传输等几个关键问题。为了满足海量数据的存储，谷歌公司开发了GFS、MapReduce、BigTable为代表的一系列大数据处理技术被广泛应用。同时涌现出以Hadoop为代表的一系列大数据开源工具。这些工具有分布式文件系统HDFS、NoSQL数据库系统和数据仓库系统。

4.大数据分析与挖掘技术

数据分析与挖掘是大数据处理流程中最为关键的步骤。大数据分析与挖掘技术就是基于大量的数据，通过特定的模型来进行分类、关联、预测、深度学习等处理，找出隐藏在大数据内部的、具有价值的规律。大数据分析目前需要解决两方面的问题：一是对结构化、半结构化数据进行高效率的深度分析，挖掘隐性知识，例如自然语言处理，识别其语义、情感和意图；二是分结构化数据如语音、图像和视频数据进行分析，转化为机器可识别的、具有明确语义的信息，进而从中提取有用的知识。大数据分析的理论核心就是数据挖掘算法。数据挖掘的算法包括遗传算法、神经网络方法、决策树方法和模糊集方法等。

5.大数据展示技术

大数据展示技术解决的是如何将大数据分析的结果直观地展示处理。大数据分析的结果如果单一地用文字来表达，效果不明显，并且很难显示数据之间的关联关系。这要借助可视化技术。所谓的可视化技术是利用计算机图形学和图像处理技术，将数据转换成图形或图像在屏幕上显示出来，并进行交互处理的理论、方法和技术。目前常用的数据可视化工具有Echarts、Tableau和D3。

8.1.4 大数据处理的基本流程

大数据应用不同，数据来源也不一样，但大数据处理的基本流程是相同的。简单地归纳为对数据源进行抽取和集成，对采集到的数据按照一定的标准统一存储起来，然后对数据进行分析，得出有价值的数据，并展现给用户，如图8-2所示。

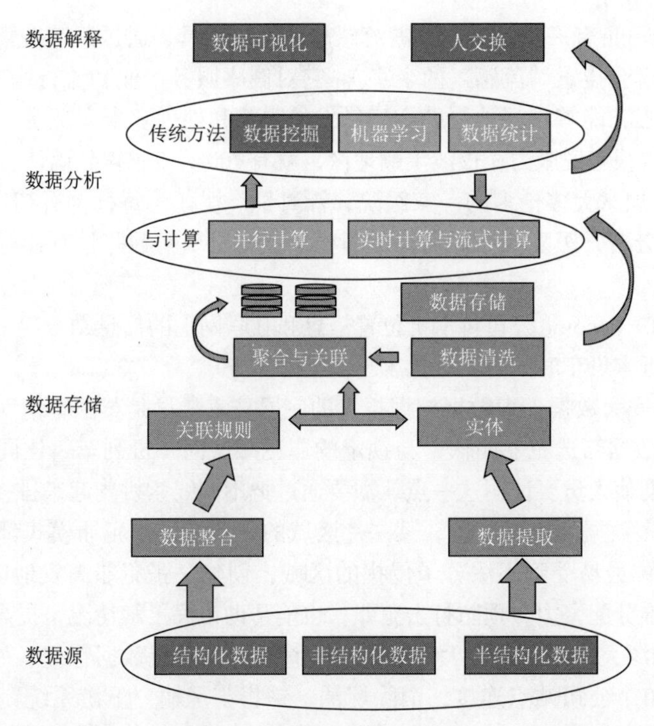

图 8-2　数据处理基本流程

1. 数据抽取与集成

大数据处理的数据来源类型丰富，有APP、Web终端用户的操作行为数据、后台服务器的日志记录和数据库数据以及物联网终端自动采集的数据。大数据处理的第一步是对数据进行抽取和集成，从中提取出关系和实体，经过关联和聚合等操作，按照统一定义的格式对数据进行存储。常用的数据抽取和集成方法有基于物化或ETL方法的引擎、基于联邦数据库或中间件方法的引擎和基于数据流方法的引擎。

2. 数据分析

数据分析是大数据处理流程的核心，从异构的数据源中获得的数据构成大数据处理的原始数据，用户可以根据自己的需求对这些数据进行分析处理，比如，数据挖掘、机器学习、数据统计等，数据分析可以用于决策支持、商业智能、推荐系统、预测系统。

3. 数据解释

大数据处理流程中用户最关心的是数据处理的结果，正确的数据处理结果只有通过合适的展示方式才能被终端用户正确理解，因此数据处理结果的展示非常重要，可视化和人机交互是数据解释的主要技术。这个步骤能够让用户直观地查看分析数据的结果。

8.1.5　大数据应用成功案例

挖掘用户的行为习惯和喜好，可以从凌乱纷繁的数据背后，找到更符合用户兴趣和习惯的产品和服务，并对这些产品和服务进行针对性地调整和优化，这就是大数据的价值。

【案例 8-1】 百度公司在春运期间推出的“百度地图春节人口迁徙大数据”项目，对春运大数据进行计算分析，并采用可视化呈现方式，实现了全程、动态、即时、直观地展现中国春节前后人口大迁徙的轨迹与特征。

【案例8-2】 Google有一个名为“谷歌流感趋势”的工具，通过跟踪搜索词来判断全美地区的流感情况（如患者会搜索“流感”两个字）。它对健康服务产业和流行病专家来说非常有用，因为它的时效性极强，能够很好地帮助疾病暴发的跟踪和处理。事实证明，通过海量搜索词的跟踪获得的趋势报告很有说服力，仅波士顿地区，就有700例流感得到确认。

【案例8-3】 在加拿大多伦多的一家医院，针对早产婴儿，每秒钟有超过3 000次的数据读取。通过这些数据分析，医院能够提前知道哪些早产儿出现问题并且有针对性地采取措施，避免早产婴儿夭折。

【案例8-4】 NTT docomo公司将手机位置信息和互联网上的信息结合起来，为顾客提供附近的餐饮店信息，接近末班车时间时，提供末班车信息服务。

【案例8-5】 公安大数据，大数据挖掘技术的底层技术最早是英国军情六处研发用来追踪恐怖分子的技术。大数据筛选犯罪团伙，与锁定的罪犯乘坐同一班列车、住同一酒店的两个人可能是同伙。过去，刑侦人员要证明这一点，需要通过把不同线索拼凑起来排查疑犯。

通过对越来越多数据的挖掘分析，某一片区域的犯罪率以及犯罪模式都将清晰可见。大数据可以帮助警方定位最易受到不法分子侵扰的区域，创建一张犯罪高发地区热点图和时间表。不但有利于警方精准分配警力，预防打击犯罪，也能帮助市民了解情况，提高警惕。

【案例8-6】 能源大数据。国际大石油公司一直都非常重视数据管理，如雪佛龙公司将5万台桌面系统与1 800个公司站点连接，消除炼油、销售与运输“下游系统”中的重复流程和系统，每年节省5 000万美元，4年获得了净现值约为2亿美元的回报。

【案例8-7】 准确预测太阳能和风能需要分析大量数据，包括风速、云层等气象数据。丹麦风轮机制造商维斯塔斯（Vestas Wind Systems），通过在世界上最大的超级计算机上部署IBM大数据解决方案，得以通过分析包括拍字节（PB）量级气象报告潮汐相位、地理空间、卫星图像等结构化及非结构化的海量数据，优化风力涡轮机布局，有效提高风力涡轮机的性能，为客户提供精确和优化的风力涡轮机配置方案不但可帮助客户降低每千瓦时的成本，并且提高了客户投资回报估计的准确度，同时它将业务用户请求的响应时间从几星期缩短到几小时。

互联网的发展将人们带入了大数据时代，数据为构建智慧城市、智慧国家甚至是智慧地球提供高效、透明的信息支撑；对政府管理、商业活动、媒介生态、个人生活等都产生了深远影响。发掘大数据的潜在商业价值，推动数据智能时代的发展，机会与挑战并存。

大数据产业正快速发展成为新一代信息技术和服务业态，即对数量巨大、来源分散、格式多样的数据进行采集、存储和关联分析，并从中发现新知识、创造新价值、提升新能力。

大数据价值创造的关键在于大数据的应用，随着大数据技术飞速发展，大数据应用已经融入各行各业。在电子商务行业，借助于大数据技术，分析客户行为，进行商品个性化推荐和有针对性的广告投放；在制造业，大数据为企业带来其极具时效性的预测和分析能力，从而大大提高制造业的生产效率；在金融行业，利用大数据可以预测投资市场，降低信贷风险；汽车行业，利用大数据、物联网和人工智能技术可以实现无人驾驶汽车；物流行业，利用大数据优化物流网络，提高物流效率，降低物流成本；城市管理，利用大数据实现智慧城市；政府部门，将大数据应用到公共决策当中，提高科学决策的能力。

大数据的价值，远远不止于此，大数据对各行各业的渗透，大大推动了社会生产和生活，未来必将产生重大而深远的影响。

8.2 云计算

2006年8月9日，Google首席执行官埃里克·施密特（Eric Schmidt）在搜索引擎大会（SES San Jose 2006）首次提出“云计算”（Cloud Computing）的概念。

云计算是分布式处理、并行处理和网格计算的发展，是一种基于因特网的超级计算模式，共享的软硬件资源和信息可以按需提供给计算机和其他设备。典型的云计算提供商往往提供通用的网络业务应用，可以通过浏览器等软件或者其他Web服务访问，而软件和数据都存储在服务器上。

云计算服务通常提供通用的通过浏览器访问的在线商业应用，软件和数据可存储在数据中心。云计算中的“云”是一个形象的比喻，人们以云可大可小、可以飘来飘去的特点形容云计算中服务能力和信息资源的伸缩性，以及后台服务设施位置的透明性。

8.2.1 云计算概述

云计算的概念起源于亚马逊ECC（Elastic Compute Cloud）产品和Google-IBM分布式计算项目。云计算将网络中分布的计算、存储、服务设备、网络软件等资源集中起来，将资源以虚拟化的方式为用户提供方便快捷的服务。云计算是一种基于因特网的超级计算模式，在远程数据中心，几万台服务器和网络设备连接成一片，各种计算资源共同组成了若干个庞大的数据中心。云计算的系统结构和云管理如图8-3所示。

图8-3　云计算的系统结构和云管理

在云计算模式中，用户通过终端接入网络，向“云”提出需求；“云”接受请求后组织资源，通过网络为用户提供服务。用户终端的功能可以大大简化，复杂的计算与处理过程都将转移到用户终端背后的“云”去完成。在任何时间和任何地点，用户只要能够连接至互联网，就可以访问云，用户的应用程序并不需要运行在用户的计算机、手机等终端设备上，而是运行在互联网的大规模服务器集群中；用户处理的数据也无须存储在本地，而是保存在互联网上的数据中心。提供云计算服务的企业负责这些数据中心和服务器正常运转的管理和维护，并保证为用户提供足够强的计算能力和足够大的存储空间。云计算含义即为将计算能力放在互联网上，它意

味着计算能力也可以作为一种商品通过互联网进行流通。

云计算的表现形式多种多样，简单的云计算在人们日常网络应用中随处可见，比如搜索引擎、在线存储（网盘）等服务。目前，云计算的类型和服务层次可以按照提供的服务类型和对象进行分类。按提供的服务类型可以分为：基础设施即服务、平台即服务、软件即服务3种。

①基础设施即服务（Infrastructure as a Service，IaaS）：提供给消费者的服务是对所有设施的利用，包括处理、存储、网络和其他基本的计算资源，用户能够部署和运行任意软件，包括操作系统和应用程序。消费者不管理或控制任何云计算基础设施，但能控制操作系统的选择、存储空间、部署的应用，也有可能获得有限制的网络组件（例如防火墙、负载均衡器等）的控制。

②平台即服务（PlatformasaService，PaaS）：提供给消费者的服务是把客户采用提供的开发语言和工具（例如Java、Python、.Net等）、开发的或收购的应用程序部署到供应商的云计算基础设施上。客户既能控制部署的应用程序，也可以控制运行应用程序的托管环境配置。

③软件即服务（Software as a Service，SaaS）：提供给客户的服务是运营商运行在云计算基础设施上的应用程序，用户可以在各种设备上通过客户端界面访问，如浏览器。

根据云计算服务的用户对象范围的不同，可以把云计算按部署模式大致分为两种：公有云和私有云。

①公有云：有时也称外部云，是指云计算的服务对象没有特定限制，也就是说它是为外部客户提供服务的云，其所有的服务是供别人使用。当然，服务提供商自己也可以作为一个用户来使用，比如微软公司内部的一些信息技术（IT），系统也在其对外提供的Windows Azure平台上运行。对于使用者而言，公有云的最大优点是其所应用的程序及相关数据都存放在公有云的平台上，自己无须前期的大量投资和漫长的建设过程。

②私有云，有时也称内部云，是指组织机构建设的专供自己使用的云平台，它所提供的服务不是供他人使用，而是供自己的内部人员或分支机构使用。对于那些已经有大量数据中心投资，或者由于各种原因暂时不会采用第三方云计算服务的机构，私有云是一个比较好的选择。私有云比较适合于有众多分支机构的大型企业或政府部门。不同于公有云，私有云部署在企业内部网络，因此它的优势是数据安全性、系统可用性等都可由自己控制。但缺点是依然有大量的前期投资，也就是说它仍采用传统的商业模型。图8-4所示为云平台拓扑架构图。

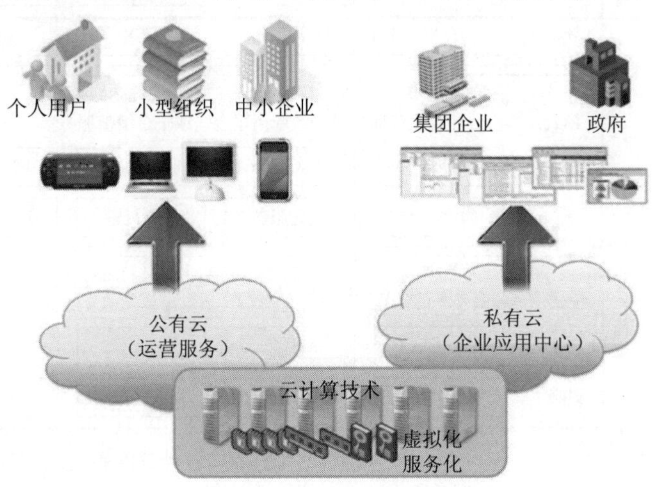

图8-4　云平台拓扑架构图

8.2.2　云计算主要技术

云计算的体系结构分为四层，分别为物理资源层、资源池层、管理中间件层和SOA架构层。其中，物理资源层主要包括硬件产品，如计算机、存储器、网络设备等。资源池层是由物理硬件集群构成的同构或异构的资源池，主要包括计算资源池、存储资源池、网络资源池、数据资源池及软件资源池等。管理中间件层负责资源管理、任务管理和用户管理。

物理资源层的主要功能是物理资源的集群和管理，如集装箱服务器，在一个标准的集装箱里放2 000台服务器，包括它的散热系统和节点故障管理系统。

资源池层的主要功能是对物理资源通过虚拟化技术构建同构或异构的资源池。

管理中间件层主要负责资源管理、任务管理、用户管理和安全管理等，自动调整资源负载均衡、故障检测及恢复，对资源的运行起监控统计作用。任务管理的主要工作是完成任务映射的部署和管理、任务的调度、任务的执行及生命周期管理等。用户管理主要负责账号管理、用户环境配置、用户交互管理和使用计费。安全管理主要包括身份认证、访问权限、综合防护及安全审计。管理中间层的这些工作主要由中间软件完成，目前比较流行的中间软件有WebLogic、Sphere等。

SOA架构层的主要功能是将云计算的各种运用封装成Web服务的形式，通过Web接口用户可以选择需要的服务。其主要内容包括服务接口、服务注册、服务查询、服务访问及工作流。云计算体系结构层如图8-5所示。

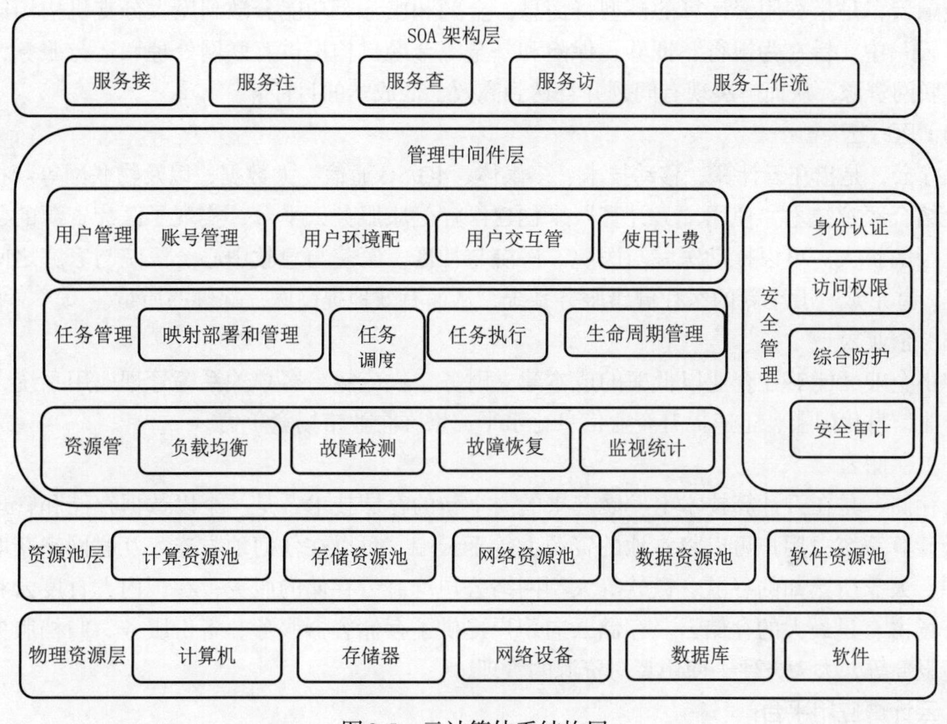

图8-5　云计算体系结构层

8.2.3　云计算产业及其应用

1.云计算产业

云计算产业作为战略性新兴产业，近些年得到了迅速发展，形成了成熟的产业链结构，产业涵盖硬件与设备制造、基础设施运营、软件与解决方案供应商、基础设施即服务、平台即服务、软件即服务、终端设备、云安全、云计算交付/咨询/认证等多个环节。产业链格局也逐渐被打开，由平台提供商、系统集成商、服务提供商、应用开发商等组成的云计算上下游构成了国内云计算产业链的初步格局。互联网、通信业、IT厂商互相渗透，打破传统的产业链模式，

形成高度混合渗透的生态模式。较为简单的云计算技术已经普遍服务于现如今的互联网服务中，通过云端共享了数据资源已成为了社会生活中的一部分。通过网络、以云服务的方式，为企业、商户及个人终端用户等多群体提供非常便捷的应用。

（1）政务云

政务云上可以部署公共安全管理、容灾备份、城市管理、应急管理、智能交通、社会保障等应用，通过集约化建设、管理和运行，可以实现信息资源整合和政务资源共享，推动政务管理创新，加快向服务型政府转型。

（2）教育云

教育云，实质上是指教育信息化的一种发展，可以将所需要的任何教育硬件资源虚拟化，然后将其发布到互联网中，向教育机构和学生老师提供一个方便快捷的平台。通过教育云平台可以有效整合幼儿教育、中小学教育、高等教育以及继续教育等优质教育资源，逐步实现教育信息共享、教育资源共享及教育资源深度挖掘等目标。

（3）金融云

金融云，是指利用云计算的模型将信息、金融和服务等功能分散到庞大分支机构构成的互联网“云”中，旨在为银行、证券、保险和基金等金融机构提供互联网处理和运行服务，同时共享互联网资源，从而解决现有问题并且达到高效、低成本的目标。

（4）医疗云

医疗云，是指在云计算、移动技术、多媒体、4G/5G通信、大数据，以及物联网等新技术的基础上结合医疗技术，使用“云计算”来创建医疗健康服务云平台，实现了医疗资源的共享和医疗范围的扩大。可以推动医院与医院、医院与社区、医院与急救中心、医院与家庭之间的服务共享，并形成一套全新的医疗健康服务系统，从而有效地提高医疗保健的质量。

（5）企业云

中小企业云能够让企业以低廉的成本建立财务、供应链、客户关系等管理应用系统，大大降低企业信息化门槛，迅速提升企业信息化水平，增强企业市场竞争力。

（6）存储云

云存储，是在云计算技术上发展起来的一个新的存储技术，是一个以数据存储和管理为核心的云计算系统。用户可以将本地的资源上传至云端，可以在任何地方连入互联网来获取云上的资源。大家所熟知的谷歌、微软等大型网络公司均有云存储的服务，在国内，百度云和微云则是市场占有量最大的存储云。存储云向用户提供了存储容器服务、备份服务、归档服务和记录管理服务等，大大方便了使用者对资源的管理。

2. 云计算应用平台

（1）腾讯云计算应用

腾讯是中国最大的互联网综合业务提供商之一。腾讯云提供了各种开发者熟悉的应用部署环境，让广大开发者无须关心复杂的基础架构，如IDC环境、服务器负载均衡、CDN、热备容灾、监控告警等，让开发者可以更好地将精力集中用于用户和服务，提供更好的产品。腾讯云计算应用如图8-6所示。

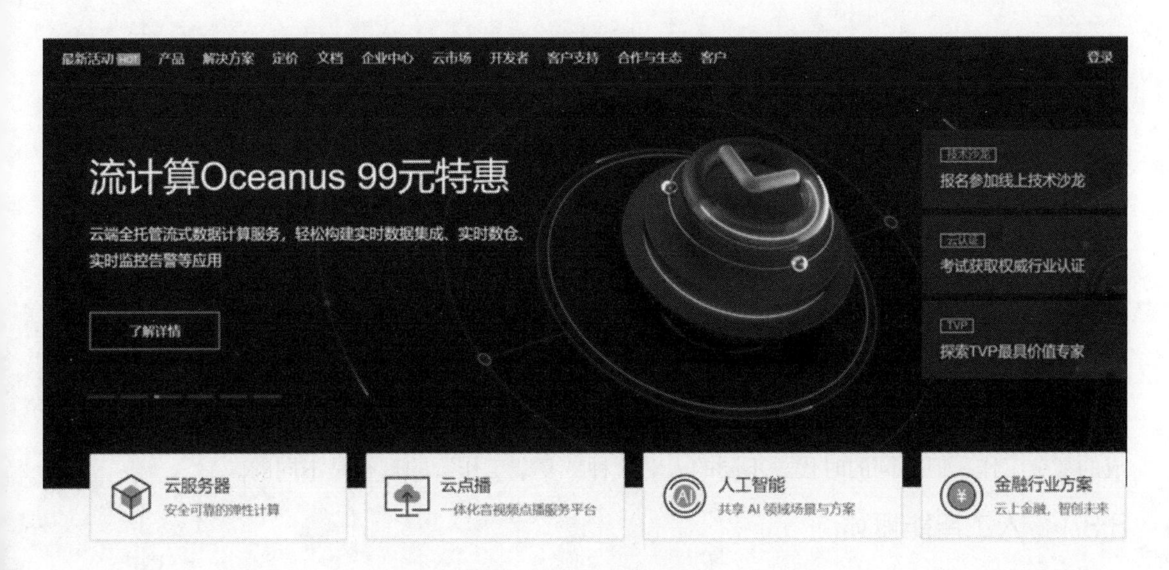

图 8-6　腾讯云计算应用

（2）Google 云计算应用

Google 是当前最大的计算机使用者，Google 典型的应用都是云应用，如 Google 地球、Google Gdrive、Google 浏览器、Google 在线文档、Gmail 邮箱、Google 演示文稿等，共计 15 款 Google 云应用。

（3）新浪云计算平台

新浪公司是国内首家进行云计算研究的企业，在 2009 年的 8 月，新浪公司在 SAE（Sima App Engine）就立项了，同年 11 月发布了第一个 Alpna 版本，是国内第一个 Pass 云计算平台。新浪公司的研发中心专门成立了新浪云计算部门，主要负责新浪公司在云计算领域的发展计划、技术研发及平台运营工作。目前新浪云计算业务主要由云应用商店、应用开发托管及新浪云计算企业服务。新浪云计算应用如图 8-7 所示。

图 8-7　新浪云计算应用

8.3 人工智能

视频
人工智能

人工智能是计算机科学的一个分支，它企图了解智能的实质，并生产出一种新的能以人类智能相似的方式做出反应的智能机器，该领域的研究包括机器人、语言识别、图像识别、自然语言处理和专家系统等。人工智能从诞生以来，理论和技术日益成熟，应用领域也不断扩大，可以设想，未来人工智能带来的科技产品，将会是人类智慧的“容器”。人工智能可以对人的意识、思维的信息过程进行模拟。人工智能不是人的智能，但能像人那样思考、也可能超过人的智能。人工智能是包括十分广泛的学科，它由不同的领域组成，如机器学习、计算机视觉等。总的来说，人工智能研究的一个主要目标是使机器能够胜任一些通常需要人类智能才能完成的复杂工作。但不同的时代、不同的人对这种“复杂工作”的理解是不同的。

8.3.1 人工智能概述

人工智能（Artificial Intelligence，AI）的定义可以分为“人工”和“智能”两部分。“人工”比较好理解，争议也不大；关于什么是“智能”，问题就多了。“智能”涉及意识、自我、心灵、无意识的精神等问题。目前人们对自身智能的理解非常有限，对构成人类智能的必要元素的了解也有限，所以很难定义什么是“人工”制造的“智能”。

人工智能比较流行的定义是美国麻省理工学院麦卡锡（John McCarthy，1927—2011）教授在1956年提出的：人工智能就是要让机器的行为看起来就像是人所表现出的智能行为一样。人工智能的另一个定义是：人造机器所表现出来的智能，通常是指通过计算机实现的智能。

1. 人工智能的研究内容

（1）搜索与求解

搜索是为了达到某一目标而多次进行某种操作、运算、推理或计算的过程。搜索是人们求解问题时，在不知道现成方法的情况下所采用的一种方法。搜索可以看作人类和其他生物所具有的一种元知识。人工智能的研究表明，许多问题（包括智力问题和实际工程问题）的求解，都可以描述为对某种图或空间的搜索问题。进一步研究发现，许多智能活动（包括脑智能和群智能）的过程都可以看作或者抽象为一个基于搜索的问题求解过程。因此，搜索技术是人工智能最基本的研究内容。

（2）学习与发现

学习能力是智能行为的一个非常重要的特征。但至今人们对学习的机理尚不清楚。机器学习是研究计算机怎样模拟或实现人类的学习行为，以获取新的知识或技能，并重新组织已有的知识结构使之不断改善自身的性能。

学习是一项复杂的智能活动，学习过程与推理过程是紧密相连的，按照学习中使用推理的多少，机器学习所采用的方法大体上可分为4种：机械学习、通过传授学习、类比学习和通过案例学习。学习中所用的推理越多，系统的能力越强。

（3）知识与推理

培根（Francis Bacon，1561—1626，英国）说过“知识就是力量”。在人工智能中，人们进一步领略到这句话的深刻内涵。对智能来说，知识太重要了。发现客观规律是一种智能的表现，而运用知识解决问题也是智能的表现，并且发现规律和运用知识本身还需要知识。因此可以说，知识是智能的基础和源泉。计算机要实现人工智能就必须拥有学习知识和运用知识的能力。为此，就要研究面向机器的知识表示形式和基于各种表示的机器推理技术。

知识的表示要便于计算机的接收、存储、处理和运用。机器的推理方式与知识的表示又息息相关。尤其是一些“默会知识”（一些经常使用却很难通过语言和文字予以表达的知识）很难通过计算机进行处理。例如，“跌倒的人是如何迅速站起来的”“人如何下楼梯”等默会知识，对机器人的跌倒站立研究就有很大的应用价值。

（4）发明与创造

广义的发明创造内涵很广泛，如机器、材料、工艺等方面的发明和革新，也包括创新性软件、规划、设计等技术和方法的创新，以及文学、艺术方面的创作，还包括思想、理论、法规的建立和创新等。

发明创造不仅需要知识和推理，还需要想象和灵感。它不仅需要逻辑思维，而且还需要形象思维。所以，这个领域是人工智能中最富挑战性的一个研究领域。目前，人们在这一领域已经开展了一些工作，并取得了一些成果，例如，已开发出了计算机辅助创新软件，还尝试用计算机进行文艺创作等。但总体来讲，原创性的机器发明创造进展甚微，甚至还是空白的。

（5）感知与交流

感知与交流是指计算机对外部信息的直接感知和人机之间、智能体之间的直接信息交流。

机器感知就是计算机像人一样通过“感觉器官”从外界获取信息。例如，机器通过摄像头获取图像信息，通过微型传声器获取声音信息，通过其他传感器获取重量、阻力、温度、光线等外部环境的数据。然后，对这些数据进行处理，感知外部环境的基本情况，做出行动决策（如火星探测车）。

机器交流涉及通信和自然语言处理等技术。自然语言处理又包括自然语言理解和表达。例如，情感和社交技能对一个智能机器人是很重要的。智能机器人通过了解人们的动机和情感状态，能够预测别人的行为。这涉及博弈论、决策理论等方面的研究，以及机器人对人类情感和情绪感知能力的检测。为了良好的人机互动，智能机器人也需要表现出情绪，至少它必须能礼貌地和人类打交道。

（6）记忆与联想

记忆是智能的基本条件，不管是脑智能还是群智能，都以记忆为基础。记忆也是人脑的基本功能之一，在人脑中，伴随着记忆的就是联想，联想是人脑的奥秘之一。

计算机要模拟人脑的思维就必须具有联想功能。要实现联想就需要建立事物之间的联系，在机器世界里就是有关数据、信息或知识之间的联系。建立这种联系的方法很多，如程序中的指针、函数、链表等。但传统方法实现的联想，只能对那些完整的、确定的（输入）信息，联想起（输出）有关信息。这种“联想”与人脑的联想功能相差甚远，人脑对那些残缺的、失真的、变形的输入信息，仍然可以快速准确地输出联想响应。

2. 人工智能的研究方法

人工智能是一门边缘学科，属于自然科学和社会科学的交叉。目前没有统一的原理和范式指导人工智能的研究。在许多问题上研究者都存在争论。几个长久以来没有结论的问题是：是否应从心理或神经方面模拟人工智能？人类生物学与人工智能研究没有关系？智能行为能否用简单的原则来描述？智能是否可以使用高级符号表达？20世纪50年代计算机研制成功后，研究者开始探索人类智能是否能简化成符号处理。20世纪80年代后，很多人认为符号系统不可能模仿人类所有的认知过程，特别是机器感知、机器学习和模式识别。

人工智能包括五大核心技术：计算机视觉、机器学习、自然语言处理、机器人和语音识别。

①计算机视觉是指计算机从图像中识别出物体、场景和活动的能力。其应用包括医疗成像分析被用来提高疾病预测、诊断和治疗；人脸识别被用来自动识别照片里的人物；在安防及监控领域被用来指认嫌疑人等。

②机器学习指的是计算机系统无须遵照显式的程序指令，而只依靠数据来提升自身性能的能力。机器学习是从数据中自动发现模式，模式一旦被发现便可用于预测。其应用包括欺诈甄别、销售预测、库存管理、石油和天然气勘探，以及公共卫生等。

③自然语言处理是指计算机拥有的人类般的文本处理能力。例如，从文本中提取意义，甚至从那些可读的、风格自然、语法正确的文本中自主解读出含义。其应用包括分析顾客对某项特定产品和服务的反馈，自动发现民事诉讼或政府调查中的某些含义，自动书写诸如企业营收和体育运动的公式化范文等。

④机器人是将机器视觉、自动规划等认知技术整合至极小却高性能的传感器、制动器以及设计巧妙的硬件，可以与人类一起工作，能在各种未知环境中灵活处理不同的任务。例如，无人机、可以在车间为人类分担工作的协作机器人等。

⑤语音识别主要是关注自动且准确地转录人类的语音技术，使用一些与自然语言处理系统相同的技术，再辅以其他技术，如描述声音和其出现在特定序列与语言中概率的声学模型等。其应用包括医疗听写、语音书写、计算机系统声控、电话客服等。

8.3.2 人工智能简史

人工智能的发展如下：

1940—1950年：来自数学、心理学、工程学、经济学和政治学领域的科学家在一起讨论人工智能的可能性，当时已经研究出了人脑的工作原理是神经元电脉冲工作。

1950—1956年：爱伦・图灵（Alan Turing）发表了一篇具有里程碑意义的论文，其中他预见了创造思考机器的可能性。

1956年：达特茅斯会议中人工智能诞生。约翰・麦卡锡创造了人工智能一词并且演示了卡内基梅隆大学首个人工智能程序。

1956—1974年：推理研究，主要使用推理算法，应用在棋类等游戏中。自然语言研究，目的是让计算机能够理解人的语言。日本，早稻田大学于1967年启动了WABOT项目，并于1972年完成了世界上第一个全尺寸智能人形机器人WABOT-1 。

1974—1980年：由于当时的计算机技术限制，很多研究迟迟不能得到预期的成就，这时候AI处于第一次研究低潮。

1980—1987年：在20世纪80年代，世界各地的企业采用了一种称为“专家系统”的人工智能程序，知识表达系统成为主流人工智能研究的焦点。在同一年，日本政府通过其第五代计算机项目积极资助人工智能。1982年，物理学家John Hopfield发明了一种神经网络可以以全新的方式学习和处理信息。

1987—1997年：由于难以捕捉专家的隐性知识，以及建立和维护大型系统的高成本和高复杂性等的问题，人工智能技术的发展又失去了动力，出现第二次AI研究低潮。

1997—2011年：这个时期自然语言理解和翻译，数据挖掘和Web爬虫出现了较大的发展。里程碑的事件是1997年深蓝击败了当时的世界象棋冠军Garry Kasparov。2005年，斯坦福大学的机器人在一条没有走过的沙漠小路上自动驾驶131英里（1英里≈1.609千米）。2006年，杰弗里辛顿提出学习生成模型的观点，“深度学习”神经网络使得人工智能性能获得突破性进展。

2010年大数据时代到来。

2011年至今：深度学习、大数据和强人工智能得到迅速发展。里程碑的事件是2016年3月，Alpha Go以4:1的比分击败世界围棋冠军李世石。此前，围棋一直是人工智能无法攻克的壁垒，究其原因是因为围棋计算量太大。对于计算机来说，每一个位置都有黑、白、空三种可能，那么棋盘对于计算机来说就有3 361种可能，所以穷举法在这里不可行。而Alpha Go 的算法也不是穷举法，而是在人类的棋谱中学习人类的招法，不断进步，而它在后台进行的则是胜率的分析，这跟人类的思维方式有很大的区别，它不像人类一样计算目数而是胜率。现代计算机的发展已能够存储极其大量的信息，进行快速信息处理，软件功能和硬件实现均取得长足进步，使人工智能获得进一步的应用。

8.3.3　人工智能应用

人工智能在以下各个领域占据主导地位。

1.游戏

人工智能在国际象棋、扑克、围棋等游戏中起着至关重要的作用，机器可以根据启发式知识来思考大量可能的位置并计算出最优的下棋落子。谷歌（Google）下属公司Deepmind的阿尔法围棋（AlphaGo）是第一个战胜人类职业围棋世界冠军的人工智能机器。

2.自然语言处理

可以与理解人类自然语言的计算机进行交互，如常见的机器翻译系统、人机对话系统。

3.专家系统

有一些应用程序集成了机器、软件和特殊信息，以传授推理和建议。它们为用户提供解释和建议，如分析股票行情，进行量化交易。

4.视觉系统

视频系统用于系统理解、解释计算机上的视觉输入。例如，飞机拍摄照片，用于计算空间信息或区域地图；医生使用临床专家系统来诊断患者；警方使用计算机软件识别数据库中存储的肖像，从而识别犯罪者的脸部，以及人们最常用的车牌识别等。

5.语音识别智能系统

语言识别智能系统能够与人类对话，通过句子及其含义来听取和理解人的语言。它可以处理不同的重音，俚语、背景噪声、不同人的声调变化等。

6.手写识别

手写识别软件通过笔在屏幕上写的文本可以识别字母的形状并将其转换为可编辑的文本。

7.智能机器人

机器人能够执行人类给出的任务。它们具有传感器，检测到来自现实世界的光、热、温度、运动、声音、碰撞和压力等数据。它拥有高效的处理器、多个传感器和巨大的内存，以展示它的智能，并且能够从错误中吸取教训来适应新的环境。

8.智能医疗

利用人工智能技术，可以让AI“学习”专业的医疗知识，“记忆”大量的历史病例，用计算机视觉技术识别医学图像，为医生提供可靠高效的智能助手。

9.智能安防

安防是AI最易落地的领域，目前发展也较为成熟。安防领域拥有海量的图像和视频数据，为AI算法和模型的训练提供了很好的基础。目前AI在安防领域主要包括民用和警用两个方向。

警用可以识别可疑人员、车辆分析、追踪嫌疑人、检索对比犯罪嫌疑人、重点场所门禁等。民用可以人脸打卡、潜在危险预警、家庭布防等。

10. 智能家居

智能家居基于物联网技术，由硬件、软件和云平台构成家居生态圈，为用户提供个性化生活服务，使家庭生活更便捷、舒适和安全。具体应用如下：

用语音处理实现智能家居产品的控制，如调节空调温度、控制窗帘开关、照明系统声控等。用计算机视觉技术实现家居安防，如面部或指纹识别解锁、实时智能摄像头监控、住宅非法入侵检测等。借助机器学习和深度学习技术，根据智能音箱、智能电视的历史记录建立用户画像并进行内容推荐等。

为了适应人工智能发展，2017年7月我国国务院颁发了《新一代人工智能发展规划》，重点任务包括构建开放协同的人工智能科技创新体系；培育高端高效的智能经济；建设安全便捷的智能社会；加强人工智能领域军民融合；构建泛在安全高效的智能化基础设施体系；前瞻布局新一代人工智能重大科技项目。

8.4 物联网

视 频

物联网

随着传感器、芯片和网络技术的发展与普及，原本相互孤立的物体通过网络连接在了一起。因此，在计算机和计算机、人和人互联的世界之外，产生了一个人和物体、物体和物体之间相互连接的世界——物联网。物联网是指通过各种信息传感设备，如传感器、射频识别（RFID）技术、全球定位系统、红外感应器、激光扫描器、气体感应器等各种装置与技术，实时采集任何需要监控、连接、互动的物体或过程，采集其声、光、热、电、力学、化学、生物、位置等各种需要的信息，与互联网结合形成的一个巨大网络。其目的是实现物与物、物与人，所有的物品与网络的连接，方便识别、管理和控制。

物联网将用户端延伸和扩展到了任何物品与物品之间，进行信息交换和通信，大大改变了人们的生产和生活，影响着既有的社会运行体系，物联网的发展带来了新的社会发展方向。目前，我们已经进入网络社会，“网络社会”是指在以Internet为核心的信息技术的作用下，人类社会所开始进入的一个新的社会阶段或所产生的一种新的社会形式。在这种全新的社会结构或社会形式中，人们以及万物之间可以通过互联网实现点对点的互动。万物互联的物联网是网络社会的一个要素和特征。

8.4.1 物联网概述

目前对物联网没有一个统一的标准定义，早期（1999年）物联网的定义是：将物品通过射频识别信息、传感设备与互联网连接起来，实现物品的智能化识别和管理。

以上定义体现了物联网的3个主要本质：一是互联网特征，物联网的核心和基础仍然是互联网，需要联网的物品一定要能够实现互联互通；二是识别与通信特征，即纳入物联网的“物”一定要具备自动识别（如RFID）与物物通信（Machine to Machine，M2M）的功能；三是智能化特征，即网络系统应具有自动化、自我反馈与智能控制的特点。

物联网中的“物”要满足以下条件：要有相应信息的接收器；要有数据传输通路；要有一定的存储功能；要有专门的应用程序；要有数据发送器；遵循物联网的通信协议；在世界网络

中有被识别的唯一编号等。物联网的核心技术和应用如图8-8所示。

通俗地说，物联网就是物物相连的互联网。这里有两层含义：一是物联网的核心和基础仍然是互联网，是在互联网基础上延伸和扩展的网络；二是用户端延伸和扩展到了物品与物品之间进行信息交换和通信。物联网包括互联网上所有的资源，兼容互联网所有的应用，但物联网中所有的元素（设备、资源及通信等）都是个性化和私有化的。

图8-8　物联网核心技术（左）和应用（右）示意图

8.4.2　物联网的特征与体系结构

1. 物联网的基本特征

物与物、人与物之间的信息交互是物联网的核心。物联网的基本特征可概括为整体感知、可靠传输和智能处理。

①整体感知：可以利用射频识别、二维码、智能传感器等感知设备感知获取物体的各类信息。

②可靠传输：通过对互联网、无线网络的融合，将物体的信息实时、准确地传送，以便信息交流、分享。

③智能处理：使用各种智能技术，对感知和传送到的数据、信息进行分析处理，实现监测与控制的智能化。

2. 物联网体系架构

物联网作为一个系统网络，与其他网络一样，有其内部特有的架构。物联网系统3个层次：一是感知层，即利用RFID、传感器、二维码等随时随地获取物体的信息；二是网络层，通过各种电信网络与互联网的融合，将物体的信息实时准确地传递出去；三是应用层，把感知层得到的信息进行处理，实现智能化识别、定位、跟踪、监控和管理等实际应用。物联网架构图如图8-9所示。

（1）应用层

应用层位于物联网三层结构中的最顶层，其功能为“处理”，即通过云计算平台进行信息处理。应用层与最低端的感知层一起，是物联网的显著特征和核心所在。应用层可以对感知层采集数据进行计算、处理和知识挖掘，从而实现对物理世界的实时控制、精确管理和科学决策。

（2）网络层

网络层建立在现有通信网络和互联网基础之上，通过各种接入设备与移动通信网和互联网相连。其主要任务是通过现有的互联网、广电网络、通信网络等实现信息的传输、初步处理、分类、聚合等，用于沟通感知层和应用层。相当于人的神经中枢和大脑，负责传递和处理感知层获取的信息。

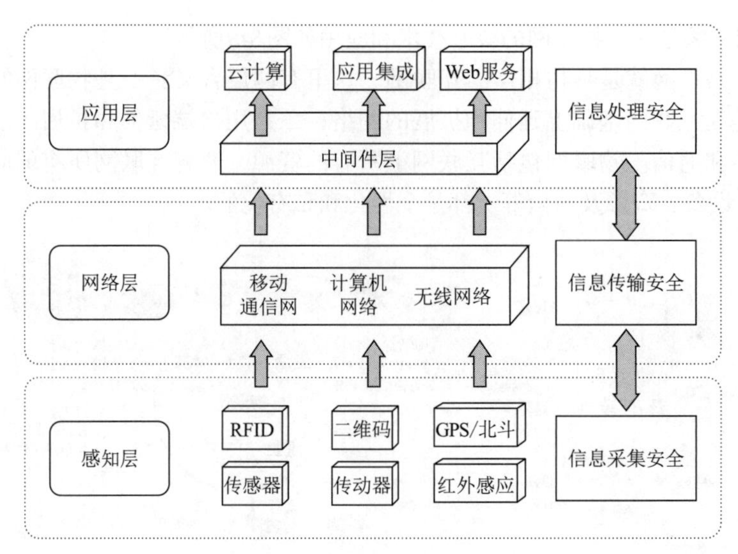

图8-9　物联网架构图

（3）感知层

感知层位于物联网三层结构中的最底层，包括信息采集和组网与协同信息处理，通过传感器、RFID、二维码、多媒体信息采集和实时定位等技术采集物理世界中发生的物理事件和数据信息，利用组网和协同信息处理技术实现采集信息的短距离传输、自组织组网，以及多个传感器对数据的协同信息处理过程。感知层的作用相当于人的眼耳鼻喉和皮肤等神经末梢，它是物联网识别物体、采集信息的来源，其主要功能是识别物体、采集信息，并且将信息传递出去。

8.4.3　物联网的主要关键技术

物联网具有数据海量化、连接设备种类多样化、应用终端智能化等特点，其发展依赖于感知与传感器技术、识别技术、信息传输技术、信息处理技术、信息安全技术等诸多技术。

1.传感器技术

传感器是物联网系统中的关键组成部分。物联网系统中的海量数据信息来源于终端设备，而终端设备数据来源可归根于传感器，传感器赋予了万物“感官”功能，如人类依靠视觉、听觉、嗅觉、触觉感知周围环境。同样，物体通过各种传感器也能感知周围环境，且比人类感知更准确、感知范围更广。例如，人类无法通过触觉准确感知某物体的具体温度值，也无法感知上千摄氏度的高温，也不能辨别细微的温度变化。

传感器是将物理、化学、生物等信息变化按照某些规律转换成电参量（电压、电流、频率、相位、电阻、电容、电感等）变化的一种器件或装置。传感器种类繁多，按照被测量类型可分为温度传感器、湿度传感器、位移传感器、加速度传感器、压力传感器、流量传感器等。按照传感器工作原理可分为物理性传感器（基于力、热、声、光、电、磁等效应）、化学性传感器（基于化学反应原理）和生物性传感器（基于霉、抗体、激素等分子识别）。

2.识别技术

对物理世界的识别是实现物联网全面感知的基础，常用的识别技术有二维码、RFID标识、条形码等，涵盖物品识别、位置识别和地理识别。物联网的识别技术以RFID为基础。

RFID（Radio Frequency Identification，射频识别技术），是一种简单的无线系统，由一个询问器（或阅读器）和很多应答器（或标签）组成，如图8-10所示。标签由耦合元件及芯片组成，每个标签具有扩展词条唯一的电子编码，附着在物体上标识目标对象，它通过天线将射频信息传递给阅读器。RFID技术让物品能够“开口说话”。这就赋予了物联网一个特性，即可跟踪性，就是说人们可以随时掌握物品的准确位置及其周边环境。该技术不仅无须识别系统与特定目标之间建立机械或光学接触，而且在许多种恶劣的环境下也能进行信息的传输，因此在物联网的运行中有着重要的意义。

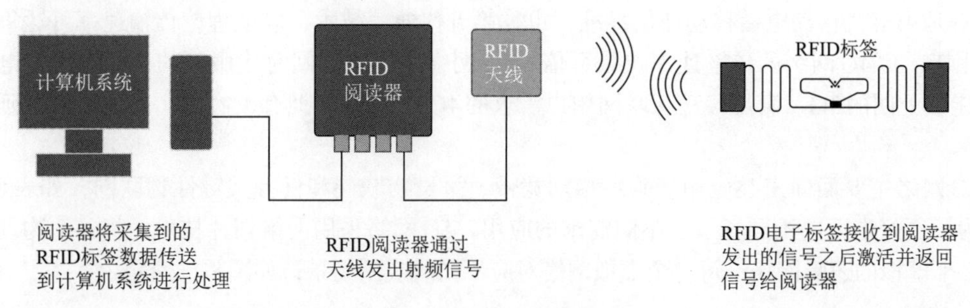

图 8-10　RFID系统图

3. 信息传输技术

物联网技术是以互联网技术为基础及核心的，其信息交换和通信过程的完成也是基于互联网技术基础之上的。信息传输技术与物联网的关系紧密，物联网中海量终端连接、实时控制等技术离不开高速率的信息传输（通信）技术。

目前，信息传输技术包含有线传感网络技术、无线传感网络技术和移动通信技术，其中无线传感网络技术应用比较广泛。无线传感网络技术又分为远距离无线传输技术和近距离无线传输技术。

（1）远距离无线传输技术

远距离无线传输技术包括2G、3G、4G、5G、NB-IoT、Sigfox、LoRa，信号覆盖范围一般在几千米到几十千米，主要应用在远程数据的传输，如智能电表、智能物流、远程设备数据采集等。

（2）近距离无线传输技术

近距离无线传输技术包括Wi-Fi、蓝牙、UWB、MTC、ZigBee、NFC，信号覆盖范围则一般在几十厘米到几百米之间，主要应用在局域网，如家庭网络、工厂车间联网、企业办公联网。低成本、低功耗和对等通信，是短距离无线通信技术的3个重要特征和优势。常见的近距离无线通信技术特征如表8-1所示。

表 8–1　近距离无线通信技术特征

—	NFC	UWB	RFID	红外	蓝牙
连接时间	<0.1 ms	<0.1 ms	<0.1 ms	约0.5 s	约6 s
覆盖范围	长达10 m	长达10 m	长达3 m	长达5 m	长达30 m
使用场景	共享、进入、付费	数字家庭网络、超宽带视频传输	物品跟踪、门禁、手机钱包 高速公路收费	数据控制与交换	网络数据交换、耳机、无线联网

（3）5G

尽管互联网在过去几十年中取得了很快发展，但其在应用领域的发展却受到限制。主要原

因是现有的4G网络主要服务于人，连接网络的主要设备是智能手机，无法满足在智能驾驶、智能家居、智能医疗、智能产业、智能城市等其他各个领域的通信速度要求。

而物联网是一个不断增长的物理设备网络，它需要具有收集和共享大量信息/数据的能力，有海量的连接需求。不同的连接场景下，对速率、时延的要求也有较为严苛的要求，需要有高效网络的支持才能充分发挥其潜力。

5G是第五代移动电话移动通信标准，也称第五代通信技术，峰值理论传输速率可达每秒数十吉比特，比4G网络的传输速率快数百倍。5G网络是为物联网时代服务的，相比可打电话的2G、能够上网的3G、满足移动互联网用户需求的4G，5G网络拥有大容量、高速率、低延迟三大特性。

5G网络主要面向三类应用场景：移动宽带、海量物联网和任务关键性物联网，如表8-2所示。为了更好地面向不同场景、不同需求的应用，5G网络采用网络切片技术：将一个物理网络分成多个虚拟的逻辑网络，每一个虚拟网络对应不同的应用场景，如图8-11所示。

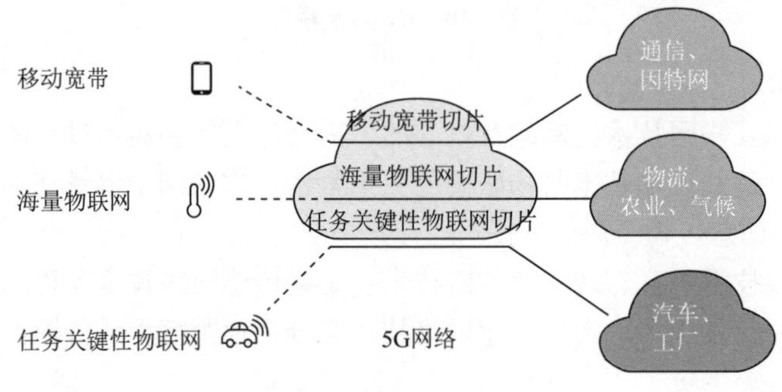

图8-11　5G网络切片

相对于4G网络，5G具备更加强大的带宽和通信能力，能够满足物联网应用高速稳定、覆盖面广等需求，如表8-2所示。

表8-2　5G网络应用场景

5G应用场景	应用举例	需　求
移动宽带	4K/8K超高清视频、全息技术、增强现实/虚拟现实	高容量、视频存储
海量物联网	海量传感器（部署于测量、建筑、农业、物流、智慧城市、家庭等）	大规模连接、大部分静止不动
任务关键性物联网	无人驾驶、自动工厂、智能电网等	低时延、高可靠性

4.信息处理技术

物联网采集的数据往往具有海量性、时效性、多态性等特点，给数据存储、数据查询、质量控制、智能处理等带来极大挑战。信息处理技术的目标是将传感器等识别设备采集的数据收集起来，通过信息挖掘等手段发现数据内在联系，发现新的信息，为用户下一步操作提供支持。当前的信息处理技术有云计算技术、智能信息处理技术等。

5.信息安全技术

信息安全问题是互联网时代十分重要的议题，安全和隐私问题同样是物联网发展面临的巨大挑战。物联网除面临一般信息网络所具有的如物理安全、运行安全、数据安全等问题外，还面临特有的威胁和攻击，如物理俘获、传输威胁、阻塞干扰、信息篡改等。保障物联网安全涉及防范非授权实体的识别，阻止未经授权的访问，保证物体位置及其他数据的保密性、可用性，保护个人隐私、商业机密和信息安全等诸多内容，这里涉及网络非集中管理方式下的用户身份验证技术、离散认证技术、云计算和云存储安全技术、高效数据加密和数据保护技术、隐私管理策略制定和实施技术等。

8.4.4　物联网的应用

物联网的应用领域涉及方方面面，遍及智能交通、环境保护、政府工作、公共安全、平安家居、智能消防、工业监测、老人护理、个人健康、花卉栽培、水系监测、食品溯源、敌情侦查和情报搜集等多个领域。

1.智能家居

智能家居是目前最流行的物联网应用，如图8-12所示。最先推出的产品是智能插座，相较于传统插座，智能插座的远程遥控、定时等功能让人耳目一新。随后出现了各种智能家电，把空调、洗衣机、冰箱、电饭锅、微波炉、电视、照明灯、监控、智能门锁等能联网的家电都连上网。智能家居的连接方式主要是以Wi-Fi为主，部分采用蓝牙，少量采用NB-IOT、有线连接。智能家居产品的生产厂家较多，产品功能大同小异，大部分是私有协议，每个厂家的产品都要配套使用，不能与其他厂家混用。

图8-12　智能家居

2.智慧穿戴

智能穿戴设备已经有不少人拥有，最普遍的就是智能手环手表，还有智能眼镜、智能衣服、智能鞋等。连接方式基本都是基于蓝牙连接手机，数据通过智能穿戴设备上的传感器送给手机，再由手机送到服务器。

3.车联网

车联网已经发展了很多年，之前由于技术的限制，一直处于原始的发展阶段。车联网的应用主要有以下几方面：智能交通、无人驾驶、智慧停车、各种车载传感器应用。

智能交通已经发展多年，是一个非常庞大的系统，集合了物联网、人工智能、传感器技术、自动控制技术等一体的高科技系统，为城市处理各种交通事故、疏散拥堵起到了重要作用。

无人驾驶是刚刚兴起的一门新技术，也是非常复杂的系统，主要的技术是物联网和人工智能，与智能交通有部分领域是融合的。

智慧停车和车载传感器应用，如智能车辆检测、智能报警、智能导航、智能锁车等。这方面技术含量相对较低，但也非常重要，这些应用能够为无人驾驶和智能交通提供服务。

4.智能工业

智能工业包括智能物流、智能监控和智慧制造。

①智能物流指的是以物联网、大数据、人工智能等信息技术为支撑，在物流的运输、仓储、包装、装卸搬运、流通加工、配送、信息服务等各个环节实现系统感知、全面分析、及时处理以及自我调整的功能。智慧物流的实现能大大地降低各相关行业运输的成本，提高运输效率，增强企业利润。

②智能监控是一种防范能力较强的综合系统，主要由前端采集设备、传输网络、监控运营平台三部分组成。实现监控领域（图像、视频、安全、调度）等相关方面的应用，通过视频、声音监控以其直观、准确、及时的信息内容，实现物与物之间的联动反应。例如，物联网监控校车运营，时时掌控乘车动态。校车监控系统可应用RFID身份识别、智能视频客流统计等技术，对乘车学生的考勤进行管理，并通过短信的形式通知学生家长或监管部门，实时掌握学生乘车信息。

③智能制造是将物联网技术融入工业生产的各个环节，大幅提高制造效率，改善产品质量，降低产品成本和资源消耗，将传统工业生产提升到智能制造的阶段。

5. 智能医疗

医疗行业成为采用物联网最快的行业之一，物联网将各种医疗设备有效连接起来，形成一个巨大的网络，实现了对物体信息的采集、传输和处理。物联网在智慧医疗领域的应用有很多，主要包括：

①远程医疗：即不用到医院，在家里就可以实现进行诊疗。通过物联网技术就可以获取患者的健康信息，并且将信息传送给医院的医生，医生可以对患者进行虚拟会诊，为患者完成病历分析、病情诊断，进一步确定治疗方案。这对解决医院看病难，排队时间长问题有很大的帮助，让处在偏远地区的百姓也能享受到优质的医疗资源。

②医院物资管理：当医院的设施设备安装物联网卡后，利用物联网可以实时了解医疗设备的使用情况以及药品信息，并将信息传输给物联网管理平台，通过平台就可以实现对医疗设备和药品的管理和监控。物联网技术应用于医院管理可以有效提高医院工作效率，降低医院管理难度。

③移动医疗设备：移动医疗设备有很多，常见的智能健康手环就是其中的一种，并且已经得到了应用。

6. 智慧城市

物联网在智慧城市发展中的应用涉及方方面面，从市政管理智能化、农业园林智能化、医疗智能化、楼宇智能化、交通智能化到旅游智能化及其他应用智能化等方面，均可应用物联网技术。

8.5 电子商务

视频

电子商务

电子商务是Internet爆炸式发展的直接产物，是网络技术应用的全新发展方向。Internet本身所具有的开放性、全球性、高效率的特点，已成为电子商务的内在特征，并使得电子商务大大超越了作为一种新的贸易形式具有的价值，它不仅会改变企业本身的生产、经营、管理活动，而且将影响到整个社会的经济运行与结构。

电子商务指的是利用简单、快捷、低成本的电子通信方式，买卖双方不谋面地进行各种商贸活动。电子商务可以通过多种电子通信方式来完成。例如，通过打电话或发传真的方式来与客户进行商贸活动，似乎也可以称作为电子商务，但是，现在人们所探讨的电子商务主要是以EDI（电子数据交换）和Internet来完成的。

电子商务作为数字经济的突出代表，在促消费、保增长、调结构、促转型等方面展现出前所未有的发展潜力，也为大众创业、万众创新提供了广阔的发展空间，成为驱动经济与社会创新发展的重要动力。

8.5.1　电子商务概述

电子商务是利用计算机技术、网络技术和远程通信技术，实现电子化、数字化和网络化、商务化的整个商务过程；是以商务活动为主体，以计算机网络为基础，以电子化方式为手段，在法律许可范围内所进行的商务活动交易过程；是运用数字信息技术，对企业的各项活动进行持续优化的过程；是指交易当事人或参与人利用现代信息技术和计算机网络（包括互联网、移动网络和其他信息网络）所进行的各类商业活动，包括货物交易、服务交易和知识产权交易。

8.5.2　电子商务的产生与发展

电子商务最早产生于20世纪60年代，发展于20世纪90年代，其产生和发展的重要条件主要是计算机的广泛应用、网络的普及和成熟、信用卡的普及与应用、电子安全交易协议的制定、政府的支持与推动以及网民意识的转变。它的发展经历了3个阶段：

第一阶段（20世纪60—90年代）：基于EDI的电子商务。EDI（Electronic Data Interchange，电子数据交换）在20世纪60年代末期产生于美国，当初的贸易商在使用计算机处理各类商务文件时发现，影响了数据的准确性和工作效率的提高，人们开始尝试在贸易伙伴之间的计算机上使数据能够进行交换，EDI应运而生。它可将业务文件按一个公认的标准从一台计算机传输到另一台计算机上。由于EDI大大减少了纸张票据，因此，人们也形象地称之为“无纸贸易”或“无纸交易”。多年来，EDI已经演进成了集中不同的技术使用网络的业务活动。

第二阶段（20世纪90年代中期）：基于互联网的电子商务。互联网迅速走向普及化，逐步从大学、科研机构走向企业和百姓家庭，其功能也已从信息共享演变为一种大众化的信息传播工具。信息的访问和交换成本降低，且范围空前扩大。

第三阶段（20世纪90年代中期至今）：从1991年起，一直徘徊在互联网之外的商业贸易活动正式进入到这个王国，因此而使电子商务成为互联网应用的最大热点。互联网带来的规模效应降低了业务成本，丰富了企业、商户等的活动多样性，也为小微企业创造了机会，使他们能在平等的技术平台基础上进行竞争。

我国的电子商务发展经历了培育期、创新期及引领期，每个时期都伴随着技术的发展和特定的行业生态，正朝着智能化、场景化以及去中心化的方向发展。它的发展需要准确判断并把握时机，新技术的不断应用将成为产业的主要驱动力。

8.5.3　电子商务的概念

电子商务通常是指是在全球各地广泛的商业贸易活动中，在因特网开放的网络环境下，基于浏览器/服务器应用方式，买卖双方不谋面地进行各种商贸活动，实现消费者的网上购物、商户之间的网上交易和在线电子支付以及各种商务活动、交易活动、金融活动和相关的综合服务活动的一种新型的商业运营模式。电子商务是利用计算机技术和网络通信技术进行的商务活动。各国政府、学者、企业界人士根据自己所处的地位和对电子商务参与的角度和程度的不同，给出了许多不同的定义。

从广义上讲，电子商务是一种运用电子通信作为手段的经济活动，通过这种方式人们可以对带有经济价值的产品和服务进行宣传、购买和结算等经济活动。这种交易的方式不受地理位置、资金多少或零售渠道的所有权影响，任何企业和个人都能自由地参加广泛的经济活动。电子商务能使产品在世界范围内交易并向消费者提供多种多样的选择。

从狭义上讲，电子商务（Electronic Commerce，EC）是指：通过使用互联网等电子工具（这些工具包括电报、电话、广播、电视、传真、计算机、计算机网络、移动通信等）在全球范围内进行的商务贸易活动，是以计算机网络为基础所进行的各种商务活动，包括商品和服务的提供者、广告商、消费者、中介商等有关各方行为的总和。人们一般理解的电子商务是指狭义的电子商务。

8.5.4 电子商务的分类

电子商务按照参与经营模式或经营方式、交易涉及的对象、交易所涉及的商品内容、进行交易的企业所使用的网络类型等可分为不同的类型。

按照交易涉及的对象来进行划分，电子商务整体可分为：企业内部、企业间、企业与消费者之间、消费者与消费者之间等。

1. 企业内部电子商务

通过防火墙，公司将自己的内部网与Internet隔离，企业内部网（Intranet）是一种有效的商务工具，它可以用来自动处理商务操作及工作流，增加对重要系统和关键数据的存取，共享经验，共同解决客户问题，并保持组织间的联系。一个行之有效的企业内部网可以带来如下好处：增加商务活动处理的敏捷性，对市场状况能更快地做出反应，能更好地为客户提供服务。

2. 企业间电子商务（B2B）

B2B电子商务是电子商务按交易对象分类的一种模式。它指的是通过因特网、外联网、内联网或者私有网络，以电子化方式在企业间进行的交易。这种交易可能是在企业及其供应链成员间进行的，也可能是在企业和任何其他企业间进行的。这里的企业可以指代任何组织，包括私人的或者公共的、营利性的或者非营利性的。B2B电子商务的涉及面十分广泛，是指企业通过信息平台和外部网站将面向上游供应商的采购业务和面向下游代理商的销售有机的联系在一起，从而降低彼此之间的交易成本，提高客户满意度的商务模式。B2B电子商务是目前电子商务市场的主流部分。

以1999年阿里巴巴成立为标志，中国B2B电子商务已有二十多年的历史。从1.0阶段的撮合交易发展到2.0阶段的在线交易，再到3.0阶段的资源整合平台，走向以大数据为核心的全产业链服务。作为行业的中间交易平台，B2B电商承担着撮合上下游交易的重任，可以有效减少交易环节、缩减产业链条、提升流通效率。

根据智研咨询发布的《2020—2026年中国B2B电子商务行业市场竞争现状及供需态势分析报告》数据显示：2018年，中国B2B电商交易规模为22.5万亿元，相比2017年的20.5万亿元，同比增长9.8%。

长远来看B2B 4.0，即线上线下协同+SaaS服务+供应链金融将是大势所趋。在4.0时代将会线上线下一体化，打通金融供应链，实现产业协同，提升SaaS服务，降低成本输出，从而提升经济效益，这是重要趋向。

3. 企业与消费者间电子商务（B2C）

这是人们最熟悉的一种商务类型，以至许多人错误地认为电子商务就只有这样一种模式。事实上，这缩小了电子商务的范围，错误地将电子商务与网上购物等同起来。近年来，随着万维网技术的兴起，出现了大量的网上商店，由于Internet提供了双向的交互通信，网上购物成为了热门。由于这种模式节省了客户和企业双方的时间、空间。大大提高了交易效率，节省了各类不必要的开支。因而，这类模式得到了人们的认同，得到了迅速的发展。

例如Mushkin公司，这是一家计算机公司，其主要业务为出售存储器件。Mushkin公司仅仅是一家虚拟企业，它没有实际的零售店。Mushkin最初仅在 Internet上创建了主页和产品目录，而订货则通过电话和传真，此后，经过精挑细选，该公司决定选择lntershop来创建虚拟店面。现在通过电子商务，该公司全天24小时在网上接收订单。

4.消费者之间电子商务（C2C）

C2C的电子商务模式为买卖双方提供一个在线的交易平台，让卖方在这个平台上发布商品信息或者提供网上商品拍卖，让买方自行选择和购买商品或参加竞价拍卖。

视 频

互联网+

8.6 互联网+

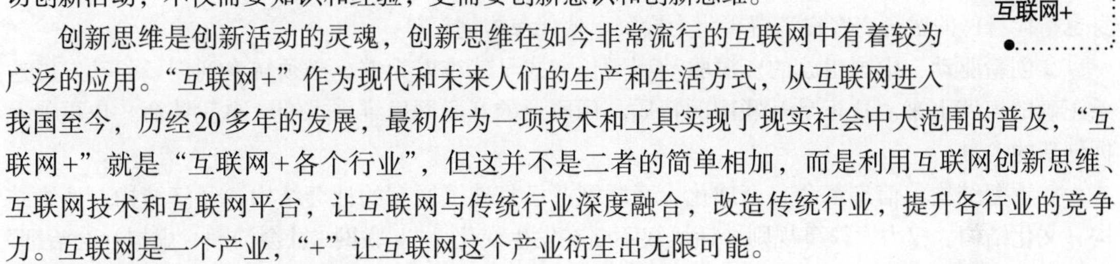

创新是社会进步和历史发展的重要动力，是人类思维的本质特征之一，而一切创新活动，不仅需要知识和经验，更需要创新意识和创新思维。

创新思维是创新活动的灵魂，创新思维在如今非常流行的互联网中有着较为广泛的应用。“互联网+”作为现代和未来人们的生产和生活方式，从互联网进入我国至今，历经20多年的发展，最初作为一项技术和工具实现了现实社会中大范围的普及，“互联网+”就是“互联网+各个行业”，但这并不是二者的简单相加，而是利用互联网创新思维、互联网技术和互联网平台，让互联网与传统行业深度融合，改造传统行业，提升各行业的竞争力。互联网是一个产业，“+”让互联网这个产业衍生出无限可能。

8.6.1 “互联网+”的提出

国内“互联网+”理念的提出，最早可以追溯到2012年11月于扬在易观第五届移动互联网博览会的发言。易观国际董事长兼首席执行官于扬首次提出“互联网+”理念。他认为在未来，“互联网+”公式应该是我们所在行业的产品和服务，在与我们未来看到的多屏全网跨平台用户场景结合之后产生的这样一种化学公式。我们可以按照这样一个思路找到若干这样的想法。而怎样找到所在行业的“互联网+”，则是企业需要思考的问题。

2014年11月，李克强出席首届世界互联网大会时指出，互联网是大众创业、万众创新的新工具。其中“大众创业、万众创新”正是此次政府工作报告中的重要主题，被称作中国经济提质增效升级的“新引擎”，可见其重要作用。

2015年3月5日十二届全国人大三次会议上，李克强总理在政府工作报告中首次提出“互联网+”行动计划。李克强在政府工作报告中提出，制定“互联网+”行动计划，推动移动互联网、云计算、大数据、物联网等与现代制造业结合，促进电子商务、工业互联网和互联网金融（ITFIN）健康发展，引导互联网企业拓展国际市场。

2015年7月4日，经李克强总理签批，国务院印发《关于积极推进“互联网+”行动的指导意见》，这是推动互联网由消费领域向生产领域拓展，加速提升产业发展水平，增强各行业创新能力，构筑经济社会发展新优势和新动能的重要举措。

8.6.2 “互联网+”的本质

“互联网+”代表一种新的经济形态，即充分发挥互联网在生产要素配置中的优化和集成作

用，将互联网的创新成果深度融合于经济社会各领域之中，提升实体经济的创新力和生产力，形成更广泛的以互联网为基础设施和实现工具的经济发展新形态，是创新2.0下互联网发展的新业态，也是知识社会创新2.0推动下的互联网形态演进及其催生的经济社会发展新形态。

“互联网+”是互联网思维的进一步实践成果，推动经济形态不断地发生演变，从而带动社会经济实体的生命力，为改革、创新、发展提供广阔的网络平台。通俗地说，“互联网+”就是“互联网+各个传统行业”，但这并不是简单的两者相加，而是利用信息通信技术以及互联网平台，让互联网与传统行业进行深度融合，创造新的发展生态。它代表一种新的社会形态，即充分发挥互联网在社会资源配置中的优化和集成作用，将互联网的创新成果深度融合于经济、社会各域之中，提升全社会的创新力和生产力，形成更广泛的以互联网为基础设施和实现工具的经济发展新形态。

“互联网+”有六大特征，即连接一切、创新驱动、重塑结构、尊重人性、开放生态、跨界融合。

①跨界融合：“+”就是跨界，就是变革，就是开放，就是重塑融合。敢于跨界了，创新的基础就更坚实；融合协同了，群体智能才会实现，从研发到产业化的路径才会更垂直。融合本身也指代身份的融合、客户消费转化为投资、伙伴参与创新等。

②创新驱动：中国粗放的资源驱动型增长方式早就难以为继，必须转变到创新驱动发展这条正确的道路上来。这正是互联网的特质，用所谓的互联网思维来求变、自我革命，也更能发挥创新的力量。

③重塑结构：信息革命、全球化、互联网业已打破了原有的社会结构、经济结构、地缘结构、文化结构。权力、议事规则、话语权不断在发生变化，“互联网+社会治理、虚拟社会治理”会是很大的不同。

④尊重人性：人性的光辉是推动科技进步、经济增长、社会进步、文化繁荣的最根本的力量，互联网的强大力量最根本的也来源于对人性的最大限度的尊重、对人体验的敬畏、对人的创造性发挥的重视。

⑤开放生态：关于“互联网+”，生态是非常重要的特征，而生态的本身就是开放的。我们推进“互联网+”，其中一个重要的方向就是要把过去制约创新的环节化解掉，把孤岛式创新连接起来，让研发由人性决定变为由市场驱动，让创业及努力者有机会实现价值。

⑥连接一切：连接是有层次的，可连接性是有差异的，连接的价值是相差很大的，但是连接一切是“互联网+”的目标。

8.6.3 “互联网+”与传统行业

利用互联网将传感器、控制器、机器人和人连接在一起，实现全面的连接，从而推动产业链的开放融合，改革传统规模化生产模式，实现以用户为中心，围绕满足用户个性化需求的新型生产模式，推动产业转型升级。人们衣食住行涉及的领域，都正在被“互联网+”的发展思路所渗透、革新。

1. 雕爷牛腩

雕爷牛腩是一家“轻奢餐”餐厅，每天门庭若市，吃饭都要排很久的队。雕爷牛腩创办者叫孟醒，人称“雕爷”，他并非做餐饮的专业人士，开办这家餐厅，充满了互联网式的餐厅运作。

在菜品方面，雕爷追求简洁，同时只供应12道菜，追求极致精神；在网络营销方面，微博引流兼客服，微信做CRM（客户关系管理）；在粉丝文化方面，雕爷形成了自己的粉丝文化，越有人骂，“死忠粉”就越坚强；而在产品改进方面，配有专门团队每天进行舆情监测，针对问题持续进行优化和改进。

雕爷牛腩就完美地诠释了什么叫互联网产品思维，互联网思维就是围着用户来，体验做到极致，然后用互联网方式推广。

2.可口可乐

2013年的夏天，可口可乐在中国推出可口可乐昵称瓶，昵称瓶在每瓶可口可乐瓶子上都写着“分享这瓶可口可乐，与你的……。”这些昵称有白富美、天然呆、高富帅、邻家女孩、大咔、纯爷们、有为青年、文艺青年、小萝莉等。这种昵称瓶迎合了中国的网络文化，使广大网民喜闻乐见，于是几乎所有喜欢可口可乐的人都开始去寻找专属于自己的可乐。

可口可乐昵称瓶的成功显示了线上线下整合营销的成功，品牌在社交媒体上传播，网友在线下参与购买属于自己昵称的可乐，然后再到社交媒体上讨论，这一连贯过程使得品牌实现了立体式传播。可口可乐昵称瓶更重要的意义在于——它证明了在品牌传播中，社交媒体不只是活动的配合者，也可以成为活动的核心。

3.小米

小米公司2010年4月份成立，它的第一款手机是2011年8月发布的。2021年5月26日，一季度小米集团总收入为769亿元，同比增长54.7%。经调整净利润61亿元，同比增长163.8%。令人不解的是，小米几乎“零投入”的营销模式，通过论坛、微博、微信等社会化营销模式，凝聚起粉丝的力量，把小米快速打造为“知名品牌”。

小米在产业链的每一个环节上尝试着颠覆，也渐渐地形成一套自己独特的理论。例如，互联网七字诀“专注、极致、口碑、快”，不计成本地做最好产品等。

8.6.4　“互联网+”的积极影响与挑战

互联网正在全面融入经济社会生产和生活各个领域，引领社会生产的新变革，创造了人类生活新空间，并深刻地改变着全球产业、经济、利益、安全等格局。“互联网+”时代的到来无疑给整个社会带来了新的发展机遇，带来的积极影响包括便捷性、即时性、交互性、功能齐全性、服务灵活性、信息传播广泛性等，不仅推动了信息化社会的到来，使得信息经济在世界各地全面发展，更加快了经济全球化的步伐。

从个人层面而言，“互联网+”为每一个个体提供学习、生活方方面面的个性化服务。这一新技术形态的建立，使得人人、人物、物物的广泛连接、交互成为可能。借助网络技术，学习、科研、生活已不再受到校园这一物理边界的制约，依托于互联网的信息技术也延伸至校园之外，学习、科研、生活紧密叠加，为每个个体提供了个性化服务。

从社会层面的角度，“互联网+”发展了人的社会关系：以网结缘的社会关系扩大了社会关系的范围，使人们从地域性个人变成了世界性个人。丰富了社会生活形态：移动互联网塑造了全新的社会生活形态，潜移默化地改变着移动网民的日常生活。

从国家层面，“互联网+”可提升综合国力和国际竞争力。“互联网+”时代给人们带来的既有机遇，同样也有挑战。面临的风险与挑战也日益增多：信息庞杂性、信息可靠性、信息碎片性、人际隔离性、缺乏规范性、安全风险性等。现阶段用户数据的收集、存储、管理和使用规范性有待提高，主要依靠企业、管理者等的自律，用户无法确定自己隐私信息的用途。此外，许多组织机构担心擅自使用数据会触犯监管和法律底线，同时数据处理不当可能会给企业及相

关单位带来声誉风险和业务风险，因而在驾驭大数据层面仍存在困难与挑战。

习 题

1. 大数据的起源是________。

A. 金融　　B. 电信　　C. 互联网　　D. 公共管理

2. 当前社会中，最为突出的大数据环境是________。

A. 互联网　　B. 物联网　　C. 综合国力　　D. 自然资源

3. 大数据的最显著特征是________。

A. 数据规模大　　B. 数据类型多样　　C. 数据处理速度快　　D. 数据价值密度高

4. 大数据不仅仅是技术，关键是________。

A. 产生价值　　B. 保障信息安全　　C. 提高生产力　　D. 丰富人们的生活

5. 下列关于大数据的说法，错误的是________。

A. 1PB相当于50%的全美术研究图书馆藏书信息内容

B. 5EB相当于至今全世界人类所讲过的话语

C. 1ZB如同全世界海滩上的沙子数量总和

D. 1YB相当于100 000位人类体内的微细胞总和

6. 下列关于云计算技术框架的描述，描述错误的是________。

A. 云管理计算平台：即资源的抽象化，实现单一物理资源的多元逻辑表示，或者多个物理资源的单一逻辑表示

B. 分布式文件系统：可扩展的支持海量数据的分布式文件系统，用于大型的、分布式的、对大量数据进行访问的应用。它运行于廉价的普通硬件上，提供容错功能（通常保留数据的3份拷贝），典型技术为GFS/HDFS/KFS等

C. 大规模并行计算：在分布式并行环境中将一个任务分解成更多份细粒度的子任务，这些子任务在空闲的处理节点之间被调度和快速处理之后，最终通过特定的规则进行合并生成最终的结果。典型技术为MapReduce

D. 结构化分布式数据存储：类似文件系统采用数据库来存储结构化数据，云计算也需要采用特殊技术实现结构化数据存储，典型技术为BigTable/Dynamo等

7. 按云服务的对象划分，下列不属于云计算的服务层次的是________。

A. 私有云　　B. 公有云　　C. 共享云　　D. 混合云

8. 下面物联网与其他网络的不同点，错误的是________。

A. 传播速度更快，人与人之间的交互更方便

B. 接入对象更为广泛，获取信息更加丰富

C. 网络可获得性更高，互联互通更为广泛

D. 信息处理能力更强大，人类与周围世界的相处更为智慧

9. 第一次提出：把________与传感器技术应用于日常物品中形成一个“物联网”。

A. 互联网技术　　B. RFID技术　　C. 电子数据交换技术　　D. 网络技术

10. 物联网是指通过________，按照约定的协议，把任何物品与互联网连接起来，进行信息交换和通信，以实现智能化识别、定位、跟踪、监控和管理的一种网络。它是在互联网基础上

的延伸的扩展的网络。

A.信息传感设备　B.路由器　C.计算机　D.互联网

11.如果按照参交易对象分类，B2C是属于________。

A.企业与企业之间的电子商务　B.企业对消费者的电子商务

C.企业与政府机构之间的电子商务　D.消费者之间的电子商务

12.下列关于电子商务的说法正确的是________。

A.电子商务本质是技术　B.电子商务就是建网站

C.电子商务是泡沫　D.电子商务本质是商务

13.电子商务是一种运用电子通信作为手段的________活动，通过这种方式人们可以对带有经济价值的产品和服务进行宣传、购买和结算等经济活动。

A.经济　B.政治　C.文化　D.社交

14.电子商务最早产生于20世纪60年代，发展于90年代，其产生和发展的重要条件不正确的是________。

A.大数据技术发展成熟　B.网络的普及和成熟

C.信用卡的普及及应用　D.电子安全交易协议的制定

15.以下不是"互联网"带来的积极影响的是________。

A.便捷性　B.服务灵活性　C.人际隔离性　D.信息传播广泛性

16.李克强总理在政府工作报告中首次提出"互联网+"行动计划的会议是________。

A.十二届全国人大三次会议　B.十二届全国人大二次会议

C.十一届全国人大三次会议　D.十一届全国人大二次会议

17."互联网+"是两方面融合的升级版，将互联网作为当前信息化发展的核心特征，提取出来，并与工业、商业、金融业等服务业的全面融合。这其中最关键的就是________。

A.创新　B.发展　C.改革　D.生产力

附　录

习题答案

第1章

1.D　2.A　3.D　4.A　5.D　6.A　7.B　8.C　9.A　10.C

第2章

1.D　2.C　3.A　4.A　5.A　6.C　7.C　8.D　9.C　10.D　11.A　12.A　13.B　14.B　15.D

第3章

1.D　2.D　3.C　4.D　5.A　6.B　7.D　8.D　9.A　10.D

第4章

1.B　2.C　3.C　4.A　5.B　6.A　7.D　8.C　9.D　10.B　11.B　12.B

第5章

1.C　2.C　3.B　4.A　5.A　6.B　7.D　8.D　9.A　10.B　11.D　12.D

第6章

1.C　2.D　3.D　4.A　5.B

第7章

1.D　2.D　3.D　4.C　5.B　6.ABCD　7.B　8.C　9.C　10.D　11.B　12.D　13.A　14.B
15.A　16.D　17.A　18.A　19.A　20.D

第8章

1.C　2.A　3.A　4.A　5.D　6.A　7.C　8.A　9.B　10.A　11.B　12.D　13.A　14.A　15.C
16.A　17.A

参考文献

[1] 郭锂，郑德庆.大学计算机与计算思维[M].北京：中国铁道出版社有限公司，2020.
[2] 邱炳城.大学计算机应用基础[M].北京：中国铁道出版社，2018.
[3] 郑德庆.计算机应用基础（Windows 7 + Office 2010）[M].北京：中国铁道出版社，2011.